高等学校信息技术
人才能力培养系列教材

微课版

Fundamentals of Computers

大学计算机基础

Windows 7+Office 2016

李海强 孙二华 何哲鑫 ● 主编 邓晓宁 樊守德 ● 副主编

人民邮电出版社
北京

图书在版编目（CIP）数据

大学计算机基础：Windows 7+Office 2016：微课版 / 李海强，孙二华，何哲鑫主编. —— 北京：人民邮电出版社，2021.8（2022.10重印）
高等学校信息技术人才能力培养系列教材
ISBN 978-7-115-56433-7

Ⅰ．①大… Ⅱ．①李… ②孙… ③何… Ⅲ．①Windows操作系统－高等学校－教材②办公自动化－应用软件－高等学校－教材 Ⅳ．①TP316.7②TP317.1

中国版本图书馆CIP数据核字(2021)第075785号

内 容 提 要

本书基于Windows 7+Office 2016，讲解了大学计算机基础的相关知识。全书共11章，主要包括计算机与信息技术基础、计算机系统的构成、操作系统基础、计算机网络与Internet、文档编辑软件Word 2016、电子表格软件Excel 2016、演示文稿软件PowerPoint 2016、多媒体技术及应用、网页制作、信息安全与职业道德、计算机新技术及应用等内容。为了便于读者更好地学习本书的内容，本书在讲解时配置了"提示"与"注意"小栏目用来补充相关知识，同时各章末都安排了练习题以帮助读者巩固所学知识。

本书适合作为高等学校大学计算机基础课程的教材，也可供需要学习计算机基础知识的人员学习参考。

◆ 主　编　李海强　孙二华　何哲鑫
　副主编　邓晓宁　樊守德
　责任编辑　刘　定
　责任印制　王　郁　马振武
◆ 人民邮电出版社出版发行　北京市丰台区成寿寺路11号
　邮编　100164　电子邮件　315@ptpress.com.cn
　网址　https://www.ptpress.com.cn
　北京七彩京通数码快印有限公司印刷

◆ 开本：787×1092　1/16
　印张：16
　字数：376千字
　　　　　　　　　　2021年8月第1版
　　　　　　　　　　2022年10月北京第5次印刷

定价：49.80元

读者服务热线：(010)81055256　印装质量热线：(010)81055316
反盗版热线：(010)81055315
广告经营许可证：京东市监广登字 20170147 号

前 言
PREFACE

随着计算机技术的发展，计算机的应用范围越来越广泛，熟练使用计算机进行信息处理已成为大学生必备的基本技能。"大学计算机基础"课程的主要目标是帮助大学生掌握计算机的基本知识和应用技能，培养学生的计算思维，从而满足信息化社会的要求。

根据高等学校计算机基础教学的现状，结合"全国计算机等级考试一级计算机基础及MS Office应用考试大纲（2021年版）"的要求，我们组织教学经验丰富的老师编写了本书。通过本书的学习，学生不仅能掌握计算机的基础知识，还能初步具备利用计算机分析和解决问题的能力，为今后能够更好地在各自专业领域使用计算机和运用计算思维解决问题奠定扎实的基础。

本书特点

本书基于"学用结合"的原则编写，主要具有以下特色。

1. 从零开始，打好基础

"大学计算机基础"课程必须兼顾不同基础的学生，因此本书从"零"开始，注重基础知识、基本原理和方法的介绍，对计算机的基本结构、工作原理、操作系统、多媒体技术、网络基础均有讲解，从而为学生学习其他计算机课程奠定扎实的基础。

2. 案例教学，注重实践

本书在讲解中对于操作类知识和实践性要求比较高的知识采用了案例教学方式，对于Word、Excel、PowerPoint等软件的讲解还配有综合案例。案例讲解可以培养学生的动手实践能力，提高其计算机操作水平。此外，各章末的课后练习为学生课下自主学习与实践提供了很好的参考。

3. 内容新颖，以学生为中心

本书除了介绍计算机的基础知识以及Word、Excel、PowerPoint、Photoshop、Flash等软件的使用方法外，还对多媒体技术及应用、网页制作、信息安全与职业道德、计算机的新技术及其应用等知识进行了讲解。通过学习，学生能初步具备利用计算机解决学习、工作、生活中常见问题的能力，养成独立思考和主动探索新知识、新技术的学习习惯，同时能遵守相关法律法规，自觉抵制网络上的不良信息，全面提升信息素养与职业素质。

4. 配套实践教程，提升综合应用能力

本书配套实践教程，实践教程围绕若干典型应用案例进行讲解，帮助学生提升综合应用能

力，为学生考取计算机相关证书和满足今后的工作需求打下基础。

配套资源

本书配套资源包括微课视频、实例素材与效果文件、Office模板，并提供习题答案与解析、PPT课件、教学大纲、教案和题库软件。其中的微课内容，读者可通过扫描书中的二维码随时查看；实例素材与效果文件等相关教学资源，读者可以登录人邮教育社区（www.ryjiaoyu.com），搜索本书，在相应页面下载。

编者
2021年3月

目 录
CONTENTS

第1章 计算机与信息技术基础 ·········· 1
1.1 计算机的发展 ················· 2
- 1.1.1 早期的计算工具 ············ 2
- 1.1.2 机械计算机和机电计算机的发展 ··········· 2
- 1.1.3 电子计算机的发展——探索奠基期 ··········· 3
- 1.1.4 电子计算机的发展——蓬勃发展期 ··········· 4
- 1.1.5 计算机的发展展望 ········· 4

1.2 计算机的基本概念 ············· 5
- 1.2.1 计算机的定义和特点 ········ 5
- 1.2.2 计算机的性能指标和分类 ···· 6
- 1.2.3 计算机的应用领域和工作模式 ··········· 8
- 1.2.4 计算机的结构与原理 ······· 10

1.3 科学思维 ··················· 11
- 1.3.1 实证思维 ················ 11
- 1.3.2 逻辑思维 ················ 11
- 1.3.3 计算思维 ················ 12

1.4 计算机中的信息表示 ·········· 12
- 1.4.1 计算机中数的表示 ········· 13
- 1.4.2 计算机中非数值数据的表示 ··········· 13
- 1.4.3 进位计数制 ·············· 14
- 1.4.4 不同数制之间的相互转换 ··· 14
- 1.4.5 二进制数的算术运算 ······· 17

1.5 练习 ······················· 18

第2章 计算机系统的构成 ····· 19
2.1 计算机的硬件系统 ············ 20
- 2.1.1 微处理器 ················ 20
- 2.1.2 内存储器 ················ 21
- 2.1.3 主板 ··················· 22
- 2.1.4 硬盘 ··················· 23
- 2.1.5 光驱 ··················· 24
- 2.1.6 键盘和鼠标 ·············· 24
- 2.1.7 显示卡和显示器 ··········· 25
- 2.1.8 其他外部设备 ············ 26

2.2 计算机的软件系统 ············ 26
- 2.2.1 系统软件 ················ 26
- 2.2.2 应用软件 ················ 31

2.3 练习 ······················· 31

第3章 操作系统基础 ········· 33
3.1 Windows 7入门 ·············· 34
- 3.1.1 Windows 7的启动 ········· 34
- 3.1.2 Windows 7的键盘使用 ····· 34
- 3.1.3 Windows 7的鼠标使用 ····· 37
- 3.1.4 Windows 7桌面的组成与外观的设置 ··········· 38
- 3.1.5 Windows 7的退出 ········· 40

目录

3.2 Windows 7 程序与窗口操作 ·········· 40
3.2.1 Windows 7 程序的启动和查询 ·········· 40
3.2.2 Windows 7 的窗口操作 ········ 42

3.3 Windows 7 的汉字输入 ········ 46
3.3.1 中文输入法的选择 ·········· 46
3.3.2 搜狗拼音输入法状态栏的操作 ·········· 46
3.3.3 使用搜狗拼音输入法输入汉字 ·········· 47
3.3.4 使用搜狗拼音输入法输入特殊字符 ·········· 48

3.4 Windows 7 的文件管理 ········ 48
3.4.1 文件系统的概念 ·········· 48
3.4.2 文件管理窗口 ·········· 49
3.4.3 文件/文件夹操作 ·········· 50
3.4.4 库的使用 ·········· 54

3.5 Windows 7 的系统管理 ········ 54
3.5.1 设置系统的日期和时间 ·········· 54
3.5.2 安装和卸载应用程序 ·········· 55
3.5.3 分区管理 ·········· 57
3.5.4 格式化驱动器 ·········· 59
3.5.5 清理磁盘 ·········· 59
3.5.6 磁盘碎片整理 ·········· 60

3.6 Windows 7 的网络功能 ········ 61
3.6.1 网络软硬件的安装 ·········· 61
3.6.2 选择网络位置 ·········· 61
3.6.3 资源共享 ·········· 62
3.6.4 在网络中查找计算机 ·········· 62

3.7 练习 ·········· 62

第 4 章 计算机网络与 Internet ·········· 63

4.1 计算机网络概述 ·········· 64
4.1.1 计算机网络的定义 ·········· 64
4.1.2 计算机网络的发展 ·········· 64
4.1.3 计算机网络的功能 ·········· 65
4.1.4 计算机网络体系结构和 TCP/IP 参考模型 ·········· 66

4.2 计算机网络的组成和分类 ·········· 67
4.2.1 计算机网络的组成 ·········· 68
4.2.2 计算机网络的分类 ·········· 70

4.3 网络传输介质和通信设备 ·········· 74
4.3.1 网络传输介质 ·········· 74
4.3.2 网络通信设备 ·········· 75

4.4 局域网 ·········· 76
4.4.1 局域网概述 ·········· 76
4.4.2 以太网 ·········· 77
4.4.3 令牌环网 ·········· 77
4.4.4 无线局域网 ·········· 77

4.5 Internet ·········· 78
4.5.1 Internet 概述 ·········· 78
4.5.2 Internet 的基本概念 ·········· 78
4.5.3 Internet 的接入 ·········· 79
4.5.4 万维网 ·········· 80

4.6 Internet 的应用 ·········· 80
4.6.1 电子邮件 ·········· 80
4.6.2 文件传输 ·········· 82
4.6.3 搜索引擎 ·········· 83

4.7 练习 ·········· 84

CONTENTS

第 5 章　文档编辑软件 Word 2016 ·················· 85

- 5.1 Word 2016 入门················ 86
  - 5.1.1 Word 2016 简介 ···············86
  - 5.1.2 Word 2016 的启动 ············86
  - 5.1.3 Word 2016 的窗口组成 ······86
  - 5.1.4 Word 2016 的视图方式 ······88
  - 5.1.5 Word 2016 的文档操作 ······88
  - 5.1.6 Word 2016 的退出 ············92
- 5.2 Word 2016 的文本编辑 ······· 92
  - 5.2.1 输入文本 ·····························93
  - 5.2.2 选择文本 ·····························93
  - 5.2.3 插入与删除文本 ·················94
  - 5.2.4 复制与移动文本 ·················94
  - 5.2.5 查找与替换文本 ·················95
  - 5.2.6 撤销与恢复操作 ·················96
- 5.3 Word 2016 文档排版 ·········· 97
  - 5.3.1 设置字符格式 ·····················97
  - 5.3.2 设置段落格式 ·····················99
  - 5.3.3 设置边框与底纹 ···············100
  - 5.3.4 设置项目符号和编号 ········101
  - 5.3.5 应用格式刷 ·······················102
  - 5.3.6 应用样式与模板 ···············103
  - 5.3.7 创建目录 ···························104
  - 5.3.8 设置特殊格式 ···················104
- 5.4 Word 2016 的表格应用 ······105
  - 5.4.1 创建表格 ···························105
  - 5.4.2 编辑表格 ···························106
  - 5.4.3 设置表格 ···························107
  - 5.4.4 数据的排序和计算 ············108
- 5.5 Word 2016 的图文混排 ······ 109
  - 5.5.1 文本框操作 ······················ 109
  - 5.5.2 图片操作 ···························110
  - 5.5.3 形状操作 ···························111
  - 5.5.4 艺术字操作 ·······················112
- 5.6 Word 2016 的页面格式设置 ··················113
  - 5.6.1 设置纸张大小、页面方向和页边距 ···············113
  - 5.6.2 设置页眉、页脚和页码 ····113
  - 5.6.3 设置水印、颜色与边框 ····114
  - 5.6.4 设置分栏与分页 ···············115
  - 5.6.5 打印预览与打印 ···············116
- 5.7 Word 2016 应用综合案例 ··················117
- 5.8 练习 ···································· 119

第 6 章　电子表格软件 Excel 2016 ········ 121

- 6.1 Excel 2016 入门···············122
  - 6.1.1 Excel 2016 简介 ···············122
  - 6.1.2 Excel 2016 的启动 ············122
  - 6.1.3 Excel 2016 的窗口组成 ······122
  - 6.1.4 Excel 2016 的视图方式 ······123
  - 6.1.5 Excel 2016 的工作簿及其操作 ·································124
  - 6.1.6 Excel 2016 的工作表及其操作 ·································125
  - 6.1.7 Excel 2016 的单元格及其操作 ·································129
  - 6.1.8 Excel 2016 的退出 ···········130

目录

6.2 Excel 2016 的数据与编辑 ················130
  6.2.1 数据输入与填充 ··············130
  6.2.2 数据的编辑 ··············131
  6.2.3 数据格式设置 ··············133
6.3 Excel 2016 的单元格格式设置 ················135
  6.3.1 设置行高和列宽 ··············135
  6.3.2 设置单元格边框 ··············135
  6.3.3 设置单元格填充颜色 ········135
  6.3.4 使用条件格式 ··············136
  6.3.5 套用表格格式 ··············137
6.4 Excel 2016 的公式与函数 ·······137
  6.4.1 公式的概念 ··············137
  6.4.2 公式的使用 ··············138
  6.4.3 单元格的引用 ··············139
  6.4.4 函数的使用 ··············141
  6.4.5 快速计算与自动求和 ········142
6.5 Excel 2016 的数据管理 ·······142
  6.5.1 数据清单 ··············143
  6.5.2 数据排序 ··············143
  6.5.3 数据筛选 ··············145
  6.5.4 分类汇总 ··············146
  6.5.5 合并计算 ··············147
6.6 Excel 2016 的图表 ··············147
  6.6.1 图表的概念 ··············148
  6.6.2 图表的建立与设置 ··········148
  6.6.3 图表的编辑 ··············148
  6.6.4 快速突显数据的迷你图 ····149
6.7 打印 ··············150
  6.7.1 页面布局设置 ··············150
  6.7.2 打印预览 ··············150
  6.7.3 打印设置 ··············150
6.8 Excel 2016 应用综合案例 ······151
6.9 练习 ··············153

第 7 章 演示文稿软件 PowerPoint 2016 ············155

7.1 PowerPoint 2016 入门 ·······156
  7.1.1 PowerPoint 2016 简介 ···· 156
  7.1.2 PowerPoint 2016 的启动 ············ 156
  7.1.3 PowerPoint 2016 的窗口组成 ············ 156
  7.1.4 PowerPoint 2016 的视图方式 ············157
  7.1.5 PowerPoint 2016 的演示文稿及其操作 ······· 158
  7.1.6 PowerPoint 2016 的幻灯片及其操作 ··········· 159
  7.1.7 PowerPoint 2016 的退出 ············ 160
7.2 演示文稿的编辑与设置 ········ 161
  7.2.1 编辑幻灯片 ············· 161
  7.2.2 应用幻灯片主题 ········· 166
  7.2.3 应用幻灯片母版 ········· 168
7.3 PowerPoint 幻灯片动画效果的设置 ··············170
  7.3.1 添加动画效果 ··············170
  7.3.2 设置动画效果 ··············171
  7.3.3 设置幻灯片切换动画效果 ··············172

CONTENTS

  7.3.4 添加动作按钮……………172

  7.3.5 创建超链接……………173

 7.4 PowerPoint 2016 幻灯片的

    放映与打印……………173

  7.4.1 放映设置……………173

  7.4.2 放映幻灯片……………175

  7.4.3 演示文稿的打包与

    发送……………176

 7.5 PowerPoint 2016 应用

   综合案例……………176

 7.6 练习……………179

第 8 章 多媒体技术及应用… 180

 8.1 多媒体技术的概述……………181

  8.1.1 多媒体技术的定义和

    特点……………181

  8.1.2 多媒体的关键技术……………181

  8.1.3 多媒体技术的发展趋势……183

  8.1.4 多媒体文件格式的转换……184

  8.1.5 多媒体技术的应用……………184

 8.2 多媒体计算机系统的构成……185

  8.2.1 多媒体计算机系统的硬件

    系统……………185

  8.2.2 多媒体计算机系统的软件

    系统……………185

 8.3 多媒体信息在计算机中的

   表示……………186

  8.3.1 文本……………186

  8.3.2 图形、图像……………186

  8.3.3 声音……………187

  8.3.4 动画……………187

  8.3.5 视频……………187

 8.4 图像处理软件 Photoshop… 188

  8.4.1 Photoshop 操作界面………188

  8.4.2 Photoshop 工具栏……………188

  8.4.3 裁剪工具的使用……………189

  8.4.4 修补工具的使用……………189

  8.4.5 魔棒工具的使用……………190

  8.4.6 Photoshop 图像处理综合

    案例……………191

 8.5 平面矢量动画软件 Flash……192

  8.5.1 Flash 动画相关概念…………192

  8.5.2 Flash 基本操作……………193

  8.5.3 Flash 动画的制作……………195

 8.6 练习……………197

第 9 章 网页制作……………198

 9.1 网页设计基础……………199

  9.1.1 网页与网站的概念…………199

  9.1.2 网页的构成要素……………199

  9.1.3 常见的网站类型……………200

  9.1.4 网站开发的工具……………200

 9.2 制作基本网页……………201

  9.2.1 创建本地站点……………201

  9.2.2 管理站点中的文件和

    文件夹……………202

  9.2.3 创建网页基本元素…………203

  9.2.4 创建网页超链接……………205

 9.3 使用表格布局网页……………207

  9.3.1 插入表格……………207

  9.3.2 表格的基本操作……………208

  9.3.3 设置表格属性……………210

目录

9.4 使用 DIV+CSS 统一网页风格 ·········· 210
  9.4.1 CSS 样式的基本语法 ········ 210
  9.4.2 创建样式表 ················ 211
  9.4.3 认识 DIV 标签 ·············· 212
  9.4.4 认识 DIV+CSS 布局模式 ·············· 212
  9.4.5 插入 DIV 标签 ·············· 212
  9.4.6 HTML5 结构 ················ 213
9.5 使用表单和行为 ················ 213
  9.5.1 认识表单 ·················· 214
  9.5.2 创建表单并设置属性 ········ 214
  9.5.3 插入表单元素 ·············· 215
  9.5.4 添加网页行为 ·············· 217
9.6 练习 ······························ 218

第 10 章 信息安全与职业道德 ············· 220

10.1 信息安全概述 ···················· 221
  10.1.1 信息安全的影响因素 ······ 221
  10.1.2 信息安全策略 ············ 221
  10.1.3 信息安全技术 ············ 222
10.2 计算机中的信息安全 ·········· 225
  10.2.1 计算机病毒及其防范 ······ 226
  10.2.2 网络黑客及其防范 ········ 228
10.3 职业道德与相关法规 ·········· 230
  10.3.1 使用计算机应遵守的若干原则 ·········· 230
  10.3.2 我国信息安全法律法规的相关规定 ·········· 230
10.4 练习 ···························· 230

第 11 章 计算机新技术及应用 ············· 231

11.1 云计算 ·························· 232
  11.1.1 云计算的定义 ············ 232
  11.1.2 云计算的发展 ············ 233
  11.1.3 云计算的主要技术与应用 ·············· 234
11.2 大数据 ·························· 235
  11.2.1 大数据的定义 ············ 235
  11.2.2 大数据的发展 ············ 235
  11.2.3 大数据的主要结构与应用 ·············· 236
  11.2.4 大数据处理的流程 ········ 237
11.3 人工智能 ······················· 237
  11.3.1 人工智能的定义 ·········· 237
  11.3.2 人工智能的发展 ·········· 238
  11.3.3 人工智能的实际应用 ······ 238
11.4 物联网 ·························· 239
  11.4.1 物联网的定义 ············ 239
  11.4.2 物联网的关键技术 ········ 240
  11.4.3 物联网的应用 ············ 241
11.5 移动互联网 ···················· 242
  11.5.1 移动互联网的定义 ········ 242
  11.5.2 移动互联网的发展 ········ 243
  11.5.3 移动互联网的 5G 时代 ·············· 244
11.6 其他技术 ······················· 244
  11.6.1 3D 打印技术 ·············· 244
  11.6.2 虚拟现实技术 ············ 244
11.7 练习 ···························· 246

第 1 章
计算机与信息技术基础

计算机是20世纪人类最伟大的发明之一,它的出现使人类迅速进入了信息社会。计算机是一种能够按照指令对各种数据和信息进行自动加工和处理的电子设备,因此,掌握计算机的一般应用已成为各行业对从业人员的基本要求之一。本章将介绍计算机的基础知识,包括计算机的发展、基本概念、科学思维,以及不同数制之间的转换等基础知识,为后面章节的学习打下基础。

课堂学习目标

- 了解计算机的发展和基本概念
- 熟悉计算机的结构和原理
- 了解科学思维的相关知识
- 掌握不同数制之间的转换方法

课堂案例展示

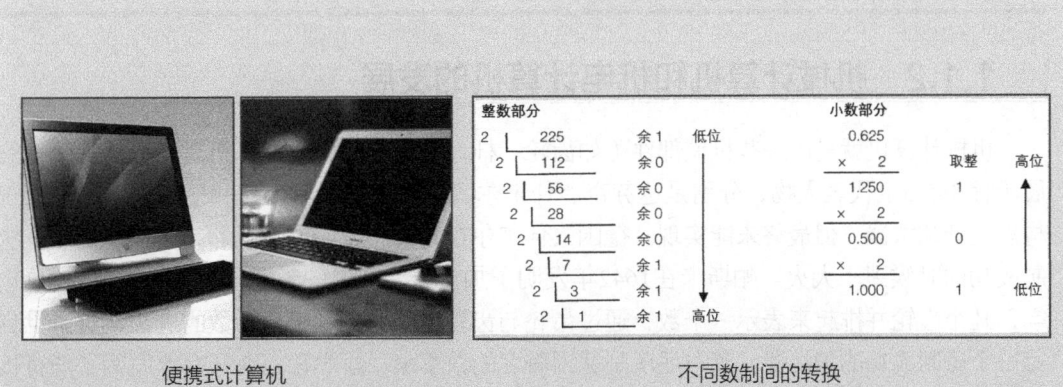

便携式计算机　　　　　　　　　　不同数制间的转换

1.1 计算机的发展

计算机包括机械计算机、机电计算机和电子计算机等,而人们常说的计算机是指电子计算机。计算机的发展十分迅猛,从1946年第一台电子数字计算机诞生至今,计算机已经渗透到社会的各个领域,对人类社会的发展产生了深远的影响。

1.1.1 早期的计算工具

按时间的先后顺序来讲,早期的计算工具有4种:小石头、算筹、算盘、计算尺。

计算工具是用来计数的,数的历史早于人类的语言和文字历史,人类早期便有大、小、多、少等量的概念,需要度量时,就用手指进行数数,于是出现了手指计数。手指计数有两个作用:一是导致了十进制的出现,数到10就用1块石头代替;二是进行手指计算。但手指计数的缺陷是手会被占用,因此人们采用小石头代替手指来进行计数,所以小石头是最早的计算工具。

随着人类社会的不断发展,计数和计算更加复杂,计算需要用到更多的石头,人们想用一种方法代替小石头,使计算更方便。到了春秋战国时期,人们开始用小木棍代替小石头计数,而后形成了算筹。算筹被分为横式和竖式两种,横式的算筹代表1,竖式的算筹代表5。

随着人类的发展和进步,算筹计算工具已不能适应社会的发展。由于算筹中的小木棍易丢、易散,所以到了唐宋时期,人们用珠子串在竹签上将其固定起来,便出现了算盘。算盘是在算筹的基础上发展起来的,算盘在当时是世界上领先的计算工具。

1620—1630年,航海业大发展对天文和历法提出了新的要求,即制作精密的航海仪器和天文率表,而这两种东西需要很复杂的计算才能实现。为了解决复杂的计算问题,人们发明了计算尺,计算尺分为直算尺和圆算尺两种。直算尺是英国的甘特于1620—1626年发明的,圆算尺是英国的奥特瑞德于1630年发明的。

 提示 计算尺采用的是对数原理,对数的概念是苏格兰数学家纳皮尔于1614年提出的。

1.1.2 机械计算机和机电计算机的发展

机械计算机就是由一些机械部件(如齿轮、杆、轴等)构成的计算机。在机械计算机的发展历程中有5位代表人物,分别是达芬奇、什卡尔、帕斯卡、莱布尼茨和巴贝奇。达芬奇曾经构思设计加法器,但最终未能实现。德国人什卡尔在1623年发明了计算器,但遗憾的是,快研制成功的时候毁于大火。帕斯卡在1642年发明了加法器,利用一个有10个齿的齿轮表示1位数字,几个齿轮并排起来表示一个数,通过齿轮与齿轮之间的关系来表示数的进位,这是世界上第一个研制成功的加法器。莱布尼茨是德国著名的数学家、哲学家,在1674年发明了能直接进行乘法运算的乘法器。以前数学用表是人工手动计算的,巴贝奇想使用机器来计算,以避免人工计算的错误。1822年,在政府的支持下巴贝奇开始研制差分机,在研制完成1/7时,政府停止了支持,但巴贝奇并未放弃,继续发明了更高级的分析机。其分析机包含三大思想,一是用卡片上的程序来控制分析机的工作,二是其中包含计算单元和记忆单元,三是可根据中间结果的正负号进行不同的处理。其分析机已经具备了现代计算机的核心部件和主要思想,但遗憾的是当时的工艺满足不了分析机的要求,故最终没能研制成功,之后人们将巴贝奇称为"计算机之父"。

机电计算机的发展历程较短,主要代表人物有楚泽和艾肯。1938年楚泽设计出一台纯机械结构的计算机Z1,采用了二进制;1939年楚泽用继电器改进Z1,设计了Z2计算机;1941年楚泽研制出Z3计算机;1944年楚泽研制出Z4计算机。艾肯于1937年发现了巴贝奇分析机的相关文章,在IBM公司的资助下,1944年艾肯研制出马克一号计算机,1947年研制出马克二号计算机(仍然采用的是继电器),1949年研制出马克三号计算机(部分采用电子元件),1952年研制出马克四号计算机(是全电子元件的计算机)。

1.1.3 电子计算机的发展——探索奠基期

电子计算机就是以电子管、晶体管、集成电路等电子元件为主要部件的计算机,其探索奠基期主要的事件包括技术基础的建立、理论基础的建立、ABC计算机、Colossus计算机、ENIAC计算机。

- 技术基础的建立:1883年,美国发明家爱迪生发现了热电子效应。1904年,英国电气工程师弗莱明发明了真空二极管。1906年,美国发明家德福雷斯特发明了真空三极管。1906年后,具有各种性能的多极真空管、复合真空管相继被发明。
- 理论基础的建立:1847年,英国数学家布尔发表了《逻辑的数学分析》,建立了"布尔代数",并创造了一套符号系统。1936年,英国数学家图灵发表的《论数字计算在决断难题中的应用》论文中提出了被称为"图灵机"的抽象计算机模型,为现代计算机的逻辑工作方式奠定了基础。
- ABC计算机:1940年,阿塔纳索夫和贝瑞研制成功了有300个电子管、能做加法和减法运算的计算机ABC,这是有史以来第一台以电子管为元件的有记忆功能的数字计算机。
- Colossus计算机:1936年,图灵研制出译码计算机,当时它能破解部分德国军事通信密码。1943年,弗劳尔斯设计出更先进的译码计算机"巨人(Colossus)",这台计算机用了1 500个电子管。
- ENIAC计算机:1943年,为快速计算炮弹的弹道,美国军方出资研制ENIAC计算机,由莫奇利和埃克特负责研制,1945年研制成功,1946年2月举行了典礼。ENIAC用了近18 000个真空管、1 500多个继电器、70 000多个电阻、10 000多个电容,重量达27t,占地167m²,功耗150kW。ENIAC每秒可完成5 000次加法或400次乘法计算。ENIAC是计算机发展史上的一座里程碑,它标志着电子计算机时代的到来。但它也存在两个问题,一是内部信息采用十进制表示,导致了硬件线路的复杂和工作状态的不稳定;二是通过开关连线方式控制计算机工作,十分麻烦。

提示 针对ENIAC的不足和缺陷，冯·诺依曼提出了EDVAC方案。EDVAC方案做了两项重大改进，第一，机内数制由原来的十进制改为二进制；第二，采用了"存储程序"方式控制计算机的运行过程。冯·诺依曼的设计思想奠定了现代计算机的体系结构。现代计算机仍然采用这种设计思想，人们也将冯·诺依曼称为"现代计算机之父"。

1.1.4 电子计算机的发展——蓬勃发展期

世界上第一台现代电子计算机诞生后，计算机技术成为发展最快的现代技术之一。电子计算机的蓬勃发展期经历了30年左右的时间，共发展了4代计算机，如表1-1所示。

表1-1 4代计算机的发展

阶段	划分年代	采用的元器件	运算速度（每秒指令数）	主要特点	应用领域
第一代计算机	1946—1957年	电子管	几千条	主存储器采用磁鼓，体积庞大、耗电量大、运行速度低、可靠性较差、内存容量小	国防及科学研究工作
第二代计算机	1958—1964年	晶体管	几万至几十万条	主存储器采用磁芯，开始使用高级程序及操作系统，运算速度提高了、体积也缩小了	工程设计、数据处理
第三代计算机	1965—1970年	中小规模集成电路	几十万至几百万条	主存储器采用半导体存储器，集成度高、功能增强、价格下降	工业控制、数据处理
第四代计算机	1971年至今	大规模、超大规模集成电路	上千万至万亿条	计算机走向微型化，性能得到大幅度提高，软件也越来越丰富，为网络化创造了条件，同时计算机逐步走向人工智能化，并采用了多媒体技术，具有听、说、读、写等功能	工业、生活等各个方面

1.1.5 计算机的发展展望

下面主要通过计算机的发展趋势和研制中的新型计算机两部分内容，来讲解计算机的发展展望。

1. 计算机的发展趋势

计算机的发展趋势主要包括4个方面：巨型化、微型化、网络化和智能化。

● 巨型化：巨型化是指计算机的计算速度更快、存储容量更大、功能更强大、可靠性更高。巨型化计算机的应用范围主要包括天文、天气预报、军事、生物仿真等，这些领域常常需要进行大量的数据处理和运算，所以需要性能强劲的计算机才能完成。
- 微型化：随着超大规模集成电路的进一步发展，个人计算机将朝着更加微型化发展。膝上型、书本型、笔记本型、掌上型等微型化计算机不断涌现，并受到越来越多用户的喜爱。
- 网络化：随着计算机的普及，计算机网络也逐步深入到人们工作和生活的各个方面。通过计算机网络可以连接地球上分散的计算机，然后共享各种分散的计算机资源。如今，计算机网络已成为人们工作和生活中不可或缺的事物，计算机网络化不但可以让人们足不出户就能获得大量的信息，还可以让人们与世界各地的亲友通信、进行网上贸易等。
- 智能化：早期的计算机只能按照人的意愿和指令去处理数据，而智能化的计算机能够代替人的脑力劳动，具有类似人的智能，如能听懂人类的语言、能看懂各种图形、可以自己学习等，计算机可以自主进行知识的处理，从而代替人的部分工作。未来的智能化计算机将会代替甚至超越人类某些方面的脑力劳动。

2. 研制中的新型计算机

新型计算机主要体现在新的原理、新的元器件方面。目前，研制中的新型计算机有3种：DNA生物计算机、光计算机、量子计算机。

- DNA生物计算机以DNA作为基本的运算单元，通过控制DNA分子间的生化反应来完成运算。DNA计算机具有体积小、存储量大、运算速度快、耗能低等优点。
- 光计算机是以光作为载体来进行信息处理的计算机。光计算机具有3个优点：光器件的带宽非常大，传输和处理的信息量极大；信息传输中畸变和失真小，信息运算速度高；光传输和转换时，能量消耗极低。
- 量子计算机是遵循物理学的量子规律来进行高速的数学和逻辑运算，并进行信息处理的计算机。量子计算机具有运算速度快、存储量大、功耗低等优点。

1.2 计算机的基本概念

在了解了计算机的发展后，下面对计算机的定义、特点、分类、应用领域、结构和原理等知识进行讲解。

1.2.1 计算机的定义和特点

随着科学技术的发展，计算机已被广泛应用于各个领域，在人们的生活和工作中起着重要的作用，那么什么是计算机？计算机有哪些特点呢？

1. 计算机的定义

从广义上讲，计算机是能够辅助计算或自动计算的工具。早期的计算工具属于辅助计算的工具，机械计算机、机电计算机和电子计算机属于自动计算的工具。从狭义上讲，计算机是指现代电子计算机，即基本部件由电子器件构成、内部能存储二进制信息，处理过程由内部存储的程序自动控制的计算工具。

2. 计算机的特点

计算机之所以具有如此强大的功能，是由它的特点决定的。计算机主要有以下6个特点。

- 运算速度快：计算机的运算速度表现为单位时间内能执行的指令条数，一般以每秒能执行多少条指令来描述。早期的计算机由于技术的原因，工作效率较低，而随着集成电路技术的发展，计算机的运算速度得到飞速提升，目前世界上已经有超过每秒亿亿次速度的计算机。
- 计算精度高：计算机的运算精度取决于它所采用机器码的字长（二进制码），即人们常说的8位、16位、32位和64位等，字长越长，有效位数越多，精度就越高。
- 准确的逻辑判断能力：除了计算功能外，计算机还具备数据分析和逻辑判断能力，高级计算机还具有推理、诊断和联想等模拟人类思维的能力。准确、可靠的逻辑判断能力是计算机能够实现信息处理自动化的重要原因之一。
- 强大的存储能力：计算机具有许多存储记忆载体，可以将运行的数据、指令程序和运算的结果存储起来，并即时输出为文字、图像、声音和视频等各种信息，供计算机本身或用户使用。例如，在一个大型图书馆人工查阅书目可能会如大海捞针，而采用计算机管理后，所有图书的目录及索引都存储在计算机中，这时查找一本图书就只需要几秒。
- 自动化程度高：计算机内具有运算单元、控制单元、存储单元和输入/输出单元，计算机可以按照编写的程序（一组指令）实现工作的自动化，不需要人工的干预，而且还可以反复执行。例如，企业生产车间及流水线管理中的各种自动化生产设备，正是因为植入了计算机控制系统才使生产自动化成为可能。
- 具有网络与通信功能：通过计算机网络技术可以将不同城市、不同国家的计算机连在一起形成一个计算机网络，网络上的所有计算机用户都可以共享资料和交流信息，从而改变了人类的交流方式和信息获取方式。

1.2.2 计算机的性能指标和分类

下面介绍计算机的性能指标和计算机的分类。

1. 计算机的性能指标

计算机的性能指标就是衡量一台计算机能力强弱的指标，通常有以下5个指标。

- 字长：计算机在同一时间内能处理的一组二进制数称为一个计算机的"字"，而这组二进制数的位数就是"字长"。字长的单位是"位"。字长直接体现了一台计算机的数的表示范围和计算精度，在其他指标相同时，字长越大，计算机处理数据的速度就越快。
- 速度：微型计算机的速度用每秒能执行的指令条数来衡量，单位为MIPS（每秒百万条指令）。大型计算机的速度用每秒能执行的浮点运算次数来衡量，其单位为MFLOPS（每秒百万次浮点运算）。
- 存储容量：计算机的存储容量包括内存容量和外存容量。存储容量的单位是字节（byte），1个字节是8个二进制位。内存容量指内存储器能够存储的数据的总字节数，内存容量的大小体现了计算机工作时存储程序和数据能力的大小，容量越大，性能越高。外存容量指外存储器所能存储数据的总字节数。外存容量的大小体现了计算机长期存储程序和数据能力的大小，容量越大，性能越高。
- 外部设备的配置：计算机的外部设备是指除主机外的大部分硬件设备，简称外设。外部设备的主要功能是输入/输出数据。计算机所配置的外部设备的多少和好坏，也是衡量计算机综合性能的重要指标。
- 软件的配置：软件就是计算机所运行的程序及其相关的数据和文档，计算机所配置软件的多少，决定了计算机能完成哪些工作，它是衡量计算机综合性能的重要指标。

2. 计算机的分类

计算机的种类非常多，划分的方法也有多种，按计算机的用途可将其分为专用计算机和通用计算机两种。其中，专用计算机是指为适应某种特殊需要而设计的计算机，如计算导弹弹道的计算机等。这类计算机都增强了某些特定功能，忽略了一些次要要求，一般都具有高速度、高效率、使用面窄和专机专用的特点。通用计算机广泛适用于一般科学运算、学术研究、工程设计和数据处理等领域，具有功能多、配置全、用途广、通用性强等特点，目前市场上销售的计算机大多属于通用计算机。

按计算机的性能、规模和处理能力，可以将计算机分为巨型机、大型机、中型机、小型机和微型机5类，具体介绍如下。
- 巨型机：巨型机也称超级计算机或高性能计算机，是速度最快、处理能力最强的计算机，是为少数部门的特殊需要而设计的，如图1-1所示。通常，巨型机多用于国家高科技领域和尖端技术研究，是一个国家科研实力的体现。2014年6月，在德国莱比锡市发布的世界超级计算机500强排行榜上，中国超级计算机系统"天河二号"位居榜首，其浮点运算速度可达每秒3.386×10^8亿次。
- 大型机：大型机也称大型主机，其特点是运算速度快、存储量大、通用性强，如图1-2所示，主要适用于计算量大、信息流通量多、通信能力强的用户，如银行、政府部门和大型企业等。目前，生产大型主机的公司主要有IBM等。

图1-1 巨型机

图1-2 大型机

- 中型机：中型机的性能低于大型机，其特点是处理能力强，常用于中小型企业和公司。

- 小型机：小型机是指采用精简指令集处理器，性能和价格介于微型机和中型机之间的一种高性能计算机。小型机的特点是结构简单、可靠性高、维护费用低，常用于中小型企业。随着微型机的飞速发展，小型机被微型机取代的趋势已非常明显。
- 微型机：微型计算机简称微机，它是应用最广泛的机型，占了计算机总数中的绝大部分，其价格便宜、功能齐全，被广泛应用于机关、学校、企事业单位和家庭。微型机按结构和性能可以划分为单片机、单板机、个人计算机、工作站和服务器等，其中个人计算机又可分为台式计算机和便携式计算机（如笔记本电脑）两类，分别如图1-3、图1-4所示。

图1-3　台式计算机　　　　　　　　图1-4　便携式计算机

提示　工作站是一种高端的通用微型计算机，它可以提供比个人计算机更强大的性能，通常配有高分辨率的大屏、多屏显示器及容量很大的内存储器和外存储器，且具有极强的信息处理功能和高性能的图形、图像处理功能，主要用于图像处理和计算机辅助设计领域。

服务器是提供计算服务的设备，它可以是大型机、小型机或高档微机，在网络环境下，根据服务器提供的服务类型的不同，又可分为文件服务器、数据库服务器、应用程序服务器和Web服务器等。

1.2.3　计算机的应用领域和工作模式

在计算机诞生的初期，计算机主要应用于科研和军事等领域，负责大型的高科技研发活动。近年来，随着社会的发展和科技的进步，计算机的性能不断提升，在社会的各个领域都得到了广泛的应用，下面讲解计算机的应用领域和工作模式。

1. 计算机的应用领域

计算机的应用领域主要可以概括为以下7个方面。
- 科学计算：科学计算即数值计算，是指利用计算机来完成科学研究和工程设计中提出的一系列复杂的数学问题的计算。计算机不仅能进行数字运算，还可以解微积分方程以及不等式。由于计算机具有较高的运算速度，对于以往人工难以完成甚至无法完成的数值计算，计算机都可以完成，如气象资料的分析和卫星轨道的测算等。
- 数据处理和信息管理：对大量数据进行分析、加工和处理等工作早已开始使用计算机来完成，这些数据不仅包括"数"，还包括文字、图像和声音等形式的数据。现代计算机速度快、存储容量大，使得计算机在数据处理和信息管理方面的应用十分广泛，如企业的财务管理、事务管理、资料和人事档案的文字处理等。使用计算机进行信息管理，为实现办公自动化和管理自动化创造了有利条件。
- 过程控制：过程控制也称实时控制，它是利用计算机对生产过程和其他过程进行自动监测以及自动控制设备工作状态的一种控制方式，被广泛应用于各种工业环境，并替代人在危险、有害的环境中作业，不受疲劳等因素的影响，还可完成人所不能完成的有高精度和高速度要求的操作，从而节省了大量的人力物力，大大提高了经济效益。
- 人工智能：人工智能（Artificial Intelligence，AI）是指设计有智能性的计算机系统，让计算机具有人类的智能特性，模拟人类的某些智力活动，如"学习""识别图形和声音""推理过程""适应环境"等。目前，人工智能主要应用在智能机器人、机器翻译、医疗诊断、故障诊断、案件侦破和经营管理等方面。
- 计算机辅助：计算机辅助也称计算机辅助工程应用，是指利用计算机协助人们完成各种设计工作。计算机辅助是目前正在迅速发展并不断取得成果的重要应用领域，主要包括计算机辅助设计（Computer Aided Design，CAD）、计算机辅助制造（Computer Aided Manufacturing，CAM）、计算机辅助教育（Computer Based Education，CBE）、计算机辅助教学（Computer Assisted Instruction，CAI）和计算机辅助测试（Computer Aided Testing，CAT）等。
- 网络通信：网络通信是计算机技术与现代通信技术相结合的产物。网络通信是指利用计算机网络实现信息的传递，随着Internet技术的快速发展，人们可以在不同地区和国家间进行数据的传递，并可通过计算机网络进行各种商务活动。
- 多媒体技术：多媒体技术（Multimedia Technology）是指计算机对文字、数据、图形、图像、动画和声音等多种媒体信息进行综合处理和管理，使用户可以通过多种感官与计算机进行实时信息交互的技术。多媒体技术拓宽了计算机的应用领域，使计算机广泛应用于教育、广告宣传、视频会议、服务业和文化娱乐业等。

2. 计算机的工作模式

计算机的工作模式也称为计算模式，计算模式主要有单机模式和网络模式两种。
- 单机模式是指以单台计算机构成的应用模式。在计算机网络没有出现之前，计算机的工作模式都是单机模式。
- 网络模式是指多台计算机连成计算机网络，互相分工合作，共同完成某一任务的应用模式。网络模式有客户-服务器（C/S）模式和浏览器-服务器（B/S）模式两种类型。在C/S模式中，应用系统的数据通常存放在服务器中，应用系统的程序通常存放在每一台客户机上。客户机上的应用程序对数据进行采集和初次处理，再将数据传递到服务器端。用户必须使用客户端应用程序才能对数据进行操作。B/S模式是在C/S模式的基础上发展而来的。由原来的两层结构（客户-服务器）变成三层结构:浏览器-Web服务器-数据库服务器。B/S模式的系统以服务器为核心,程序处理和数据存储基本都在服务器端完成,用户无须安装专门的客户端应用程序,只需要一个浏览器即可,大大方便了系统的部署。

 提示 在计算机网络中,网络中的计算机被分为两大类:一是向其他计算机提供各种服务(主要包括数据库服务、打印服务等)的计算机,称为服务器;二是享受服务器提供服务的计算机,称为客户机。

1.2.4 计算机的结构与原理

要更深入地了解计算机,首先需要了解计算机的结构和工作原理。

1. 计算机的结构

计算机的结构就是计算机各功能部件之间的相互连接关系。计算机的结构是不断发展与完善的,它经历了3个发展阶段:以运算器为核心的结构、以存储器为核心的结构和以总线为核心的结构。

- 以运算器为核心的结构。以运算器为核心的结构如图1-5所示,运算器是整个系统的核心,控制器、存储器、输入设备和输出设备都与运算器相连。这种结构具有两个特点:①输入/输出都要经过运算器;②运算器承载了过多的负载,利用率低。
- 以存储器为核心的结构。以存储器为核心的结构如图1-6所示,存储器是整个系统的核心,运算器、控制器、输入设备和输出设备都与存储器相连。这种结构具有两个特点:①输入/输出不经过运算器;②各部件各司其职,中央处理器(CPU)利用率高。

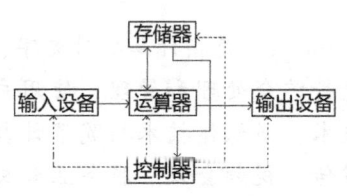

图1-5 以运算器为核心的结构

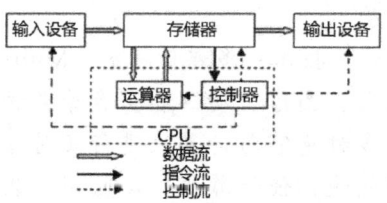

图1-6 以存储器为核心的结构

- 以总线为核心的结构。总线(Bus)是计算机各个功能部件之间传送信息的公共通信干线,它是由导线组成的传输线束。计算机的总线有3种:数据总线、地址总线和控制总线。总线传送4类信息:数据、指令、地址和控制信息。因为CPU读写内存时,必须指定内存单元的地址,地址信息就是内存单元的地址。总线结构有4个特点:①各部件都与总线相连接,或通过接口与总线相连接;②总线结构便于模块化结构设计,简化了系统设计;③总线结构便于系统的扩充和升级;④总线结构便于故障的诊断和维修。

2. 计算机的工作原理

计算机的工作原理就是"存储程序"原理,是由冯·诺依曼在EDVAC方案中提出的。计算机的工作原理包括两方面:①将编写好的程序和原始的数据存储在计算机的存储器中,即

"存储程序"；②计算机按照存储的程序逐条取出指令加以分析，并执行指令所规定的操作，即"程序控制"。指令是由CPU中的控制器执行的，控制器执行一条指令有取指令、分析指令、执行指令3个周期。

 提示 控制器根据程序计数器的内容（即指令在内存中的地址），把指令从内存中取出，保存到控制器的指令寄存器中，然后程序计数器的内容自动加"1"形成下一条指令的地址。控制器将指令寄存器中的指令送到指令译码器，指令译码器翻译出该指令对应的操作，并把操作控制信号传输给操作控制器。

1.3 科学思维

科学思维也叫科学逻辑，就是在科学活动中，对感性认识材料进行加工处理的方式与方法的理论体系，是对各种思维方法的有机整合，是人类实践活动的产物。

科学思维有3个基本原则。
- 逻辑性原则：在逻辑上要求严密，达到归纳和演绎的统一。
- 方法论原则：在方法上要求严谨，达到分析和综合的统一。
- 历史性原则：在体系上要求一致，到达历史与现实的统一。

科学思维有3种思维方式：实证思维、逻辑思维和计算思维。

1.3.1 实证思维

实证思维就是运用观察、测量等一系列实验手段来揭示事物本质与规律的认知过程。实证思维起源于物理学研究，其代表人物有开普勒、伽利略、牛顿。开普勒是现代科学中第一个有意识地将自然现象总结成规律，并表述出来的人。伽利略建立了现代实证的科学体系，强调通过观察和实验获取自然规律的法则。牛顿把观察、归纳和推论完美地结合起来，形成了现代科学"大厦"的框架。实证思维有以下3个特征。
- 自洽性：思维结论在逻辑上不能自相矛盾。
- 合理性：思维结论既能合理解释以往发生的现象，又能合理解释未来发生的现象。
- 检验性：思维结论能经得起不同人的重复检验。

1.3.2 逻辑思维

逻辑思维就是运用概念、判断、推理等思维方式揭示事物本质与规律的认识过程。逻辑思维起源于古希腊时期，其集大成者有苏格拉底、柏拉图、亚里士多德，他们基本构建了逻辑学的体系。逻辑思维又经过众多数学家的贡献，如莱布尼茨、布尔、希尔伯特、哥德尔，形成了现代逻辑学的体系。逻辑思维有以下3个特征。
- 同一律：在同一个思维过程中，一个对象必须始终保持同一个含义，不能随便改变。
- 矛盾律：在同一个思维过程中，一个结论必须始终保持一致，不能自相矛盾。

- 排中律：在同一个思维过程中，两个相互矛盾的结论只能一真一假，不能都为真，也不能都为假。

1.3.3 计算思维

计算思维是与人类思维活动同步发展的思维模式，但是计算思维的明确和建立，经历了较长的时期。计算思维是一直存在的科学思维方式，计算机的出现和应用促进了计算思维的发展和应用。计算思维的发展和以下几位人物有关。

- 笛卡儿：笛卡儿发明了解析几何，他曾设想把现实问题化为数学问题，把数学问题化为代数问题，把代数问题化为代数方程求解问题，这些都体现了计算思维的思想。
- 莱布尼茨：莱布尼茨提出了数理逻辑的思想，他希望能构造一种逻辑演算，使得逻辑判断能够用计算来解决。这也体现了计算思维的思想。
- 希尔伯特：著名数学家希尔伯特在《几何基础》一书中，提出了从公理化走向机械化的思想。希尔伯特计划将数学知识纳入严格的公理体系，并着力在公理化基础上，寻找机械化判断命题是否成立的方法。
- 戴克斯特拉：戴克斯特拉是荷兰著名计算机科学家，曾获得1972年的图灵奖。他曾提出："我们所使用的工具影响着我们的思维方式和思维习惯，从而也将深刻地影响我们的思维能力。"
- 周以真：周以真是美国卡内基梅隆大学的教授，2006年周以真发表的《计算思维》的论文给出了计算思维的定义，论述了计算思维的特性，确立了计算思维的概念。

计算思维具有抽象和自动化的特征。抽象就是将要解决的问题，分离问题所涉及的其他特性，提取出其量的关系、空间形式和内部逻辑，并用简明的数学语言描述出来。自动化就是对要解决的问题，在抽象的基础上，找到一个可行的算法，使得计算机能够运行相应的程序，解决该问题。

 提示 计算思维的经典案例有数值天气预报、"四色定理"的证明、"吴方法"。

实证思维、逻辑思维和计算思维之间有以下3种关系。

- 目标一致：实证思维、逻辑思维和计算思维的共同目标都是揭示事物的本质与规律。
- 手段不同：实证思维注重的是验证，逻辑思维注重的是推理，计算思维注重的是自动求解。
- 互补结合：在现今的科学体系中，仅使用一种思维方式根本无法完成科学研究，3种思维方式需相互配合使用。

1.4 计算机中的信息表示

计算机可以采集、存储和处理用户信息，也可以将用户信息转换成用户可以识别的文字、声音、音频及视频进行输出，那么这些信息在计算机内部又是如何表示的呢？

1.4.1 计算机中数的表示

计算机中的信息都是用二进制数表示的，使用二进制进行数的编码时，可将数分为定点数和浮点数。在计算过程中，小数点位置固定的数叫作定点数，小数点位置浮动的数叫作浮点数。

定点数常用的编码方案有原码、反码、补码、移码4种。

- 原码：原码的编码原则是，正数符号位为0，数据部分照抄；负数符号位为1，数据部分照抄。0既可以看成正数，也可以看成负数。
- 反码：反码的编码原则是，正数符号位为0，数据部分照抄；负数符号位为1，数据部分求反（0变1，1变0）。0既可以看成正数，也可以看成负数。反码有两个特点，一是0有两种表示方法；二是在进行反码加法运算时，符号位可以作为数值参与运算，但运算后，某些情况下需要调整符号位。
- 补码：补码的编码原则是，正数符号位为0，数据部分照抄；负数符号位为1，数据部分求反（0变1，1变0），再在最后一位上加1。
- 移码：不管是什么数，都统一加上一个数（称偏移值），通常n位的移码，偏移值为$2^{n-1}-1$。用移码表示浮点数的阶码，方便了浮点数中指数的比较，简化了浮点运算部件的设计。

一个浮点数可用两个定点数表示。计算机中的浮点数普遍采用IEEE 754标准，该标准定义了两种基本类型的浮点数：单精度浮点数（简称单精度数）和双精度浮点数（简称双精度数）。双精度数所表示的数的范围要比单精度数大，其精度（有效位数）比单精度数高，但所占用的存储空间是单精度数的两倍。

单精度数和双精度数的阶码采用移码表示，尾数采用原码表示。单精度数共32位，包括1位符号位、8位阶码、23位尾数。双精度数共64位，包括1位符号位、11位阶码、52位尾数。

1.4.2 计算机中非数值数据的表示

信息一般表示为数据、图形、声音、文本和图像，在计算机中只能识别二进制数，因此需要对信息进行编码。

- 字母和常用符号的编码：常用的英文字母有大、小写字母各26个，数码10个，数学运算符号、标点符号及其他无图形符号等共128个。这些符号所采用的编码方案各不相同，其中ASCII编码方案是使用最广泛的。ASCII编码初期主要在远距离和无线通信中使用，为了及时发现传输中因电磁干扰导致的代码错误，设计了多种校验的方法，其中采用最多的是奇偶校验，即在7位ASCII编码前加1位校验位，形成8位编码。其中，偶校验是选择校验位的状态，让编码中包括校验位在内的"1"的个数是偶数。
- 汉字编码：汉字编码处理与西文的区别很大，根据处理阶段的不同，可将汉字编码分为输入码、显示字形码、机内码和交换码。汉字输入码如今已经有数百种，广泛应用的包括自然码、全/双拼音码、五笔字型码等。目前，表示汉字字形常用矢量法与点阵字形法。汉字的输入码、字形码、机内码均不是唯一的，不方便进行不同计算机系统之间的汉字信息交换。

1.4.3 进位计数制

数制是指用一组固定的符号和统一的规则来表示数值的方法。其中，按照进位方式计数的数制称为进位计数制。在日常生活中，人们习惯用的进位计数制是十进制，而计算机则使用二进制，除此以外，还包括八进制和十六进制等。二进制顾名思义，就是逢二进一的数字表示方法；以此类推，八进制就是逢八进一，十进制就是逢十进一等。

进位计数制中每个数码的数值不仅取决于数码本身，还取决于该数码在数中的位置，如十进制数828.41，整数部分的第1个数码"8"处在百位，表示800，第2个数码"2"处在十位，表示20，第3个数码"8"处在个位，表示8，小数点后第1个数码"4"处在十分位，表示0.4，小数点后第2个数码"1"处在百分位，表示0.01。也就是说，处在不同位置的数码分别具有不同的位权值，所代表的数值不相同。数制中数码的个数称为数制的基数，十进制数有0、1、2、3、4、5、6、7、8、9共10个数码，其基数为10。

无论在何种进位计数制中，数都可写成按位权展开的形式，如十进制数828.41可写成下式，

$$828.41 = 8 \times 100 + 2 \times 10 + 8 \times 1 + 4 \times 0.1 + 1 \times 0.01，$$

或者

$$828.41 = 8 \times 10^2 + 2 \times 10^1 + 8 \times 10^0 + 4 \times 10^{-1} + 1 \times 10^{-2}，$$

上式称为数值的按位权展开式，其中10^i称为十进制数的位权数，其基数为10，使用不同的基数，便可得到不同的进位计数制。设R表示基数，则称为R进制，使用R个基本的数码，R^i就是位权，其加法运算规则是"逢R进一"，任意一个R进制数D均可以展开表示，

$$(D)_R = \sum_{i=-m}^{n-1} K_i \times R^i，$$

上式中的K_i为第i位的系数，可以为0，1，2，…，R-1中的任意一个数，R^i表示第i位的权。表1-2所示为计算机中常用的几种进位计数制的表示形式。

表1-2 计算机中常用的几种进位计数制的表示形式

进位计数制	基数	基本符号（采用的数码）	权	表示形式
二进制	2	0，1	2^i	B
八进制	8	0，1，2，3，4，5，6，7	8^i	O
十进制	10	0，1，2，3，4，5，6，7，8，9	10^i	D
十六进制	16	0，1，2，3，4，5，6，7，8，9，A，B，C，D，E，F	16^i	H

1.4.4 不同数制之间的相互转换

下面将具体介绍4种常用数制之间的转换方法。

1. 非十进制数转换为十进制数

将二进制数、八进制数和十六进制数转换为十进制数时，只需用该数制的各位数乘以各自的位权数，然后将乘积相加，用按权展开的方法即可得到对应的结果。

【例1-1】将二进制数10110转换成十进制数。

先将二进制数10110按位权展开，再将乘积相加，转换过程如下所示。

$(10110)_2 = (1 \times 2^4 + 0 \times 2^3 + 1 \times 2^2 + 1 \times 2^1 + 0 \times 2^0)_{10}$

$\qquad = (16+4+2)_{10}$

$\qquad = (22)_{10}$

【例1-2】将八进制数232转换成十进制数。

先将八进制数232按位权展开，再将乘积相加，转换过程如下所示。

$(232)_8 = (2 \times 8^2 + 3 \times 8^1 + 2 \times 8^0)_{10}$

$\qquad = (128+24+2)_{10}$

$\qquad = (154)_{10}$

【例1-3】将十六进制数232转换成十进制数。

先将十六进制数232按位权展开，再将乘积相加，转换过程如下所示。

$(232)_{16} = (2 \times 16^2 + 3 \times 16^1 + 2 \times 16^0)_{10}$

$\qquad = (512+48+2)_{10}$

$\qquad = (562)_{10}$

2. 十进制数转换成其他进制数

将十进制数转换成二进制数、八进制数和十六进制数时，可先将数字分成整数和小数部分，各部分先分别转换，然后再拼接起来。

例如，将十进制数转换成二进制数时，整数部分采用"除2取余倒读"法，即将该十进制的整数除以2，得到一个商和余数（K_0），再将商除以2，又得到一个新的商和余数（K_1），如此反复，直到商是0时得到余数（K_{n-1}），然后将得到的各次余数，以最后余数为最高位、最初余数为最低位依次排列，即$K_{n-1}\cdots K_1 K_0$，这就是该十进制数对应的二进制数的整数部分。

小数部分采用"乘2取整正读"法，即将该十进制的小数乘2，取乘积中的整数部分作为相应二进制小数点后的最高位（K_{-1}），取乘积中的小数部分反复乘2，逐次得到$K_{-2} K_{-3}\cdots K_{-m}$，直到乘积的小数部分为0或位数达到所需的精确度要求为止，最后把每次乘积所得的整数部分由上而下（即从小数点自左往右）依次排列起来$K_{-1} K_{-2}\cdots K_{-m}$，即为所求的二进制数的小数部分。

同理，将十进制数转换成八进制数时，整数部分除8取余，小数部分乘8取整；将十进制数转换成十六进制数时，整数部分除16取余，小数部分乘16取整。

【例1-4】将十进制数225.625转换成二进制数。

用除2取余倒读法进行整数部分的转换，再用乘2取整正读法进行小数部分的转换，具体转换过程如图1-7所示。

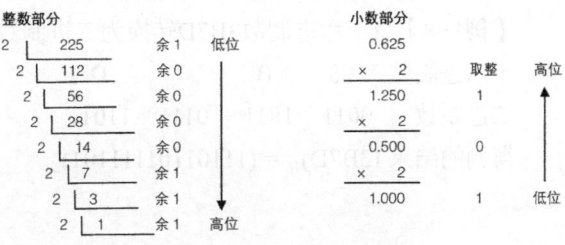

图1-7 十进制数转二进制数的过程

$(225.625)_{10} = (11100001.101)_2$

注意 在进行小数部分的转换时,有些十进制小数不能转换为有限位的二进制小数,此时只能用近似值表示。例如,$(0.57)_{10}$ 不能用有限位二进制数表示,如果要求5位小数近似值,则有 $(0.57)_{10} \approx (0.10010)_2$。

3. 二进制数转换成八进制、十六进制数

二进制数转换成八进制数所采用的转换原则是"3位分一组",即以小数点为界,整数部分从右向左每3位为一组,若最后一组不足3位,则在最高位前面添0补足3位;小数部分从左向右每3位分为一组,最后一组不足3位时,尾部用0补足3位,然后将每组中的二进制数按权相加得到对应的八进制数。

【例1-5】 将二进制数1101001.101转换为八进制数,转换过程如下所示。

二进制数　　001　101　001 . 101
八进制数　　 1　 5　 1 . 5

得到的结果 $(1101001.101)_2 = (151.5)_8$

二进制数转换成十六进制数所采用的转换原则与上面的类似,为"4位分一组",即以小数点为界,整数部分从右向左、小数部分从左向右每4位一组,不足4位用0补足即可。

【例1-6】 将二进制数1011100110001111011转换为十六进制数,转换过程如下所示。

二进制数　　0010　1110　0110　0011　1011
十六进制数　　2　　 E　　 6　　 3　　 B

得到的结果 $(1011100110001111011)_2 = (2E63B)_{16}$

4. 八进制、十六进制数转换成二进制数

八进制数转换成二进制数的转换原则是"一分为三",即从八进制数的低位开始,将每一位上的八进制数写成对应的3位二进制数即可。如有小数部分,则从小数点开始,分别向左右两边按上述方法进行转换即可。

【例1-7】 将八进制数162.4转换为二进制数,转换过程如下所示。

八进制数　　 1　 6　 2 . 4
二进制数　　001　110　010 . 100

得到的结果 $(162.4)_8 = (1110010.1)_2$

十六进制数转换成二进制数的转换原则是"一分为四",即把每一位上的十六进制数写成对应的4位二进制数即可。

【例1-8】 将十六进制数3B7D转换为二进制数,转换过程如下所示。

十六进制数　　3　　 B　　 7　　 D
二进制数　　0011　1011　0111　1101

得到的结果 $(3B7D)_{16} = (11101101111101)_2$

1.4.5 二进制数的算术运算

计算机内部是采用二进制表示数据的，其主要原因是电路容易实现，二进制运算法则简单，可以方便地利用逻辑代数分析和设计计算机的逻辑电路等。下面将对二进制的算术运算和逻辑运算进行介绍。

1. 二进制的算术运算

二进制的算术运算也就是人们通常所说的四则运算，如加、减、乘、除，其具体运算规则如下。

- 加法运算：按"逢二进一"法，向高位进位，运算规则为0+0=0、0+1=1、1+0=1、1+1=10。例如，$(10011.01)_2+(100011.11)_2=(110111.00)_2$。
- 减法运算：减法实质上是加上一个负数，主要应用于补码运算，运算规则为0-0=0、1-0=1、0-1=1（向高位借位，结果本位为1）、1-1=0。例如，$(110011)_2-(001101)_2=(100110)_2$。
- 乘法运算：乘法运算与常见的十进制数对应的运算规则类似，规则为0×0=0、1×0=0、0×1=0、1×1=1。例如，$(1110)_2×(1101)_2=(10110110)_2$。
- 除法运算：除法运算也与十进制数对应的运算规则类似，规则为0÷1=0、1÷1=1，而0÷0和1÷0是无意义的。例如，$(1101.1)_2÷(110)_2=(10.01)_2$。

2. 二进制的逻辑运算

计算机所采用的二进制数1和0可以代表逻辑运算中的"真"与"假"、"是"与"否"和"有"与"无"。二进制的逻辑运算包括"与""或""非""异或"4种，具体介绍如下。

- "与"运算："与"运算又称为逻辑乘，通常用符号"×""∧"""来表示。其运算法则为0∧0=0、0∧1=0、1∧0=0、1∧1=1。通过上述法则可以看出，当两个参与运算的数中有一个数为0时，其结果也为0，此时是没有意义的，只有当数中的数值都为1时，结果才为1，即只有当所有的条件都符合时，逻辑结果才为肯定值。例如，假定某一个公益组织规定加入成员的条件是女性与慈善家，那么只有既是女性又是慈善家的人才能加入该组织。
- "或"运算："或"运算又称为逻辑加，通常用符号"+"或"∨"来表示。其运算法则为0∨0=0、0∨1=1、1∨0=1、1∨1=1。该法则表明只要有一个数为1，则结果就是1。例如，假定某一个公益组织规定加入成员的条件是女性或慈善家，那么只要符合其中任意一个条件或两个条件的人都可以加入该组织。
- "非"运算："非"运算又称为逻辑否运算，通常是在逻辑变量上加上画线来表示的，如变量为A，其非运算结果用$\overline{A}$表示。其运算法则为$\overline{0}$=1、$\overline{1}$=0。例如，假定A变量表示男性，$\overline{A}$就表示非男性，即女性。
- "异或"运算："异或"运算通常用符号"⊕"表示，其运算法则为0⊕0=0、0⊕1=1、1⊕0=1、1⊕1=0。该法则表明，当逻辑运算中变量的值不同时，结果为1，而变量的值相同时，结果为0。

1.5 练习

选择题

（1）1946年诞生的世界上第一台通用电子计算机是（　　）。
　　A. UNIVAC-I　　　　　　　　　　　　B. EDVAC
　　C. ENIAC　　　　　　　　　　　　　D. IBM

（2）第二代计算机的划分年代是（　　）。
　　A. 1946—1957年　　　　　　　　　　B. 1958—1964年
　　C. 1965—1970年　　　　　　　　　　D. 1971年至今

（3）在关于数制的转换中，下列叙述正确的是（　　）。
　　A. 采用不同的数制表示同一个数时，基数（R）越大，则使用的位数越少
　　B. 采用不同的数制表示同一个数时，基数（R）越大，则使用的位数越多
　　C. 不同数制采用的数码是各不相同的，没有一个数码是一样的
　　D. 进位计数制中每个数码的数值都取决于数码本身

（4）十六进制数E8转换成二进制数等于（　　）。
　　A. 11101000　　　B. 11101100　　　C. 10101000　　　D. 11001000

（5）十进制数55转换成二进制数等于（　　）。
　　A. 111111　　　　B. 110111　　　　C. 111001　　　　D. 111011

（6）与二进制数101101等值的十六进制数是（　　）。
　　A. 2D　　　　　　B. 2C　　　　　　C. 1D　　　　　　D. B4

（7）二进制数111+1等于（　　）。
　　A. 10000　　　　 B. 100　　　　　 C. 1111　　　　　D. 1000

第2章
计算机系统的构成

计算机系统由硬件系统和软件系统两部分组成,硬件系统是计算机赖以工作的实体,相当于人的躯体,软件系统是计算机的精髓,相当于人的思想和灵魂,它们共同协作运行应用程序并处理各种实际问题。本章将介绍计算机的硬件系统和软件系统的相关知识。

课堂学习目标

- 了解计算机的硬件系统
- 了解计算机的软件系统

课堂案例展示

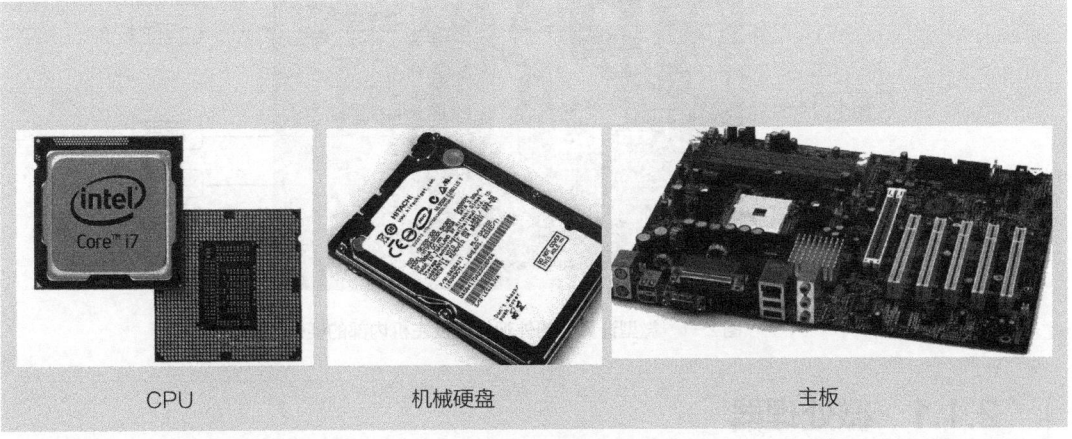

CPU　　　　　　　　机械硬盘　　　　　　　　主板

2.1 计算机的硬件系统

计算机的硬件系统主要由运算器、控制器、存储器、输入设备和输出设备5个部分组成，这5个组成部分之间的关系在前面第1章介绍计算机的结构时已有介绍。从微型计算机的外观上看，计算机的硬件系统主要由主机、显示器、鼠标和键盘等部分组成，主机背面有许多插孔和接口，用于接通电源和连接键盘、鼠标等外部设备，而主机箱内则有微处理器、内存储器、主板、硬盘和光驱等硬件，图2-1所示为微型计算机的外观组成及主机内部的硬件。

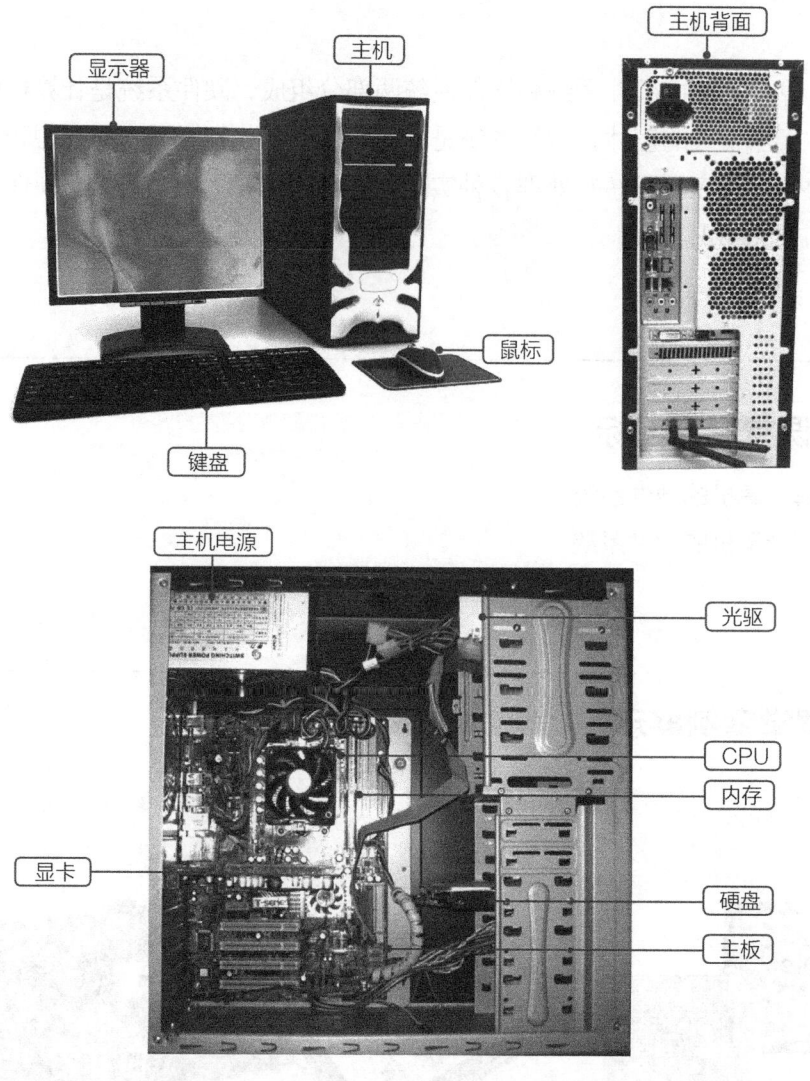

图2-1 微型计算机的外观组成及主机内部的硬件

2.1.1 微处理器

微处理器是由一片或少数几片大规模集成电路组成的中央处理器（CPU），这些电路执行控制部件和算术逻辑部件的功能。微处理器中不仅有运算器、控制器，还有寄存器与高速缓冲存储器，其结构是，一个CPU可包含几个甚至几十个内部寄存器，包括数据寄存库、地址寄存器和状态寄存器等。进行算术逻辑运算的运算器以加法器为核心，能根据二进制法则进行补码的加法运算，可传送、移位和比较数据。控制器由程序计数器、指令译码器、指令寄存器与定时控制逻辑电路组成，可分析和执行指令、统一指挥计算机各部分按时序进行协调操作。新型的处理器中集成了超高速缓冲存储器，它的工作速度和运算器的速度相同。CPU既是计算机的指令中枢，也是系统的最高执行单位，如图2-2所示。CPU主要负责指令的执行，作为计算机系统的核心组件，它在计算机系统中占有举足轻重的地位，也是影响计算机系统运算速度的重要因素。

图2-2　CPU

目前，市场上销售的CPU产品主要有Intel和AMD两大类。奔腾双核、赛扬双核和闪龙系列（单核、双核）属于比较低端的处理器，仅能满足用户上网、办公、看电影等的需求。酷睿i3、i5和速龙系列（双核、四核）属于中端的处理器，不仅能用来上网、办公、看电影等，还能承载大型网络游戏的运行。酷睿i7和羿龙系列（四核、六核）属于高端的处理器，常用的网络应用它都能实现，还能以最好的效果运行大型游戏。

2.1.2　内存储器

计算机中的存储器包括内存储器和外存储器两种，其中内存储器也叫主存储器，简称内存。内存是计算机用来临时存放数据的地方，也是CPU处理数据的中转站，内存的容量和存取速度会直接影响CPU处理数据的速度，图2-3所示为内存条。内存条主要由内存芯片、印制电路板等部分组成。

从工作原理上说，内存一般采用半导体存储单元，包括随机存储器（RAM）、只读存储器（ROM）和高速缓冲存储器（Cache）。我们平常所说的内存通常是指随机存储器，既可以从中读取数据，又可以写入数据。当计算机电源关闭时，存于内存的数据会丢失。只读存储器的信息只能读出，一般不能写入，即使停电，这些数据也不会丢失，如BIOS ROM。高速缓冲存储器在计算机中通常指CPU的缓存。

图2-3 内存条

内存按工作性能分类,主要有DDR SDRAM、DDR2、DDR3、DDR4等几种,目前市场上的主流内存为DDR4,其数据传输能力要比DDR3强大,其内存容量一般为4GB~16GB。一般而言,内存容量越大越有利于系统的运行。

2.1.3 主板

主板(MainBoard)又称为"Mother Board(母板)"或"System Board(系统板)",它是机箱中最重要的部件之一,如图2-4所示。主板上布满了各种电子元器件、插座、插槽和各种外部接口,它可以为计算机的所有部件提供插槽和接口,并通过其中的线路统一协调所有部件的工作。

图2-4 主板

主板上主要的芯片包括BIOS芯片和南北桥芯片。其中BIOS芯片是一块矩形的存储器,里面存有与该主板搭配的基本输入/输出系统程序,能够让主板识别各种硬件,还可以设置引导系统的设备和调整CPU外频等,如图2-5所示。南北桥芯片通常由北桥芯片和南桥芯片组成,北桥芯片主要负责处理CPU、内存和显卡三者间的数据交流,南桥芯片则负责硬盘等存储设备和PCI总线之间的数据流通。

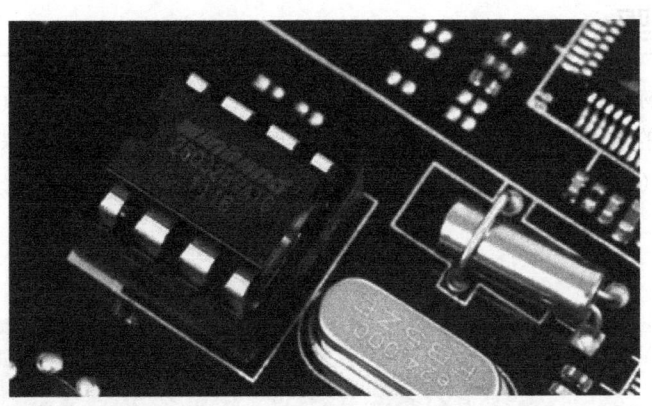

图2-5 主板上的BIOS芯片

2.1.4 硬盘

硬盘是计算机中最大的存储设备,通常用于存放永久性的数据和程序。目前,硬盘有机械硬盘和固态硬盘两种。机械硬盘如图2-6所示,其内部结构比较复杂,主要由主轴电机、盘片、磁头和传动臂等部件组成。在机械硬盘中,通常将磁性物质附着在盘片上,并将盘片安装在主轴电机上,当硬盘开始工作时,主轴电机将带动盘片一起转动,盘片表面的磁头将在电路和传动臂的控制下移动,并将指定位置的数据读取出来,或将数据存储到指定的位置。硬盘容量是选购机械硬盘的主要性能指标之一,包括总容量、单片容量和盘片数3个参数。其中,总容量是表示机械硬盘能够存储多少数据的一项重要指标,通常以TB为单位,目前主流机械硬盘容量从1TB到10TB不等。固态硬盘(Solid State Drives,SSD)是用固态电子存储芯片阵列制成的硬盘,其优点是数据写入速度和读取的速度快,缺点是容量较小,价格较为昂贵。

图2-6 机械硬盘

2.1.5 光驱

光盘驱动器简称光驱，如图2-7所示。放入光驱中用来存储数据的介质称为光盘，光盘是以光信息作为存储的载体并用来存储数据的，其特点是容量大、成本低和保存时间长。光盘可分为不可擦写光盘（即只读型光盘，如CD-ROM、DVD-ROM等）和可擦写光盘（如CD-RW、DVD-RAM等）。

图2-7 光驱

2.1.6 键盘和鼠标

虽然现在输入的方式有多种，如语音输入、手写输入、自动扫描识别等，但键盘和鼠标仍然是最常用的输入设备之一。

- 鼠标因其外形与老鼠类似，所以被称为"鼠标"，如图2-8所示。根据鼠标按键来分，可将鼠标分为3键鼠标和2键鼠标；根据鼠标的工作原理来分，可将其分为机械鼠标和光电鼠标；此外还可分为无线鼠标和轨迹球鼠标；等等。
- 键盘是用户和计算机进行交流的工具，通过键盘可以直接向计算机中输入各种字符和命令，以简化计算机的操作。不同生产厂商所生产出的键盘型号各不相同，目前常用的键盘有107个键位，如图2-9所示。

图2-8 鼠标

图2-9 键盘

2.1.7 显示卡和显示器

显示卡是CPU与显示器之间的接口电路,显示器则是人机交互的重要外部设备,下面分别进行介绍。

1. 显示卡

显示卡又称显示适配器或图形加速卡,简称显卡,如图2-10所示,其功能主要是将计算机中的数字信号转换成显示器能够识别的信号(模拟信号或数字信号),再将显示的数据进行处理和输出,它可分担CPU的图形处理工作。对于进行专业图形设计的计算机而言,显卡十分重要。

图2-10 显示卡

2. 显示器

显示器是计算机的主要输出设备,其作用是将显卡输出的信号(模拟信号或数字信号)以肉眼可见的形式表现出来。目前,市面上的显示器都是液晶显示器(Liquid Crystal Display,LCD),它具有无辐射危害、屏幕不会闪烁、工作电压低、功耗小、质量轻和体积小等优点。显示器通常正面用于显示,背面提供各种控制按钮和接口,如图2-11所示。

图2-11 显示器的正面和背面

2.1.8 其他外部设备

除了前面介绍的硬件设备外，用户根据需要还可以通过计算机主机箱连接打印机、扫描仪、音箱、摄像头等外部设备，其中打印机是一种常见的输出设备，在办公过程中经常需要用到它，其主要功能是对文字和图像进行打印输出。现在市面上常用的打印机有激光打印机、点阵击打式打印机、喷墨打印机等几种。单针式点阵击打式打印机是通过电磁铁高速击打24根打印针，从而让色带上的墨汁转印到打印纸上的，如图2-12所示，其特点是速度慢、噪声大。激光打印机是通过激光产生静电吸附效应，利用硒鼓将碳粉转印到打印纸上，如图2-13所示，其具有速度快、噪声小、分辨率高的特点。喷墨打印机的各项指标在前两种打印机之间，如图2-14所示。

图2-12 点阵击打式打印机　　　图2-13 激光打印机　　　图2-14 喷墨打印机

2.2 计算机的软件系统

计算机软件（Computer Software）简称软件，是指计算机系统中的程序及其文档。计算机软件系统和硬件系统相互依存，软件依赖于硬件的物质条件，硬件也只有在软件的支配下，才能有条不紊地工作。计算机软件总体分为系统软件和应用软件两大类。

2.2.1 系统软件

系统软件是指控制和协调计算机及其外部设备，支持应用软件开发和运行的系统。其主要功能是调度、监控和维护计算机系统，同时负责管理计算机系统中各种独立的硬件，协调硬件之间的工作。系统软件是应用软件运行的基础，所有应用软件都是在系统软件上运行的。

系统软件主要分为操作系统、语言处理程序、数据库管理系统和系统辅助处理程序等，具体介绍如下。

1. 操作系统

操作系统（Operating System，OS）是一种系统软件，它管理着计算机系统中的硬件与软件资源，控制程序的运行，改善人机操作界面，为其他应用软件提供支持，从而使计算机系统中的所有资源得到最大限度的发挥，并为用户提供方便、有效、友善的服务界面。操作系统是一个庞大的管理控制程序，它直接运行在计算机硬件上，是最基本的系统软件，也是计算机系统软件的核心，同时还是最靠近计算机硬件的第一层软件。常见的操作系统有Windows和Linux等，如本书所讲解的Windows 7就是一种操作系统。下面对操作系统的含义、功能与种类等知识进行介绍。

（1）操作系统的基本功能

通过前面介绍的操作系统的概念，可以看出操作系统的功能是控制及管理计算机的硬件资源和软件资源，从而提高计算机的利用率，方便用户使用。操作系统是计算机与用户之间的接口，因此，操作系统必须为用户提供一个良好的用户界面。除此之外，操作系统还具有处理器管理、存储管理、设备管理、文件管理、网络管理等功能。

① 处理器管理

处理器管理又称进程管理，通过操作系统处理器管理模块来确定对处理器的分配策略，实施对进程或线程的调度和管理，如调度（作业调度、进程调度）、进程控制、进程同步和进程通信等。进程与程序的区别如下。

- 程序是"静止"的，它是指静态指令集合与相关的数据结构，因此程序是无生命的；而进程是"动态"的，它是系统进行资源调度与分配的动态行为，因此进程是有生命周期的。
- 不执行的程序仍然存在，而进程是正在执行的程序，若程序执行完毕，进程也将不存在。
- 程序没有并发特征，不占用CPU、存储器、输入/输出设备等系统资源，所以不受其他程序的影响和制约；而进程具有并发性，由于在执行时需使用CPU、存储器等系统支援，所以会受其他进程的影响与制约。
- 进程与程序并非一一对应的。多次执行一个程序能产生多个不同的进程，一个进程也能对应多个程序。

进程一般包括就绪状态、运行状态和等待状态。就绪状态是指进程已获取除CPU以外的其他必需的资源，一旦分配CPU将立即执行。运行状态是指进程获得了CPU和其他所需的资源，正在运行的状态。等待状态是指因为无法获取某种资源，进程运行受阻而处于暂停状态，等分配到所需资源后方可再次执行。

> **注意** 操作系统对进程的管理主要体现在从"创建"到"消亡"的整个生存周期的所有活动,如创建进程、转变进程的状态、执行进程与撤销进程等。

② 存储管理

存储管理的实质是对存储"空间"的管理,主要是指对内存的管理。操作系统的存储管理负责将内存单元分配给需要内存的程序以便让它执行,在程序执行结束后再将程序占用的内存单元收回以便再次使用。此外,还要保证各用户进程之间互不影响,保证用户进程不能破坏系统进程,提供内存保护。

③ 设备管理

外部设备是系统中最有多样性和变化性的部分。设备管理指的是对硬件设备的管理,包括对各种输入/输出设备的分配、启动和回收。我们常通过缓冲、中断、虚拟设备等手段尽可能地使外部设备与主机共同工作,解决快速CPU和慢速外部设备的问题。

④ 文件管理

文件管理又称信息管理,指利用操作系统的文件管理子系统,为用户提供一个方便、快捷、可共享、可保护的文件使用环境,包括文件存储空间管理、文件操作、目录管理、读写管理及存取控制。

⑤ 网络管理

随着计算机网络功能的不断加强,网络应用不断深入人们生活的各个角落,因此操作系统必须提供计算机与网络进行数据传输和网络安全防护的功能。

(2)操作系统的分类

经过多年的升级换代,操作系统已发展出了众多种类,其功能也相差较大。根据不同的分类方法,操作系统可分为不同的类型。

- 根据使用界面分类,操作系统可分为命令行界面操作系统和图形界面操作系统。在命令行界面操作系统中,用户只能在命令符后(如C:\>)输入命令才可操作计算机,用户需要记住各种命令才能使用系统,如DOS系统。图形界面操作系统则不需要记忆命令,用户只需按界面的提示进行操作即可。
- 根据用户数目进行分类,操作系统可分为单用户操作系统和多用户操作系统。如果一台计算机只能由一个用户使用,就称这样的操作系统为单用户操作系统。多用户操作系统则是在一台计算机上可以建立多个用户。
- 根据能否运行多个任务进行分类,操作系统可分为单任务操作系统和多任务操作系统。如果一台计算机在同一时间只能运行一个应用程序(每个应用程序称作一个任务),则称这样的操作系统为单任务操作系统。如果在同一时间可以运行多个应用程序,则称这样的操作系统为多任务操作系统。一般,单任务操作系统只能是单用户操作系统。
- 根据使用环境进行分类,可将操作系统分为批处理操作系统、分时操作系统、实时操作系统。批处理系统是指计算机根据一定的顺序自由地完成若干作业的系统。分时操作系统是一台主机包含若干台终端,CPU根据预先分配给各终端的时间段,轮流为各个终端进行服务。实时操作系统是指在规定的时间内对外来的信息及时响应并进行处理的系统。
- 根据硬件结构进行分类，可将操作系统分为网络操作系统、分布式操作系统、多媒体操作系统。网络操作系统是指管理连接在计算机网络上的若干独立的计算机系统，能实现多个计算机之间的数据交换、资源共享、相互操作等网络管理与网络应用的操作系统。分布式操作系统是指通过通信网络将物理上分布的、具有独立运算能力的计算机系统或数据处理系统相连接，从而实现信息交换、资源共享与协作完成任务的系统。多媒体操作系统是对文字、图形、声音、活动图像等信息与资源进行管理的系统。

2. 语言处理程序

语言处理程序是为用户设计的编程服务软件，用来编译、解释和处理各种程序所使用的计算机语言，是人与计算机相互交流的一种工具，其包括机器语言、汇编语言、高级语言和非过程化语言等。由于计算机只能直接识别和执行机器语言，因此要在计算机上运行高级语言程序就必须配备语言翻译程序，不同的高级语言都有相应的语言翻译程序。

（1）机器语言

机器语言（Machine Language）是计算机指令的集合，由1和0两种符号构成，是最早期的程序语言，也是计算机能够直接阅读与执行的基本语言，任何程序或语言在执行前都必须被转换为机器语言。

机器语言中的每一条语句就是一段二进制的指令代码，如"10111001 00000010"表示"将变量A的值设定为数值2"，这对普通人来说如同"天书"，用它编程不仅工作量大，而且难学、难记、难修改，只适合专业人员使用。而且不同品牌和型号的计算机，其指令系统也会有差异，因此，用机器语言编写的程序只能在相同的硬件环境下使用，程序的可移植性差。当然，机器语言也有编写的程序代码不需要翻译、占用空间少、执行速度快等优点。

（2）汇编语言

汇编语言（Assembly Language）通过指令符号来编制程序。这种指令符号是计算机指令的英文缩写，因而较机器语言的二进制指令代码更容易学习和记忆。

汇编语言在一定程度上克服了机器语言难学、难记、难修改的缺点，同时保持了编程质量高、占用空间少、执行速度快的优点。在对实时性要求较高时，用户可以使用汇编语言。

与机器语言一样，汇编语言也是面向机器的语言，其编写的程序不仅通用性较差，而且可读性也差。

（3）高级语言

高级语言（High-level Language）是相当接近人类所使用语言的程序语言，且高级语言完全与计算机的硬件无关，程序员在编写程序时，不用与计算机硬件打交道，无须了解计算机的指令系统。这样，程序员在编写程序时就不用考虑计算机硬件的差异了，因而编程效率会大大提高。由于与具体的计算机硬件无关，因此使用高级语言编写的程序通用性强、可移植性高、易学、易读、易修改，被广泛应用于商业、科学、教学、娱乐等领域。

（4）非过程化语言

非过程化语言（Non-procedural Language）的特点是程序员不必关心问题的解法和处理的具体过程，只需说明所要完成的目标和条件，就能得到想要的结果，而其他的工作都由系统来完成。

数据库的结构化查询语言（Structured Query Language，SQL）就是非过程化语言的一个颇具代表性的例子。例如，通过"SELECT name,sex,age FROM学生WHERE class=1"语句可以直接从学生表中查询出class为1的学生的name、sex和age信息。而读取数据、比较数据、显示数据等一系列的具体操作则由系统自动完成。

相较于高级语言，非过程化语言使用起来更加方便，但是非过程化语言目前只适用于部分领域，其通用性和灵活性不如高级语言。

3. 数据库管理系统

数据库管理系统（DataBase Management System，DBMS）是一种操作和管理数据库的大型软件，它位于用户和操作系统之间，也是用于建立、使用和维护数据库的数据管理软件。数据库管理系统可以组织不同性质的数据，以便能够有效地查询、检索和管理这些数据。常用的数据库管理系统有SQL Server、Oracle和Access等。

- SQL Server是一个关系数据库管理系统，能够基于服务器端的数据库，快速处理海量数据。SQL Server的操作界面是图形化的，能够方便系统管理和数据库里管理的各项操作，同时，其丰富的编程接口工具又为用户进行程序化设计提供了便利，具有后台开发较灵活，可扩展性强等优点。此外，SQL Server集成了Windows NT的许多功能，支持Web技术，可以跨多种平台使用，具有较强的兼容性和安全性。但其操作相对Access更复杂。

- Oracle也是一个关系数据库管理系统，它能够基于服务器端的数据库提供数据管理的功能。目前，银行、证券等行业使用Oracle较广泛。Oracle在数据库管理功能、完整性检查、安全性、一致性等方面表现较好，且引入了共享SQL Server和多线索服务器体系结构，提供了与高级语言的接口软件，能够在C、C++等主语言中嵌入SQL语句及过程化（PL/SQL)语句。Oracle采用并行服务器模式，其数据处理速度比SQL Server的虚拟服务器模式更快一些，但在易用性、数据导出和管理维护等方面不如SQL Server。

- Access是一个关联式数据库管理系统，由Microsoft发布。Access结合了Microsoft Jet Database Engine和图形用户界面等特点，操作简便，无需编写代码或精通数据库，就能使用模板快速构建数据库。Access的数据存储量较小，兼容性和安全性不如SQL Server和Oracle，适用于数据量较少的应用系统。

4. 系统辅助处理程序

系统辅助处理程序也称软件研制开发工具或支撑软件，主要有编辑程序、调试程序等，该程序的作用是维护计算机的正常运行，如Windows操作系统中自带的磁盘整理程序等。

2.2.2 应用软件

应用软件是指一些具有特定功能的软件,即为解决各种实际问题而编制的程序,包括各种程序设计语言,以及用各种程序设计语言编制的应用程序。计算机中的应用软件种类繁多,这些软件能够帮助用户完成特定的任务,如要编辑文档、制作报表可以使用WPS Office或Microsoft Office。

常见的应用软件种类有办公、图形处理与设计、图文浏览、翻译与学习、多媒体播放、网站开发、程序设计、磁盘分区、数据备份与恢复和网络通信等,图2-15所示为计算机中用户常安装的部分应用软件。

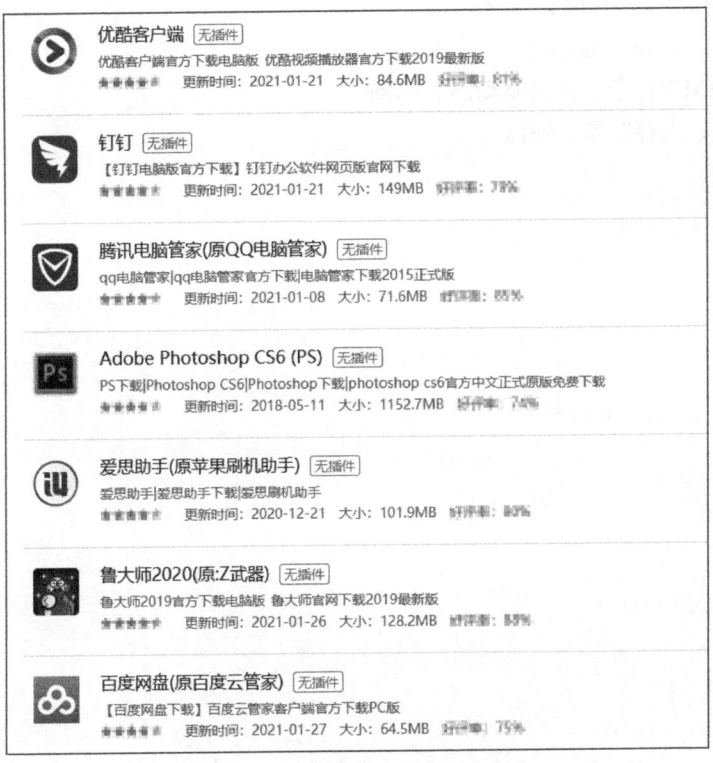

图2-15 用户常安装的部分应用软件

2.3 练习

选择题

(1)计算机的硬件系统主要包括运算器、控制器、存储器、输出设备和(　　)。
  A.键盘 B.鼠标 C.输入设备 D.显示器

(2)计算机的操作系统是(　　)。
  A.计算机中使用最广的应用软件 B.计算机系统软件的核心
  C.微机的专用软件 D.微机的通用软件

（3）下列叙述中，错误的是（　　）。

  A．内存储器一般由ROM、RAM和高速缓存（Cache）组成

  B．RAM中存储的数据一旦断电就会全部丢失

  C．CPU可以直接存取硬盘中的数据

  D．存储在ROM中的数据断电后也不会丢失

（4）能直接与CPU交换信息的存储器是（　　）。

  A．硬盘存储器   B．光盘驱动器

  C．内存储器   D．软盘存储器

（5）下列设备中，全部属于外部设备的一组是（　　）。

  A．打印机、移动硬盘、鼠标

  B．CPU、键盘、显示器

  C．SRAM内存条、光盘驱动器、扫描仪

  D．U盘、内存储器、硬盘

练习
查看答案和解析

CHAPTER 3

第 3 章
操作系统基础

Windows 7是由Microsoft（微软）公司开发的一款具有革命性变化的操作系统，它具有操作简单、启动速度快、安全和连接方便等特点，使计算机的操作变得更加简单和快捷。本章主要介绍Windows 7操作系统的基本操作，包括启动与退出操作、窗口与菜单操作、对话框操作、汉字输入法、Windows 7的文件管理、Windows 7的系统管理、Windows 7的网络功能等内容。

课堂学习目标

- 了解Windows 7操作系统
- 熟悉窗口、对话框与"开始"菜单的操作方法
- 掌握设置汉字输入法的方法
- 了解Windows 7的文件管理、系统管理和网络功能

课堂案例展示

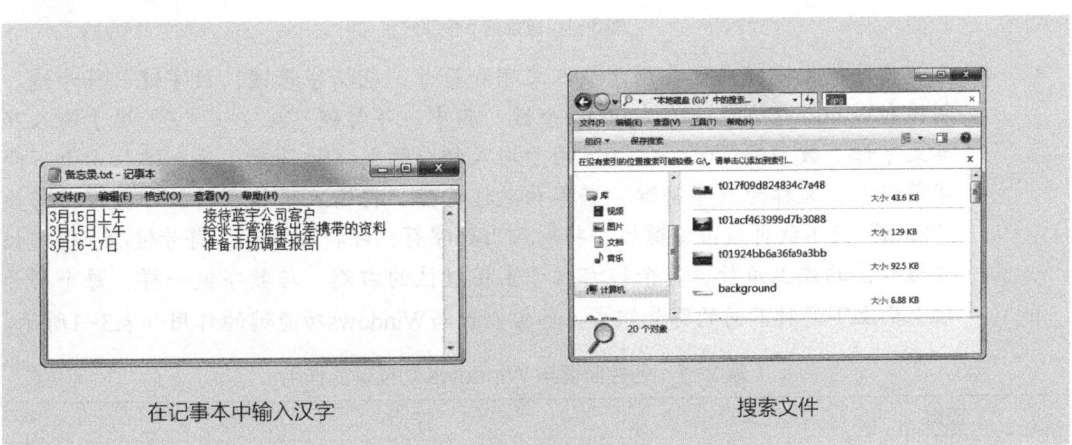

在记事本中输入汉字　　　　　　　　　搜索文件

3.1 Windows 7入门

在计算机上安装Windows 7操作系统后,首先应该了解Windows 7操作系统的启动与退出方法,以及键盘和鼠标的使用。

3.1.1 Windows 7的启动

开启计算机主机箱和显示器的电源开关,Windows 7将载入内存,接着开始对计算机的主板和内存等进行检测,系统启动完成后将进入Windows 7欢迎界面。若系统只有一个用户且没有设置用户密码,可直接进入系统桌面;若系统存在多个用户且设置了用户密码,则需要选择用户并输入正确的密码才能进入系统。

3.1.2 Windows 7的键盘使用

要使用键盘输入信息,需要先了解键盘的结构,然后掌握各个按键的作用和指法,才能达到快速输入的目的。

1. 认识键盘的结构

以常用的107键键盘为例,键盘按照各键功能的不同可以分成主键盘区、编辑键区、小键盘区、状态指示灯区和功能键区5个部分,如图3-1所示。

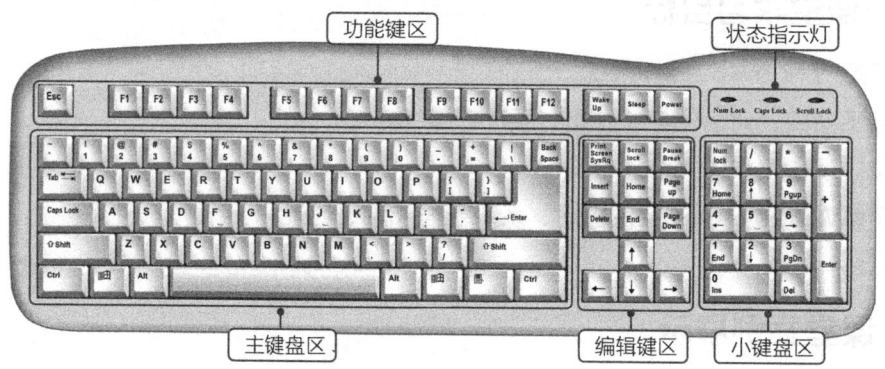

图3-1 键盘的5个部分

- 主键盘区:主键盘区主要用于输入文字和符号,包括字母键、数字键、符号键、控制键和Windows功能键,共5排61个键。其中,字母键"A"~"Z"用于输入26个英文字母。数字键"0"~"9"用于输入相应的数字和符号,每个键位由上下两种字符组成,又称为双字符键,若单独敲这些键,将输入下档字符,即数字;若按住"Shift"键不放再敲击该键位,将输入上档字符,即特殊符号。符号键除了 ▍ 键位于主键盘区的左上角外,其余键都位于主键盘区的右侧。与数字键一样,每个符号键位也由上下两种不同的符号组成。各控制键与Windows功能键的作用如表3-1所示。

表3-1 各控制键与Windows功能键的作用

按键	作用
"Tab"键	Tab是英文"Table"的缩写,也称制表定位键。每按一次该键,光标都会向右移动8个字符,常用于文字处理中的对齐操作

续表

按键	作用
"Caps Lock"键	该键为大写字母锁定键，系统默认状态下输入的英文字母为小写，按下该键后输入的英文字母为大写字母，再次按下该键可以取消大写锁定状态
"Shift"键	主键盘区左右各有一个"Shift"键，它们功能完全相同，主要用于输入上档字符和字母键的大写英文字符。例如，在键盘处于输入英文小写字母的状态下，按住"Shift"键不放再按"A"键，可以输入大写字母"A"
"Ctrl"键和"Alt"键	这两个键都分别在主键盘区左右下角各有一个，它们常与其他键组合使用，在不同的应用软件中，它们的作用也各不相同
空格键（Space）	空格键位于主键盘区的下方，每按一次该键，都会在光标的当前位置产生一个空字符，同时光标向右移动一个位置
"Back Space"键	每按一次该键，都会让光标向左移动一个位置，若光标位置的左边有字符，则会删除该位置上的字符
"Enter"键	回车键有两个作用：一是确认并执行输入的命令；二是在输入文字时按此键，则插入光标会移至下一行行首
Windows 功能键	主键盘区左右各有一个 Windows 功能键，该键面上印有 Windows 窗口图案，称为"开始菜单"键，在 Windows 操作系统中，按下该键后将打开"开始"菜单；主键盘区右下角的 键称为"快捷菜单"键，在 Windows 操作系统中，按该键后会打开相应的快捷菜单，其功能相当于单击鼠标右键

● 编辑键区：编辑键区主要用于编辑过程中的光标控制，各键的作用如图3-2所示。

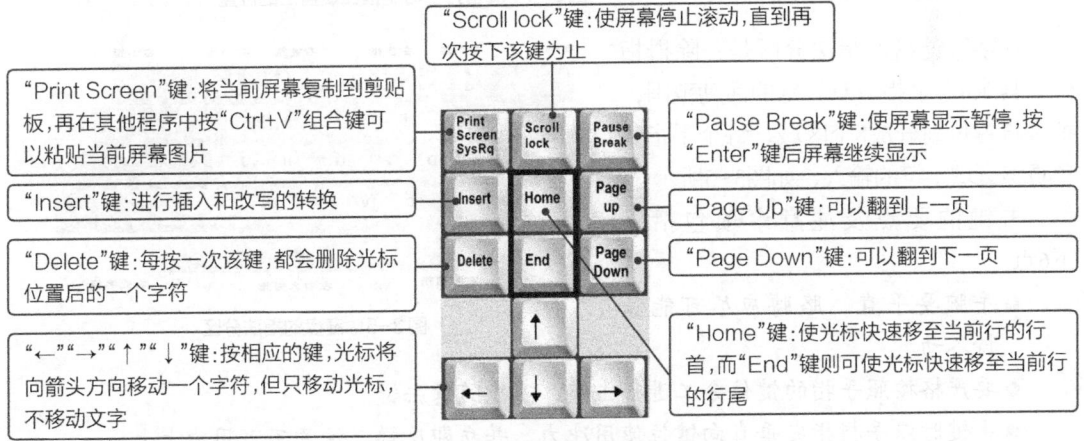

图3-2 编辑键区各键位的作用

● 小键盘区：小键盘区主要用于快速输入数字及进行光标移动控制，银行、企事业单位等使用较多。当要使用小键盘区输入数字时，应先按下左上角的"Num Lock"键，此时状态指示灯区第1个指示灯亮，表示此时处于数字输入状态，然后进行输入即可。

● 状态指示灯区：主要用来显示小键盘工作状态、大小写状态及滚屏锁定键的状态。

● 功能键区：功能键区位于键盘的顶端，其中"Esc"键用于把已输入的命令或字符串取消，在一些应用软件中常起到退出的作用；"F1"~"F12"键称为功能键，在不同的软件中，各键的功能会略有不同，一般在程序窗口中按"F1"键可以获取该程序的帮助信息；"Power"键、"Sleep"键和"Wake Up"键的作用分别是控制电源、转入睡眠状态和唤醒睡眠状态。

2. 键盘的操作

使用正确的打字姿势可以提高打字速度，减少疲劳程度，这点对于初学者而言非常重要。正确的打字姿势是：身体坐正，双手自然放在键盘上，腰部挺直，上身微前倾；双脚的脚尖和脚跟自然地放在地面上，大腿自然平直；坐椅的高度与计算机键盘、显示器的放置高度要适中，一般以双手自然垂放在键盘上时肘关节略高于手腕为宜，显示器的高度则以操作者坐下后，其目光水平线处于屏幕上的2/3处为宜，如图3-3所示。

准备打字时，将左手的食指放在"F"键上，右手的食指放在"J"键上，这两个键下方各有一个突起的小横杠，用于左右手的定位，其他的手指（除拇指外）按顺序分别放置在相邻的6个基准键位上，双手的大拇指放在空格键上。基准键位是指主键盘区第2排字母键中的"A""S""D""F""J""K""L"";"8个键，如图3-4所示。

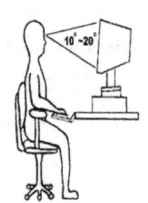

图3-3 打字姿势

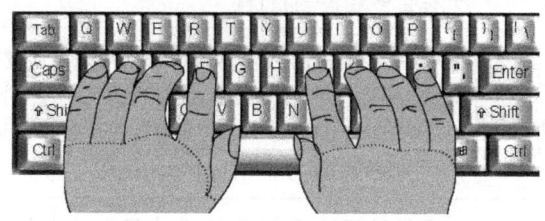

图3-4 准备打字时手指在键盘上的位置

打字时键盘的指法分区是：除拇指外，其余8个手指各有一定的活动范围，把字符键位划分成8个区域，每个手指只负责该区域字符的输入，如图3-5所示。

击键的要点及注意事项包括以下6点。

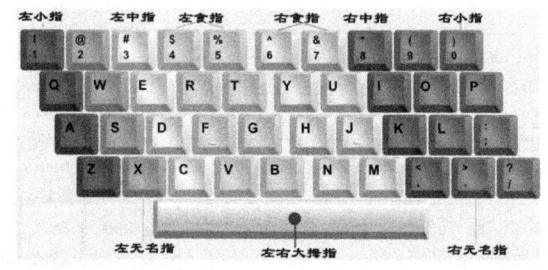

图3-5 键盘的指法分区

- 手腕要平直，胳膊应尽可能保持不动。
- 要严格按照手指的键位分工进行击键，不能随意击键。
- 击键时以手指指尖垂直向键位使用冲力，并立即反弹，注意不可用力太大。
- 左手击键时，右手手指应平放在基准键位上保持不动；右手击键时，左手手指也应平放在基准键位上保持不动。
- 击键后手指应迅速返回相应的基准键位。
- 不要长时间按住一个键不放，击键时应尽量不看键盘，以养成"盲打"的习惯。

3. 指法练习

将手指轻放在键盘基准键位上，固定手指位置。为了提高录入速度，一般要求不看键盘，集中视线于文稿，养成科学合理的"盲打"习惯。初学者在练习键位时可以一边打字一边默念，以便快速记忆各个键位。键盘的操作需要熟练掌握，包括基准键盘练习、左右手的指法练习、数字键的指法练习以及指法综合练习4部分，具体的练习流程如下。

（1）基准键盘练习。左手的食指放在"F"键上，右手的食指放在"J"键上，其余手指分别放在相应的基准键位上，然后以"原地踏步"的方式练习各组字母键。在练习时要注意培养击键的感觉，例如，要输入字母a，可先将双手放置在8个基准键上，两手拇指放在空格键上，准备好后先用左手小指敲一下键盘上的"A"键，此时"A"键被按下又迅速弹回，手指也要在击键后迅速回到"A"键位上，击键完成后，字母a就会显示在屏幕上。

（2）左手食指键的指法练习。左手食指主要控制"R""T""F""G""V""B"键，每次击键完毕都要回到基准键"F"上。

（3）右手食指键的指法练习。右手食指主要控制"Y""U""H""J""N""M"键。

（4）左、右手中指键的指法练习。左手中指主要控制"E""D""C"键，右手中指主要控制"I""K"","键。

（5）左、右手无名指键的指法练习。左手无名指主要控制"W""S""X"键，右手无名指主要控制"O""L""."键。

（6）左、右手小指键的指法练习。左手小指主要控制"Q""A""Z"键，左手小指主要控制"P"";""/"键。

（7）数字键的指法练习。其键入方法与字母键相似，只是移动距离比字母键长，且比字母的输入难度大。输入数字时左手控制"1""2""3""4""5"，右手控制"6""7""8""9""0"。例如，要输入"1234"，可先将双手放置在基准键位上，然后将左手抬离键盘而右手不动，再用左手小指敲一下数字键"1"后迅速回到基准键位上，接着用同样的方法输入"234"即可。数字的输入较困难，初学者应认真练习，始终要坚持手指击键完毕后就返回基准键位上。

（8）指法综合练习。如果碰到大小写字母混合输入的情况，且大写字母在右手控制区时，可先用左手小指按住"Shift"键不放，同时右手按字母键，然后松开按键并返回基准键位。同样，如果输入的大写字母在左手控制区，则先用右手小指按住"Shift"键，同时左手按字母键，然后回到基准键位。

3.1.3 Windows 7 的鼠标使用

操作系统进入图形化时代后，鼠标就成为计算机必不可少的输入设备。启动计算机后，首先使用的便是鼠标操作，因此鼠标操作是初学者必须掌握的基本技能。

1. 手握鼠标的方法

鼠标左边的按键称为鼠标左键，右边的按键称为鼠标右键，中间可以滚动的按键称为鼠标中键或鼠标滚轮。手握鼠标的正确方法是：食指和中指自然放置在鼠标的左键和右键上，拇指横向放于鼠标左侧，无名指和小指放在鼠标的右侧，拇指与无名指及小指轻轻握住鼠标，手掌心轻轻贴住鼠标后部，手腕自然垂放在桌面上，同时用食指控制鼠标左键，用中指控制鼠标右键和滚轮，如图3-6所示。当需要使用鼠标滚动页面时，用中指滚动鼠标的滚轮即可。

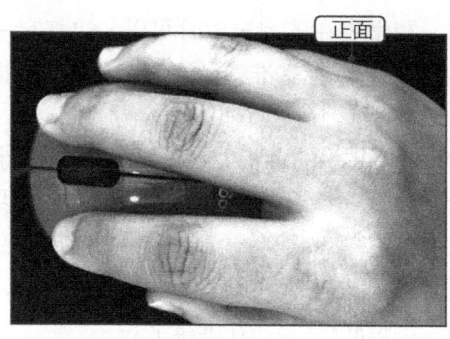
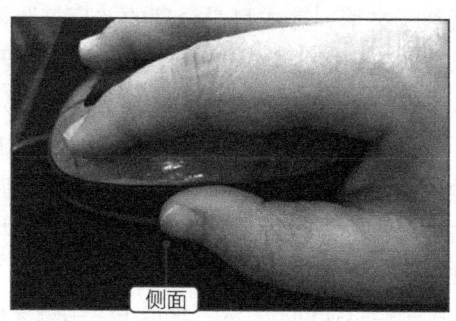

图3-6 手握鼠标的方法

2. 鼠标的5种基本操作

鼠标的基本操作包括移动定位、单击、拖动、右击和双击5种，具体操作如下。

- 移动定位：方法是握住鼠标在光滑的桌面或鼠标垫上随意移动，此时，在显示屏幕上的鼠标指针也会同步移动，将鼠标指针移到桌面上的某一对象上停留片刻，这就是定位操作，被定位的对象通常会出现相应的提示信息。
- 单击：方法是先移动鼠标，让鼠标指针指向某个对象，然后用食指按下鼠标左键后快速松开按键，鼠标左键将自动弹起还原。单击操作常用于选择对象，被选择的对象呈高亮显示。
- 拖动：方法是将鼠标指向某个对象后按住鼠标左键不放，同时移动鼠标把对象从屏幕的一个位置拖至另一个位置，然后释放鼠标左键即可，这个过程也被称为"拖曳"。拖动操作常用于移动对象。
- 右击：右击即单击鼠标右键，方法是用中指按一下鼠标右键，松开按键后鼠标右键将自动弹起还原。右击操作常用于打开右击对象的相关快捷菜单。
- 双击：双击是指用食指快速、连续地单击鼠标左键两次。双击操作常用于启动某个程序、执行任务、打开某个窗口或文件夹。

 提示 在双击鼠标的过程中，不能移动鼠标。另外，在移动鼠标时，鼠标指针可能不会一次性移动到指定位置，当手臂感觉伸展不方便时，可提起鼠标使其离开桌面，再把鼠标放到易于移动的位置上继续移动，这个过程中鼠标实际上经历了"移动、提起、回位、放下、再移动"的过程，屏幕上指针的移动路线便是依靠这一系列操作完成的。

3.1.4 Windows 7桌面的组成与外观的设置

启动Windows 7后，在屏幕上即可看到Windows 7桌面。下面分别对Windows 7桌面的组成与外观的设置进行介绍。

1. Windows 7桌面的组成

默认情况下，Windows 7的桌面由桌面图标、鼠标指针、任务栏和语言栏4部分组成，如图3-7所示。下面分别对这4部分进行讲解。

- 桌面图标：桌面图标一般是程序或文件的快捷方式。默认情况下，桌面图标还包括"计算机"图标 、"网络"图标 、"回收站"图标 和"个人文件夹"图标 等系统图标。双击桌面上的某个图标，即可打开该图标对应的窗口或程序。
- 鼠标指针：在Windows 7操作系统中，鼠标指针在不同的状态下有不同的形状，这样可直观地告诉用户当前可进行的操作或当前系统状态。常用鼠标指针及其对应的状态如表3-2所示。

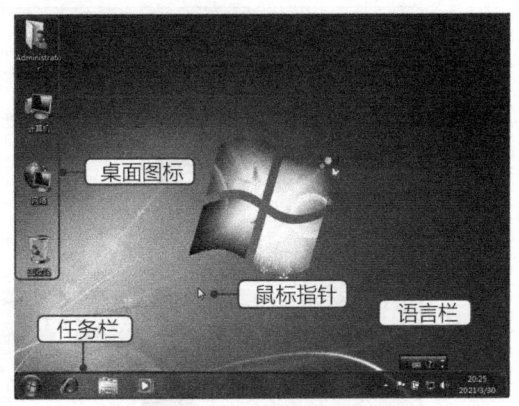

图3-7　Windows 7的桌面

表3-2　鼠标指针形态与含义

鼠标指针	表示的状态	鼠标指针	表示的状态	鼠标指针	表示的状态
▶	正常状态	↕	调整对象垂直大小	＋	精确调整对象
▶?	帮助选择	↔	调整对象水平大小	I	文本输入状态
▶○	后台处理	↘	沿对角线调整对象1	⊘	禁用状态
○	忙碌状态	↗	沿对角线调整对象2	✎	手写状态
✥	移动对象	↑	候选	☝	链接选择

- 任务栏：任务栏默认情况下位于桌面的最下方，由"开始"按钮 、任务区、通知区域和"显示桌面"按钮（单击可快速显示桌面）4部分组成，如图3-8所示。

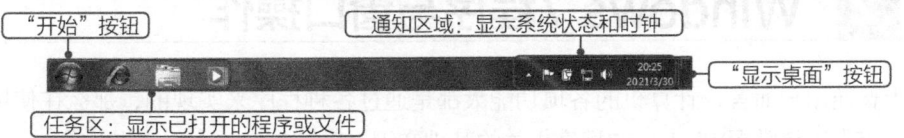

图3-8　任务栏

- 语言栏：在Windows 7中，语言栏一般浮动在桌面上，以便用户选择系统所用的语言和输入法。单击语言栏右上角的"最小化"按钮 ，可将语言栏最小化到任务栏上，且该按钮会变为"还原"按钮 。

2．Windows 7桌面外观的设置

如果不喜欢Windows 7默认的背景或窗口颜色，用户还可以自行更改Windows 7的桌面外观。在桌面上单击鼠标右键，在弹出的快捷菜单中选择"个性化"命令（或单击"开始"按钮 进入控制面板中进行选择），即可在打开的"个性化"窗口中通过更换主题或桌面背景来更改Windows 7的桌面外观，如图3-9所示。

"个性化"界面中提供了7个主题，这些主题包含桌面背景、屏幕保护程序、窗口边框颜色和声音方案，甚至某些主题还包含桌面图标和鼠标指针样式。除了应用已有的主题，用户还可以自行更改Windows 7计算机的桌面背景、窗口颜色、声音、桌面图标、屏幕保护程序、字体大小和鼠标指针等。

图3-9 Windows 7桌面外观的设置

3.1.5　Windows 7 的退出

计算机操作结束后需要退出Windows 7系统，其退出的方法是：首先保存文件或数据，然后关闭所有打开的应用程序。接着单击"开始"按钮，并在打开的"开始"菜单中单击按钮，如图3-10所示。成功关闭计算机后，再关闭显示器的电源。

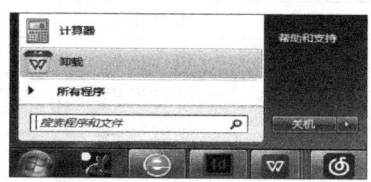

图3-10 Windows 7的退出

3.2　Windows 7程序与窗口操作

对于普通用户而言，计算机的各项功能大都是通过各种程序来实现的，那么在使用计算机时，用户首先应该掌握Windows 7程序相关的基础知识，以及在窗口中的各种操作。

3.2.1　Windows 7 程序的启动和查询

启动应用程序的方法有很多，比较常用的是在桌面上双击应用程序的快捷方式图标和在"开始"菜单中查询并选择要启动的应用程序。单击桌面任务栏左下角的"开始"按钮，即可打开"开始"菜单，计算机中几乎所有的应用程序都可以在"开始"菜单中执行。"开始"菜单是操作计算机的重要门户，即使桌面上没有显示的文件或应用程序，通过"开始"菜单也能轻松找到相应的应用程序。"开始"菜单的主要组成部分如图3-11所示。

"开始"菜单各个部分的作用介绍如下。

- 高频使用区：根据用户使用应用程序的频率，Windows会自动将使用频率高的应用程序显示在该区域，以便用户能快速启动所需的应用程序。
- 所有程序区：选择"所有程序"命令，高频使用区将显示计算机中已安装的所有应用程序的启动图标或应用程序文件夹，选择某个选项即可启动相应的应用程序，此时"所有程序"命令也会变为"返回"命令。

- 搜索区：通过该搜索区，用户可以打开计算机中的任何应用程序或者文件夹。在搜索区的文本框中输入关键字后，系统将快速搜索并列出符合条件的应用程序或者文件夹以方便用户打开。
- 用户信息区：显示了当前用户的图标和用户名，单击图标可以打开"用户账户"窗口，通过该窗口可以更改用户账户的信息，单击用户名将打开当前用户的用户文件夹。
- 系统控制区：显示了"计算机""设备和打印机"和"控制面板"等系统选项，选择相应的选项可以快速打开或运行应用程序，以方便用户管理计算机中的资源。
- 关闭注销区：用于关闭、重启和注销计算机，或进行用户切换、锁定计算机以及使计算机进入睡眠状态等操作。单击 关机 按钮时将直接关闭计算机，单击右侧的 ▶ 按钮，在打开的下拉列表中选择所需选项，即可执行对应的操作。

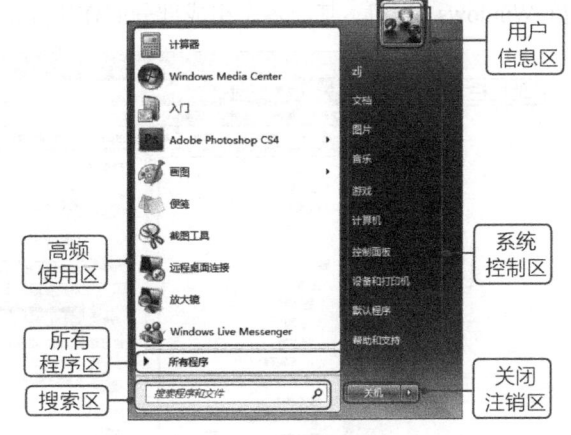

图3-11 "开始"菜单

下面介绍启动和查询应用程序的各种方法。

- 单击"开始"按钮，打开"开始"菜单，此时可以先在"开始"菜单左侧的高频使用区查看是否有需要打开的程序选项，如果有则选择该应用程序选项启动。如果高频使用区中没有要启动的应用程序，则选择"所有程序"选项，接着在打开的列表中依次单击展开程序所在的文件夹，查询并选择需执行的应用程序选项以启动应用程序，如图3-12所示。
- 在"计算机"中找到需要执行的应用程序文件，用鼠标双击文件，或者在其上单击鼠标右键，并在弹出的快捷菜单中选择"打开"命令。
- 双击应用程序对应的快捷方式图标。
- 单击"开始"按钮，打开"开始"菜单，在搜索区的文本框中输入应用程序的名称，查询并选择后按"Enter"键即可打开应用程序，如图3-13所示。

图3-12 通过"开始"菜单打开

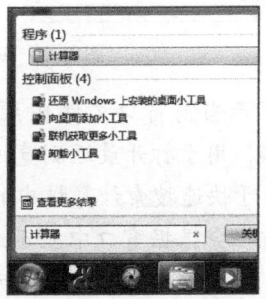

图3-13 通过搜索区打开

3.2.2 Windows 7 的窗口操作

在Windows 7中，几乎所有的操作都要在窗口中完成，在窗口中的相关操作一般都是通过鼠标和键盘来进行的，因此用户需要先了解"计算机"窗口的组成，掌握具体操作的方法。

1. Windows 7 的窗口组成

双击桌面上的"计算机"图标，将打开"计算机"窗口，如图3-14所示，这是一个典型的Windows 7窗口，其中各个组成部分的作用介绍如下。

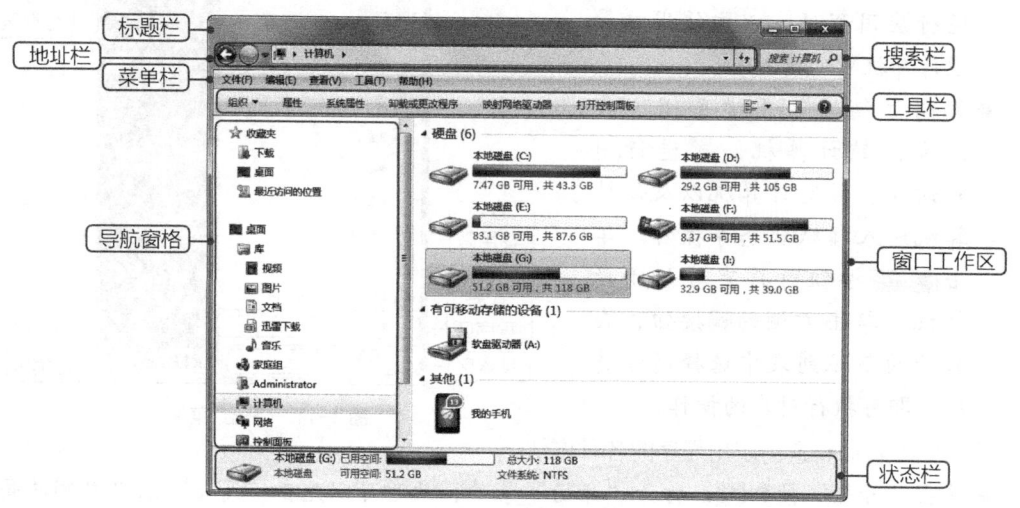

图3-14 "计算机"窗口

- 标题栏：位于窗口顶部，其右侧有控制窗口大小和关闭窗口的按钮。
- 菜单栏：菜单栏中存放了各种操作命令，要执行菜单栏上的操作命令，只需单击对应的菜单名称，然后在打开的菜单中选择某个命令即可。在Windows 7中，常用的菜单类型主要有子菜单、菜单和快捷菜单（单击鼠标右键弹出的菜单），如图3-15所示。

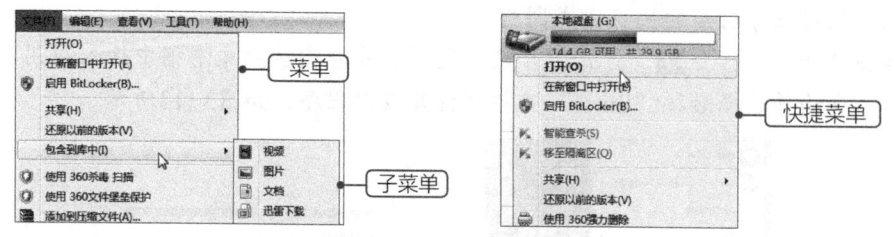

图3-15 Windows 7中的菜单类型

- 地址栏：显示当前窗口文件在系统中的位置。其左侧包括"返回"按钮 和"前进"按钮 ，用于打开最近浏览过的窗口。
- 搜索栏：用于快速搜索计算机中的文件。
- 工具栏：该栏会根据窗口中显示或选择的对象同步进行变化，以便用户进行快速操作。例如，单击 组织▼ 按钮，即可在打开的下拉列表中选择各种文件的管理操作，如复制和删除等操作。

- 导航窗格：单击可快速切换或打开其他窗口。
- 窗口工作区：用于显示当前窗口中存放的文件和文件夹内容。
- 状态栏：用于显示计算机的配置信息或当前窗口中选择对象的信息。

> **提示** 在菜单中有一些常见的符号标记。其中，字母标记表示该命令的快捷键；✓标记表示已将该命令选中并应用了效果，同时其他相关的命令也可以同时应用；●标记表示已将该命令选中并应用了效果，其他相关的命令将不再起作用；■■■标记表示执行该命令后，将打开一个对话框，在该对话框中可以进行相关参数的设置。

2. 打开窗口及窗口中的对象

在Windows 7中，每当用户启动一个程序、打开一个文件或文件夹时都将打开一个窗口，而一个窗口中包括多个对象，单击某个对象又可能打开相应的窗口，该窗口中可能又包含其他不同的对象。

【例3-1】打开"计算机"窗口中"本地磁盘(C:)"下的Windows目录。

视频教学
打开窗口及窗口中的对象

步骤1 双击桌面上的"计算机"图标，或在"计算机"图标上单击鼠标右键，在弹出的快捷菜单中选择"打开"命令，打开"计算机"窗口。

步骤2 双击"计算机"窗口中的"本地磁盘(C:)"图标，或选择"本地磁盘(C:)"图标后按"Enter"键，打开"本地磁盘(C:)"窗口，如图3-16所示。

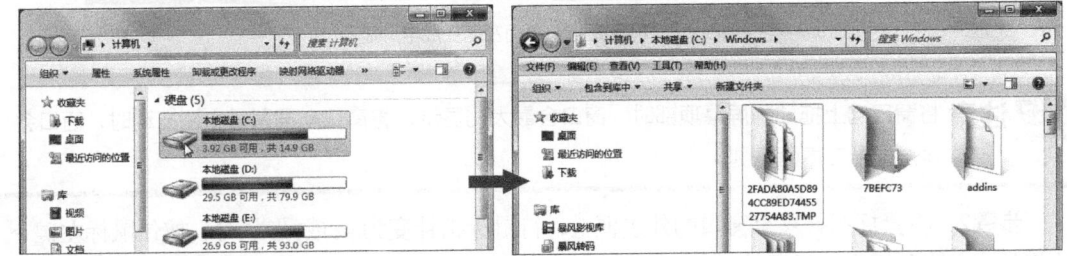

图3-16 打开窗口及窗口中的对象

步骤3 双击"本地磁盘(C:)"窗口中的"Windows"文件夹图标，即可进入Windows目录。

步骤4 单击地址栏左侧的"返回"按钮，将返回上一级"本地磁盘(C:)"窗口。

> **提示** 用户在左侧的导航窗格中单击"本地磁盘(C:)"目录，也可以打开"本地磁盘(C:)"下的Windows目录。

3. 最大化或最小化窗口

最大化窗口可以将当前窗口放大到整个屏幕显示，这样可以显示更多的窗口内容，而最小化后的窗口将以标题按钮的形式缩放到任务栏的程序按钮区。

打开任意窗口，单击窗口标题栏右侧的"最大化"按钮，此时窗口将铺满整个显示屏幕，同时"最大化"按钮变成"还原"按钮；单击"还原"按钮即可将最大化窗口还原成原始大小；单击窗口右上角的"最小化"按钮 ，此时该窗口将隐藏显示，并在任务栏的程序区域显示一个 图标，单击该图标，窗口可还原到屏幕显示状态。

4. 移动和调整窗口大小

打开窗口后，有些窗口会遮盖屏幕上的其他窗口内容，为了查看被遮盖的部分窗口，可以适当移动窗口的位置或调整窗口大小。

视频教学
移动和调整窗口大小

【例3-2】将桌面上的当前窗口移至桌面的左侧位置，呈半屏显示，再调整窗口的宽度。

步骤1 在窗口标题栏上按住鼠标左键不放，拖动窗口，当拖动窗口到桌面左侧时释放鼠标即可移动窗口位置，向屏幕最左侧拖动时，窗口会以半屏状态显示在桌面左侧。图3-17所示为将窗口拖至桌面左侧变成半屏显示的效果。

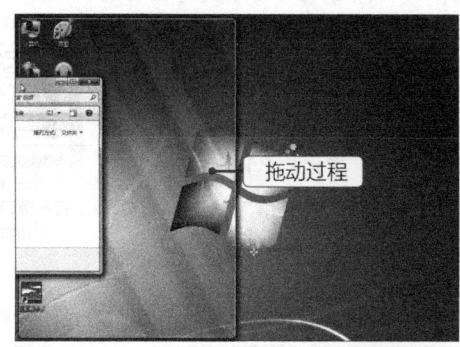
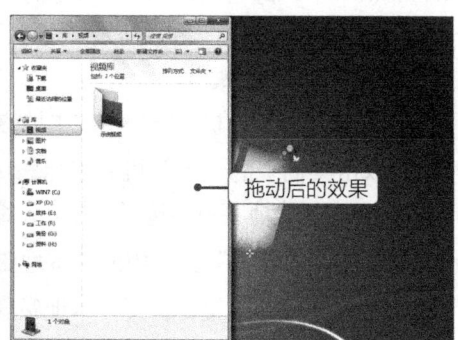

图3-17 将窗口拖至桌面左侧变成半屏显示

> **注意** 将窗口向上拖动到屏幕顶部时，窗口会最大化显示；将窗口向屏幕最右侧拖动时，窗口会半屏显示在桌面右侧。

步骤2 将鼠标指针移至窗口的外边框上，待鼠标指针变为 ↔ 或 ↕ 形状时，按住鼠标左键不放将其拖动到所需大小后释放鼠标，即可调整窗口大小。

> **注意** 将鼠标指针移至窗口的4个角上，待其变为 ↖ 或 ↗ 形状时，按住鼠标左键不放将之拖动到所需大小后释放鼠标，即可对窗口的大小进行调整。

5. 切换窗口

无论打开多少个窗口，当前窗口只有一个，且所有的操作都是针对当前窗口进行的。如果要将某个窗口切换成当前窗口，除了可以通过单击窗口进行切换外，Windows 7还提供了以下3种切换方法。

- 通过任务栏中的按钮切换：将鼠标指针移至任务栏左侧按钮区域的某个任务图标上，此时将展开所有打开的该类型文件的缩略图，单击某个缩略图即可切换到该窗口，如图3-18所示。
- 按"Alt+Tab"组合键切换：按"Alt+Tab"组合键后，屏幕上将出现任务切换栏，系统当前打开的窗口都以缩略图的形式在任务切换栏中排列出来，此时按住"Alt"

键不放，再反复按"Tab"键，将显示一个蓝色方框，并在所有图标之间轮流切换，当方框移动到需要的窗口图标上时释放"Alt"键，即可切换到该窗口。
- 按"Win+Tab"组合键切换：按"Win+Tab"组合键后，按住"Win"键不放，再反复按"Tab"键，即可利用Windows 7特有的3D切换界面切换打开的窗口，如图3-19所示。

 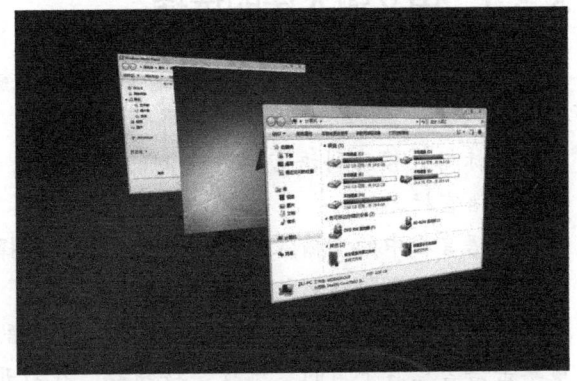

图3-18 通过任务栏中的按钮切换　　　　图3-19 按"Win+Tab"组合键切换

6. 排列窗口

用户在使用计算机的过程中常常需要打开多个窗口，如既要用Word编辑文档，又要打开IE浏览器查询资料等。当打开多个窗口后，为了使桌面更加整洁，可以对打开的窗口进行层叠、堆叠和并排等操作。

【例3-3】对打开的所有窗口进行层叠排列显示，然后撤销层叠排列。

步骤1　在任务栏空白处单击鼠标右键，在弹出的快捷菜单中选择"层叠窗口"命令，即可以层叠的方式排列窗口，层叠的效果如图3-20所示。

步骤2　在任务栏空白处单击鼠标右键，在弹出的快捷菜单中选择"撤销层叠"命令，可恢复至原来的显示状态。

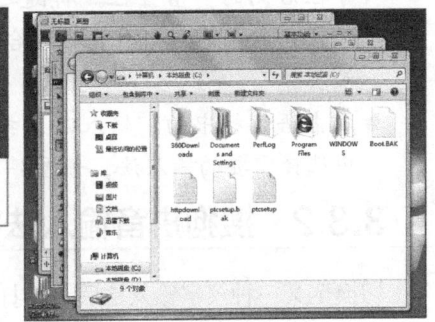

图3-20 层叠窗口

7. 关闭窗口

对窗口的操作结束后应关闭窗口，关闭窗口有以下5种方法。
- 单击窗口标题栏右上角的"关闭"按钮 ✕ 。
- 在窗口的标题栏上单击鼠标右键，在弹出的快捷菜单中选择"关闭"命令。
- 将鼠标指针指向某个任务缩略图后，单击右上角的 ✕ 按钮。
- 将鼠标指针移动到任务栏中需要关闭窗口的任务图标上，单击鼠标右键，在弹出的快捷菜单中选择"关闭窗口"命令或"关闭所有窗口"命令。
- 按"Alt+F4"组合键。

3.3 Windows 7的汉字输入

在计算机中输入汉字时，需要使用汉字输入法。常用的汉字输入法有微软拼音输入法、搜狗拼音输入法和五笔字型输入法等。用户在选择了输入法后，即可进行汉字的输入。

3.3.1 中文输入法的选择

在Windows 7操作系统中，一般可统一通过语言栏管理输入法。在语言栏中可以进行以下4种操作。

- 将鼠标指针移动到语言栏最左侧的图标上，待其变成形状后即可在桌面上任意移动语言栏。
- 单击语言栏中的"输入法"按钮，可以选择需要切换的输入法。选择相应的输入法后，该图标即会变成所选输入法的徽标。
- 单击语言栏中的"帮助"按钮，可以打开语言栏的帮助信息。
- 单击语言栏右下角的"选项"按钮，在打开的"选项"下拉列表中可以对语言栏进行设置。

Windows 7系统默认安装了微软拼音与ABC等多种输入法，用户也可根据使用习惯，下载和安装其他输入法，如QQ拼音输入法、搜狗拼音输入法等。选择输入法的方法有以下两种。

- 按"Ctrl+Shift"组合键可以在英文和各种中文输入法之间进行轮流切换，同时任务栏右侧的"语音栏"将随之变化以显示当前所选的输入法。按"Ctrl+Shift"组合键可以打开或关闭中文输入法。
- 单击语音栏中的"输入法"按钮，在打开的下拉列表中选择需要的输入法，如图3-21所示。

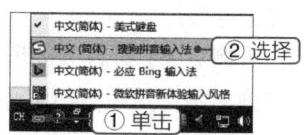

图3-21 选择输入法

3.3.2 搜狗拼音输入法状态栏的操作

切换至某一种汉字输入法后，将打开其对应的汉字输入法状态栏。图3-22所示为搜狗拼音输入法的状态栏，各图标的作用介绍如下。

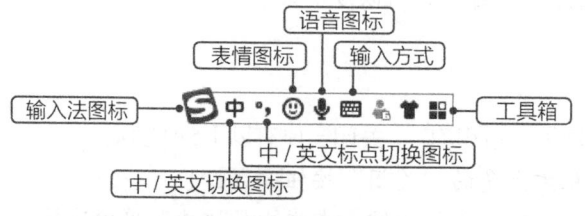

图3-22 输入法状态栏

- **输入法图标**：该图标用来显示当前输入法的徽标，单击该图标可以切换至其他输入法。
- **中/英文切换图标**：单击该图标，可以在中文输入法与英文输入法之间进行切换。当图标为中时表示中文输入状态，当图标为英时表示英文输入状态。按"Ctrl+Space"组合键也可以在中文输入法和英文输入法之间快速切换。

- 中/英文标点切换图标：默认状态下的图标用于输入中文标点符号，用户单击该图标，图标变为，此时用户可输入英文标点符号。
- 表情图标：表情图标用于输入各种表情符号，用户单击该图标，会打开一个"图片表情"对话框，从中可以选择需要的表情进行输入。
- 语音图标：语音图标用于实现语音的输入，用户单击该图标，会打开一个"语音输入"对话框，录入自己的音频信息后单击"完成"按钮，即可成功输入通过语音表达的文字信息。
- 输入方式：用户通过输入方式可以输入特殊符号、标点符号和数字序号等多种字符，还可进行语音或手写输入。第一种方法是：①单击输入方式图标；②在打开的列表中选择一种符号的类型，如图3-23所示。第二种方法是：①在输入方式图标上单击鼠标右键；②在弹出的快捷菜单中选择相应的命令，图3-24所示为选择"数字符号"命令后打开软键盘的效果，直接单击软键盘中相应的按钮或按键盘上对应的按键，都可以输入对应的特殊符号。需要注意的是，若需要输入的特殊符号是上档字符时，只需按住"Shift"键不放，在键盘上的相应键位处按键即可输入该特殊符号。输入完成后，单击右上角的×按钮或单击输入方式图标即可退出软键盘输入状态。

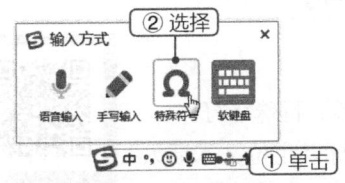
图3-23　选择输入类型

图3-24　软键盘输入

- 工具箱：不同的输入法自带了不同的输入选项设置功能，单击图标，便可对该输入法的属性、皮肤、常用诗词、在线翻译等进行相应的设置。

3.3.3 使用搜狗拼音输入法输入汉字

用户选择好输入法后，即可开始汉字的输入，这里将以搜狗拼音输入法为例，对输入方法进行介绍。

【例3-4】启动记事本程序，创建一个"备忘录"文档，然后使用搜狗拼音输入法输入数字与汉字内容。

步骤1　在桌面上的空白区域单击鼠标右键，在弹出的快捷菜单中选择"新建"/"文本文档"命令，在桌面上新建一个名为"新建文本文档.txt"的文件，且文件名呈可编辑状态。

步骤2　单击语言栏中的"输入法"按钮，选择"中文（简体）-搜狗拼音输入法"选项，然后输入拼音"beiwanglu"，此时在汉字状态条中将显示"备忘录"文本，如图3-25所示。

步骤3　单击汉字状态条中的"备忘录"或直接按"Space"键输入文本，并按"Enter"键完成输入。

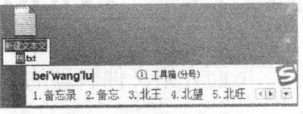
图3-25　输入"备忘录"

步骤4 双击桌面上新建的"备忘录"记事本文件，启动记事本程序，在编辑区单击鼠标左键定位文本插入点，按数字键"3"输入数字"3"，按"Ctrl+Shift"组合键切换至"中文（简体）-搜狗拼音输入法"，输入拼音"yue"，单击汉字状态条中的"月"或按"Space"键输入文本"月"。

步骤5 继续输入数字"15"，再输入编码"ri"，按"Space"键输入"日"字，再输入简拼编码"shwu"，单击汉字状态条中的"上午"或按"Space"键输入词组"上午"，如图3-26所示。

步骤6 连续按多次"Space"键，输入空字符串，接着继续使用搜狗拼音输入法输入后面的内容。输入过程中按"Enter"键可分段换行，如图3-27所示。

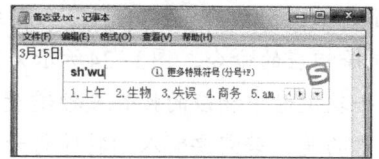

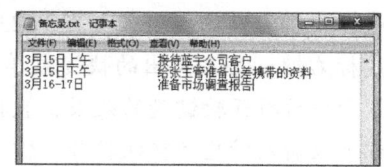

图3-26 输入词组"上午"　　　　　　　图3-27 输入其他内容

3.3.4 使用搜狗拼音输入法输入特殊字符

通过搜狗拼音输入法，还可以输入特殊字符。

【例3-5】在刚才新建的"备忘录"文档中输入"三角形"特殊字符。

步骤1 在"备忘录"文档的"资料"文本右侧单击鼠标以定位文本插入点，单击搜狗拼音输入法状态条上的输入方式图标 。

视频教学
使用搜狗拼音输入法输入特殊字符

步骤2 先在打开的列表中选择"特殊符号"选项，再在打开的"符号大全"对话框中选择"三角形"选项，如图3-28所示。

步骤3 单击"符号大全"对话框右上角的 × 按钮关闭对话框，在记事本程序中选择"文件"/"保存"命令，保存文档内容，如图3-29所示。关闭记事本程序，完成操作。

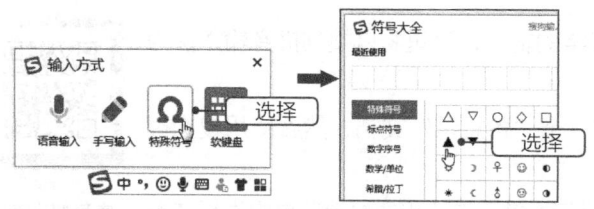

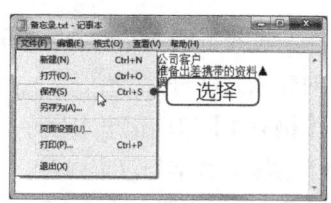

图3-28 输入特殊符号　　　　　　　　图3-29 保存文档

3.4 Windows 7的文件管理

下面介绍文件管理的概念，以及文件管理的相关操作。

3.4.1 文件系统的概念

文件管理是在"资源管理器"窗口中进行的操作，在此之前，我们需要先了解硬盘分区与盘符、文件、文件夹、文件路径等的相关含义。

- 硬盘分区与盘符：硬盘分区是指将硬盘划分为几个独立的区域，这样可以更加方便地存储和管理数据，用户在安装系统时一般都会对硬盘进行分区。盘符是Windows系统对于磁盘存储设备的标识符，一般使用26个英文字符加上一个冒号"："来标识，如"本地磁盘(C:)"，"C"就是该盘的盘符。
- 文件：文件是指保存在计算机中的各种信息和数据，计算机中的文件包含的类型有很多，如文档、表格、图片、音乐和应用程序等。在默认情况下，文件在计算机中是以图标形式显示的，它由文件图标和文件名称两部分组成。
- 文件夹：文件夹可用于保存和管理计算机中的文件，其本身没有任何内容，却可以放置多个文件和子文件夹，让用户能够快速地找到需要的文件。文件夹一般由文件夹图标和文件夹名称两部分组成。
- 文件路径：用户在对文件进行操作时，除了要知道文件名外，还需要指出文件所在的盘符和文件夹，即文件在计算机中的位置，也称为文件路径。文件路径包括相对路径和绝对路径两种。其中，相对路径以"."（表示当前文件夹）、".."（表示上级文件夹）或文件夹名称（表示当前文件夹中的子文件名）开头；绝对路径是指文件或目录在硬盘上存放的绝对位置，如"D:\图片\标志.jpg"即表示"标志.jpg"文件是在D盘的"图片"文件夹中。在Windows 7系统中单击地址栏的空白处，可以查看打开的文件夹的路径。

3.4.2 文件管理窗口

文件管理主要是在"资源管理器"窗口中实现的。资源管理器是指"计算机"窗口左侧的导航窗格，它将计算机资源分为收藏夹、库、家庭组、计算机和网络等类别，可以方便用户更好、更快地组织、管理及应用资源。打开资源管理器的方法为：双击桌面上的"计算机"图标或单击任务栏上的"Windows 资源管理器"按钮。打开"资源管理器"对话框，单击导航窗格中各类别图标左侧的▲图标，可依次按层级展开文件夹，选择某个需要的文件夹后，其右侧将显示相应的文件内容，如图3-30所示。

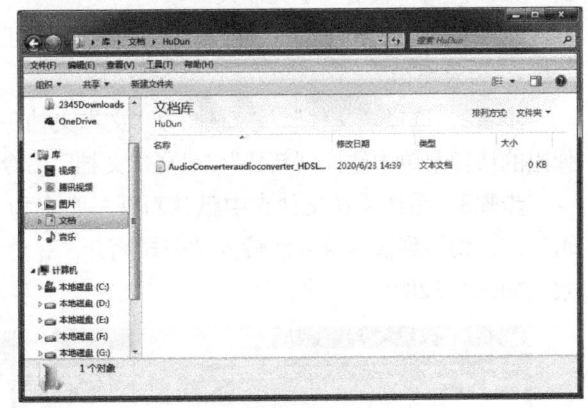

图3-30 "资源管理器"窗口

 提示 为了便于查看和管理文件，用户可根据当前窗口中文件和文件夹的多少、文件的类型来更改当前窗口中文件和文件夹的视图方式。其方法是：在打开的文件夹窗口中单击工具栏右侧的 按钮，然后在打开的下拉列表中选择大图标、中等图标、小图标和列表等视图显示方式。

3.4.3 文件/文件夹操作

1. 选择文件和文件夹

用户在对文件或文件夹进行各种操作前,需要先选中文件或文件夹具体选择的方法主要有以下5种。

- 选择单个文件或文件夹:用户使用鼠标直接单击文件或文件夹图标即可将其选中,被选中的文件或文件夹的周围将呈蓝色透明状显示。
- 选择多个相邻的文件或文件夹:在窗口空白处按住鼠标左键不放,并拖动鼠标框选所需的多个对象,再释放鼠标即可。
- 选择多个连续的文件或文件夹:用鼠标选中第一个选择对象,按住"Shift"键不放,再单击最后一个选择对象,即可选中两个对象中间的所有对象。
- 选择多个不连续的文件或文件夹:按住"Ctrl"键不放,再依次单击所要选择的文件或文件夹,即可选中多个不连续的文件或文件夹。
- 选择所有文件或文件夹:直接按"Ctrl+A"组合键,或选择"编辑"/"全选"命令,可以选中当前窗口中的所有文件或文件夹。

2. 新建文件和文件夹

新建文件是指根据计算机中已安装的程序类别,新建一个相应类型的空白文件,新建后可以双击打开该文件并编辑文件内容。如果需要将一些文件分类整理至一个文件夹中以便日后管理,就需要新建文件夹了。

【例3-6】新建公司简介文本文档、"公司员工名单"表格文档与"办公"文件夹和"表格"子文件夹。

步骤1 双击桌面上的"计算机"图标,打开"计算机"窗口,双击G磁盘图标,打开"G:\"目录窗口。

步骤2 选择"文件"/"新建"/"文本文档"命令,或在窗口的空白处单击鼠标右键,在弹出的快捷菜单中选择"新建"/"文本文档"命令,如图3-31所示。

步骤3 系统将在文件夹中默认新建一个名为"新建文本文档"的文件,且文件名呈可编辑状态,切换到汉字输入法输入"公司简介",然后单击空白处或按"Enter"键,新建的文档效果如图3-32所示。

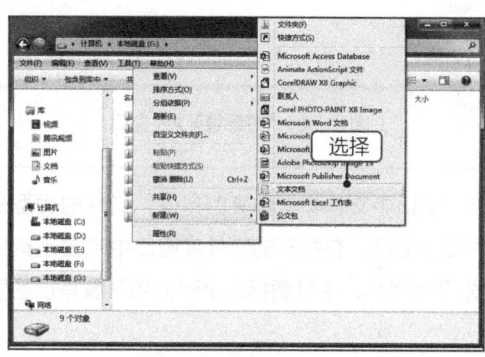

图3-31 新建文本文档

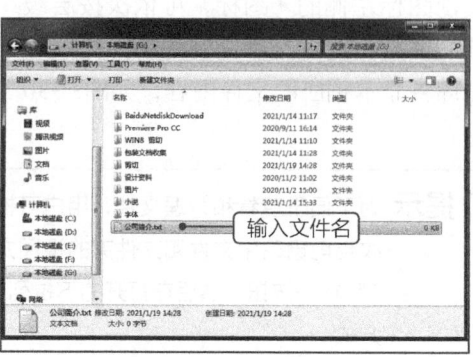

图3-32 命名文件

步骤4 选择"文件"/"新建"/"Microsoft Excel 工作表"命令,或在窗口的空白处单击鼠标右键,在弹出的快捷菜单中选择"新建"/"Microsoft Excel 工作表"命令,此时将新建一个表格文档,输入文件名"公司员工名单"后按"Enter"键,效果如图3-33所示。

步骤5 选择"文件"/"新建"/"文件夹"命令,或在右侧文件显示区域的空白处单击鼠标右键,在弹出的快捷菜单中选择"新建"/"文件夹"命令,或者直接单击工具栏中的 新建文件夹 按钮,双击文件夹名称使其呈可编辑状态,并在文本框中输入文件夹名称"办公",然后按"Enter"键完成新文件夹的创建,如图3-34所示。

图3-33　新建表格文档

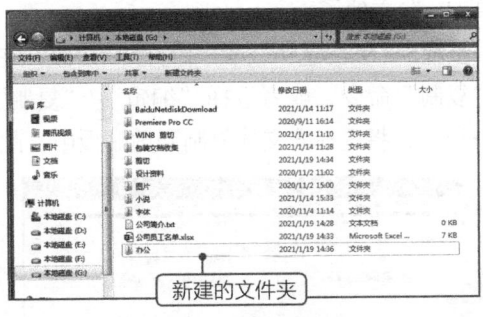

图3-34　新建文件夹

步骤6 双击新建的"办公"文件夹,在打开的目录窗口中单击工具栏中的 新建文件夹 按钮,输入子文件夹名称"表格"后按"Enter"键,然后再按相同的方法新建一个名为"文档"的子文件夹,如图3-35所示。

步骤7 单击地址栏左侧的 按钮,返回上一级窗口,效果如图3-36所示。

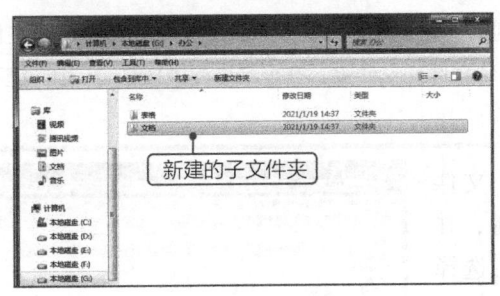

图3-35　新建子文件夹

图3-36　返回上一级窗口

3. 移动、复制、重命名文件和文件夹

移动文件是将文件或文件夹移动到另一个文件夹中,复制文件相当于为文件做一个备份,原文件夹下的文件或文件夹仍然存在,重命名文件即为文件更换一个新的名称。

【例3-7】移动"公司员工名单"文件;复制"公司简介"文件,并重命名复制的文件为"招聘信息"。

视频教学
移动、复制、重命名文件和文件夹

步骤1 在左侧导航窗格中单击展开"计算机"图标 ,然后在右侧窗口中选择"本地磁盘(G:)"图标。

步骤2 在右侧窗口中单击选择"公司员工名单"文件,在其上单击鼠标右键,并在弹出的快捷菜单中选择"剪切"命令,或者选择"编辑"/"剪切"命令(也可直接按"Ctrl+X"组合键),将选择的文件剪切到剪贴板中,此时文件呈灰色透明显示效果。

步骤3 在左侧导航窗格中单击展开"办公"文件夹,再选择下面的"表格"子文件夹选项,在右侧打开的"表格"窗口中单击鼠标右键,并在弹出的快捷菜单中选择"粘贴"命令,或者选择"编辑"/"粘贴"命令(也可直接按"Ctrl+V"组合键),即可将剪切到剪贴板中的"公司员工名单"文件粘贴到"表格"窗口中,完成文件移动后的效果如图3-37所示。

步骤4 单击地址栏左侧的按钮,返回上一级窗口,即可看到窗口中已没有"公司员工名单.xlsx"文件了。

步骤5 单击选中"公司简介"文件,在其上单击鼠标右键,并在弹出的快捷菜单中选择"复制"命令,或者选择"编辑"/"复制"命令(也可直接按"Ctrl+C"组合键),如图3-38所示,将选择的文件复制到剪贴板中,此时窗口中的文件不会发生任何变化。

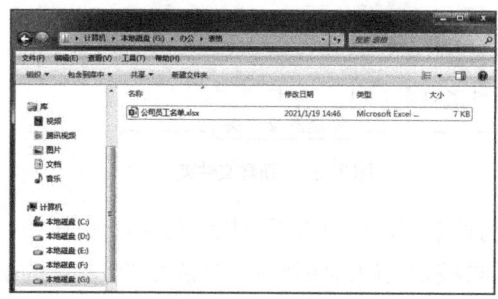
图3-37 粘贴文件到指定文件夹中

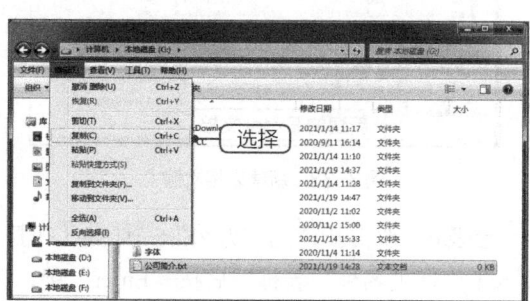
图3-38 选择"复制"命令

提示 将选择的文件或文件夹用鼠标直接拖动到同一磁盘分区下的其他文件夹中,或拖动到左侧导航窗格中的某个文件夹选项上,即可移动文件或文件夹,在拖动过程中按住"Ctrl"键不放,则可实现复制文件或文件夹的操作。

步骤6 在左侧导航窗格中选择"文档"文件夹,在右侧打开的"文档"窗口中单击鼠标右键,并在弹出的快捷菜单中选择"粘贴"命令,或者选择"编辑"/"粘贴"命令(也可直接按"Ctrl+V"组合键),即可将所复制的"公司简介"文件粘贴到该窗口中,完成文件夹的复制,效果如图3-39所示。

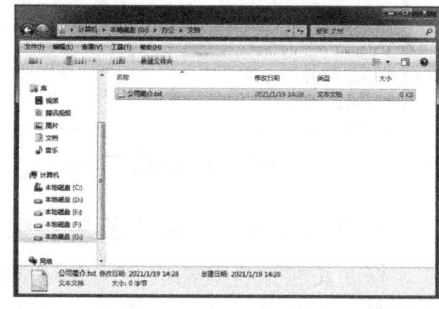
图3-39 粘贴复制的文件

步骤7 选择复制后的"公司简介.txt"文件,在其上单击鼠标右键,并在弹出的快捷菜单中选择"重命名"命令,此时要重命名的文件名称部分呈可编辑状态,在其中输入新的名称"招聘信息"后按"Enter"键即可。

步骤8 在左侧导航窗格中选择"本地磁盘(G:)"选项,可看到该磁盘根目录下的"公司简介.txt"文件仍然存在。

4. 删除、还原文件或文件夹

删除一些没有用的文件或文件夹,可以减少磁盘上的多余文件,释放磁

视频教学
删除和还原文件
或文件夹

盘空间，同时也方便了管理。删除的文件或文件夹实际上是移动到了"回收站"中，若误删除了文件，还可以通过还原操作将其还原。

【例3-8】下面先删除"公司简介"文件，然后再将其还原。

步骤1 在导航窗格中选择"本地磁盘(G:)"选项，然后在右侧窗口中选择"公司简介.txt"文件。

步骤2 在选择的文件图标上单击鼠标右键，并在弹出的快捷菜单中选择"删除"命令，或者按"Delete"键，此时系统都会打开图3-40所示的提示对话框，提示用户是否把该文件放入回收站。

步骤3 单击 按钮，即可删除"公司简介"文件。

步骤4 单击任务栏最右侧的"显示桌面"区域，切换至桌面，双击"回收站"图标，在打开的窗口中可以看到最近删除的文件和文件夹等对象。

步骤5 在要还原的"公司简介"文件上单击鼠标右键，在弹出的快捷菜单中选择"还原"命令，如图3-41所示，即可将其还原到被删除前的位置。

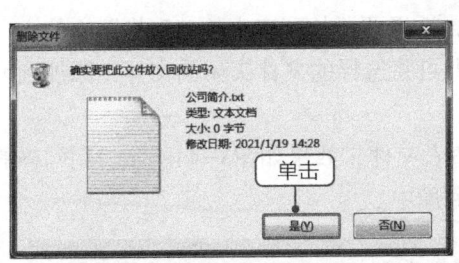

图3-40 "删除文件"对话框

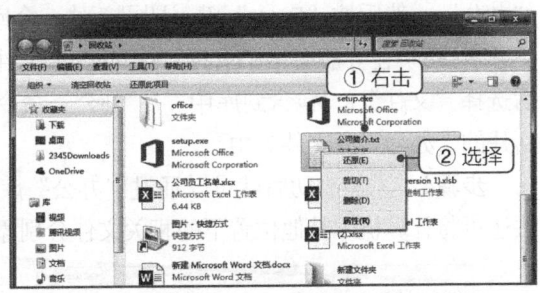

图3-41 还原被删除的文件

> **注意** 选择文件后，按"Shift+Delete"组合键将不通过回收站，直接将文件从计算机中删除。放入回收站中的文件或文件夹，仍然会占用磁盘空间，只有将回收站中的文件或文件夹删除后才能释放更多的磁盘空间。需要注意的是，回收站中被删除的文件或文件夹不能通过鼠标右键来还原，只能通过专业的数据恢复工具来还原。

5. 搜索文件或文件夹

如果用户不知道文件或文件夹在磁盘中的位置，可以使用Windows 7的搜索功能来查找。

【例3-9】搜索G盘中的JPG图片。

步骤1 在资源管理器中打开"本地磁盘(G:)"窗口。

步骤2 在窗口地址栏后面的搜索框中输入要搜索的文件信息，如这里输入"*.jpg"，Windows会自动在搜索范围内搜索所有符合文件信息的对象，并在文件显示区域显示搜索结果，如图3-42所示。

视频教学
搜索文件或文件夹

图3-42 搜索G盘中JPG格式的文件

步骤3　根据需要，可以在"添加搜索筛选器"中选择"修改日期"或"大小"选项来设置搜索条件，以缩小搜索范围。

3.4.4 库的使用

库是Windows 7操作系统中的一个新概念，其功能类似于文件夹，但它只是提供管理文件的索引，即用户可以通过库来直接访问，而不需要通过保存文件的位置去查找它，所以文件并没有真正地存放在库中。Windows 7系统中自带了视频、图片、音乐和文档4个库，用户可将这类常用的文件资源添加到库中，根据需要也可以新建库文件夹。

视频教学
库的使用

【例3-10】新建一个"办公"库，然后将"表格"文件夹添加到"办公"库中。

步骤1　打开"计算机"窗口，在导航窗格中单击"库"图标，打开库文件夹，此时在右侧窗口中将显示所有库，双击各个库文件夹便可将之打开进行查看。

步骤2　单击工具栏中的 新建库 按钮或选择"文件"/"新建"/"库"命令，输入库的名称"办公"，然后按"Enter"键，即可新建一个库，如图3-43所示。

步骤3　在导航窗格中选择"G:\办公"文件夹，选择要添加到库中的"表格"文件夹，然后选择"文件"/"包含到库中"/"办公"命令，即可将选择的文件夹中的文件，添加到前面新建的"办公"库文件夹中。

步骤4　添加成功后就可以通过"办公"库来查看文件，效果如图3-44所示。用同样的方法还可将计算机中其他位置下的相关文件分别添加到库中。

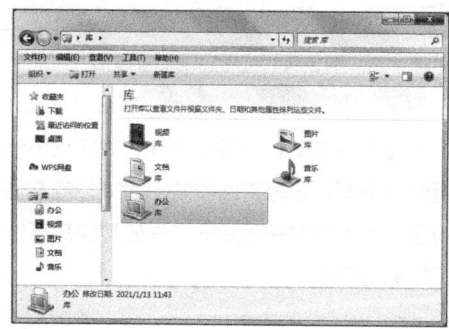

图3-43　新建库

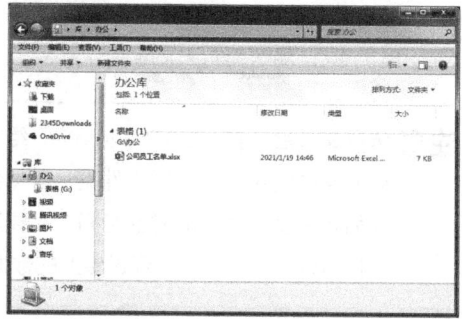

图3-44　查看添加到库中的文件

3.5 Windows 7的系统管理

用户在Windows 7中可以对系统进行管理，如设置系统的日期和时间、安装和卸载应用程序、对磁盘进行管理等。

3.5.1 设置系统的日期和时间

若系统的日期和时间不是当前的日期，可将其设置为当前的日期和时间，还可对日期的格式进行设置。设置日期和时间的方法是：单击任务栏上的数字时钟，打开"日期和时间"显示界面，单击"更改日期和时间设置"超链接，打开"日期和时间"对话框，如图3-45所示。

单击 [更改日期和时间(D)] 按钮,打开"日期和时间设置"对话框,如图3-46所示,在该对话框中按需要进行日期和时间的设置后,单击 [确定] 按钮,完成日期和时间的设置。

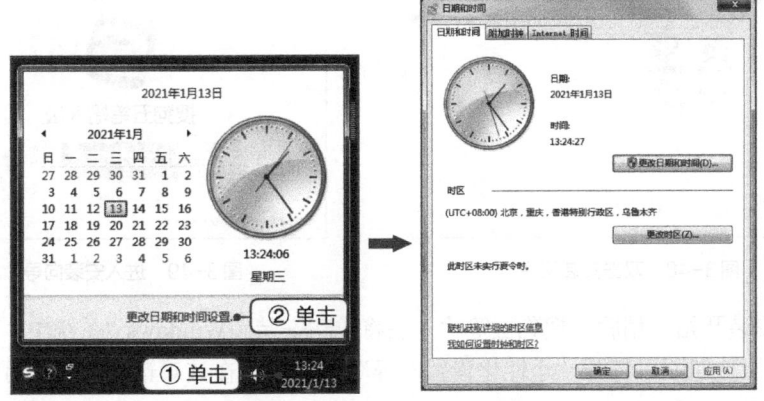

图3-45 "日期和时间"对话框

另外,在打开的"日期和时间设置"对话框中,单击"更改日历设置"超链接,还可打开"自定义格式"对话框,如图3-47所示。在该对话框中,单击"日期"选项卡,在"日期格式"栏的"短日期"和"长日期"下拉列表框中可选择日期格式,在"日历"栏中可设置日历格式。

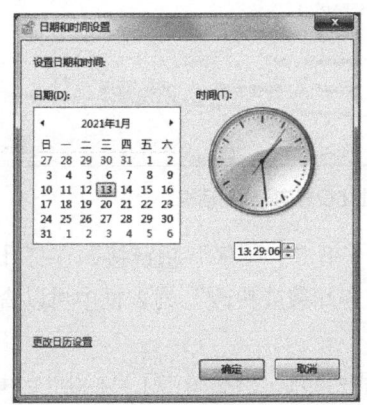

图3-46 "日期和时间设置"对话框

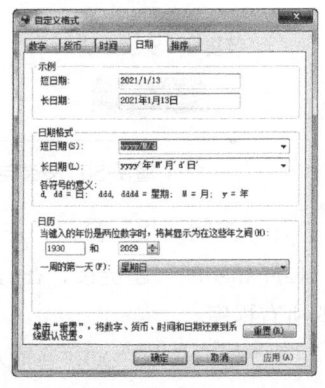

图3-47 "自定义格式"对话框

3.5.2 安装和卸载应用程序

获取或准备好软件的安装程序后便可以开始安装软件,安装后的软件将会显示在"开始"菜单的"所有程序"列表中,部分软件还会自动在桌面上创建快捷方式启动图标。

视频教学
安装和卸载应用程序

【例3-11】安装搜狗五笔输入法,并卸载计算机中的"QQ拼音输入法"软件。

步骤1 利用浏览器下载搜狗五笔输入法的安装程序,打开安装程序所在的文件夹,找到并双击搜狗五笔输入法的安装程序文件,如图3-48所示。

步骤2 打开"搜狗五笔输入法4.2正式版安装向导"对话框,根据对话框中的提示进行安装,这里单击"立即安装"按钮,如图3-49所示。如果想更改软件的安装路径,可单击该对话框中的"自定义安装"按钮。

图3-48 双击安装程序

图3-49 进入安装向导

步骤3 安装开始,稍后,搜狗五笔输入法将成功安装到Windows 7系统中,安装完成后单击"立即体验"按钮即可打开"个性化设置向导"对话框,在该对话框中用户可对输入习惯等进行设置,如图3-50所示。

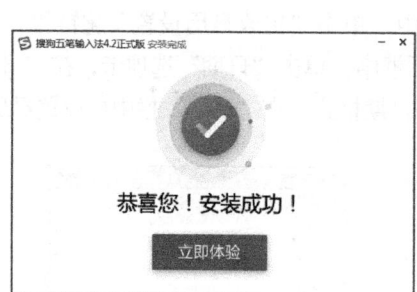
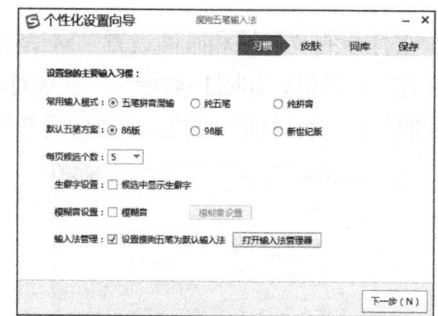

图3-50 安装完成进入"个性化设置向导"对话框

步骤4 打开"控制面板"窗口,在分类视图下单击"程序"超链接,在打开的"程序"窗口中单击"程序和功能"超链接,在打开窗口的"卸载或更改"列表框中可以查看当前计算机中已安装的所有程序。

步骤5 在列表框中选择"QQ拼音输入法6.6"程序选项,然后单击工具栏中的 卸载 按钮,将打开确认是否卸载程序的提示对话框,单击 是(Y) 按钮确认并开始卸载程序,如图3-51所示。

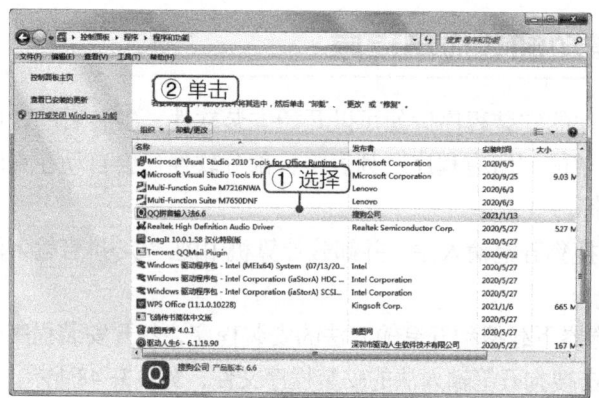

图3-51 "程序和功能"窗口

> **提示** 如果软件自身提供了卸载功能,则通过"开始"菜单就可以完成卸载操作。其方法是:选择"开始"/"所有程序"命令,在"所有程序"列表中展开程序文件夹,然后选择"卸载"等相关命令(若没有类似命令则通过控制面板进行卸载),再根据提示进行操作便可完成软件的卸载,有些软件在卸载后还会要求重启计算机以彻底删除该软件的安装文件。

3.5.3 分区管理

用户可对磁盘进行分区管理,如在程序向导的帮助下进行创建简单卷、删除简单卷、扩展磁盘分区等操作。

1. 创建简单卷

【例3-12】在"磁盘管理"窗口中新增一个磁盘。

步骤1 在桌面上的"计算机"图标上单击鼠标右键,或在"开始"菜单的"计算机"选项上单击鼠标右键,在弹出的快捷菜单中选择"管理"命令即可打开"计算机管理"窗口,如图3-52所示,再选择"磁盘管理"选项即可打开"磁盘管理"窗口。或在"开始"菜单中选择"控制面板"选项,打开"控制面板"窗口,在其中单击"系统和安全"超链接,打开"系统和安全"窗口,单击"管理工具"下的"创建并格式化磁盘分区"超链接,打开"磁盘管理"窗口,如图3-53所示。

视频教学
创建简单卷

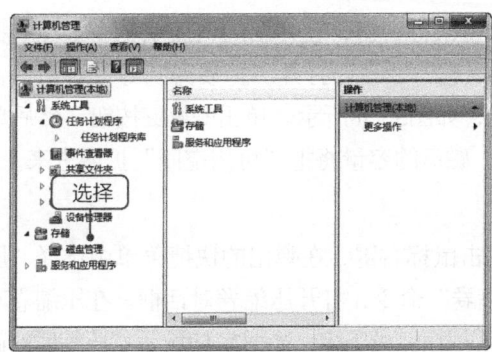

图3-52 "计算机管理"窗口

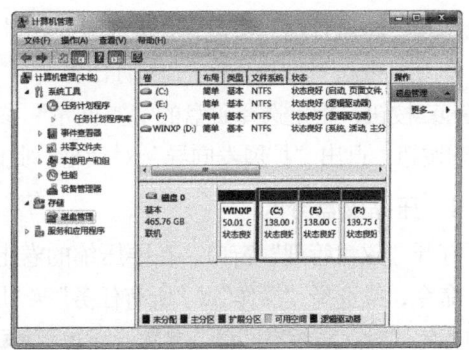

图3-53 "磁盘管理"窗口

步骤2 单击要创建简单卷的动态磁盘上的未分配空间,选择"操作"/"所有任务"/"新建简单卷"命令,或在要创建简单卷的动态磁盘的未分配空间上单击鼠标右键,在弹出的快捷菜单中选择"新建简单卷"命令,也可打开"新建简单卷向导"对话框。在该对话框中输入简单卷的大小,并单击 下一步(N) 按钮,如图3-54所示。

步骤3 分配驱动器号和路径后,继续单击 下一步(N) 按钮,如图3-55所示。

步骤4 设置所需参数,格式化新建分区后,继续单击 下一步(N) 按钮,如图3-56所示。

步骤5 显示设定的参数,单击 完成(F) 按钮,完成创建简单卷的操作。

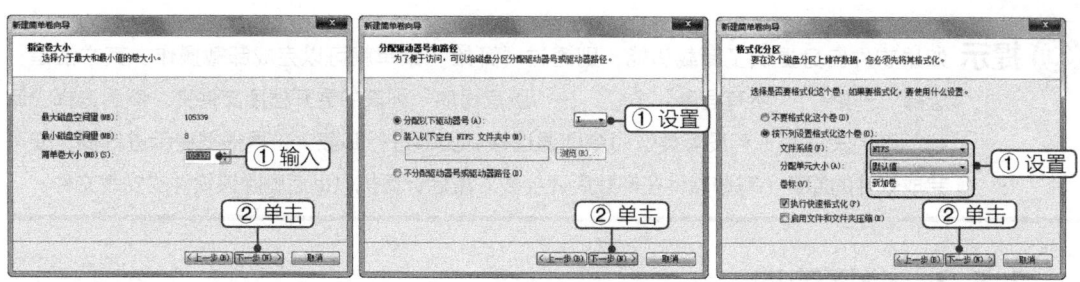

图3-54 指定新建卷的大小　　图3-55 分配驱动器号和路径　　图3-56 格式化分区

2. 删除简单卷

打开"磁盘管理"窗口,在需要删除的简单卷上单击鼠标右键,在弹出的快捷菜单中选择"删除卷"命令,或选择"操作"/"所有任务"/"删除卷"命令,系统将打开提示对话框,单击 是(Y) 按钮完成卷的删除,删除后原区域显示为可用空间,如图3-57所示。

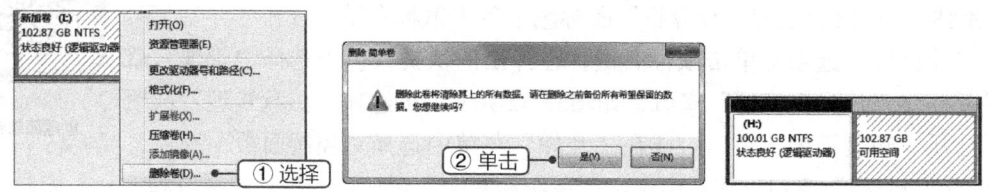

图3-57 删除简单卷

3. 扩展磁盘分区

打开"磁盘管理"窗口,在要扩展的卷上单击鼠标右键,在弹出的快捷菜单中选择"扩展卷"命令,或选择"操作"/"所有任务"/"扩展卷"命令,打开"扩展卷向导"对话框,单击 下一步(N) 按钮,指定选择磁盘的"空间量"参数,如图3-58所示。单击 下一步(N) 按钮,然后单击 完成(F) 按钮,退出"扩展卷向导"对话框。此时,磁盘的容量将把"可用空间"扩展进来。

4. 压缩磁盘分区

打开"磁盘管理"窗口,在要压缩的卷上单击鼠标右键,在弹出的快捷菜单中选择"压缩卷"命令,或选择"操作"/"所有任务"/"压缩卷"命令,打开压缩卷对话框。在压缩卷对话框中指定"输入压缩空间量"参数,单击 压缩(S) 按钮完成压缩,如图3-59所示。压缩后的磁盘分区将变成"可用空间"。

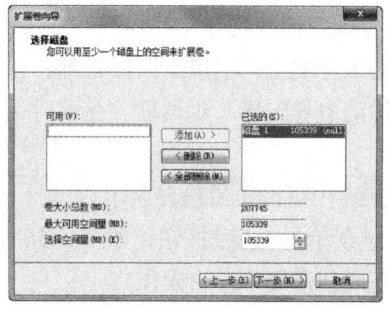
图3-58 选择磁盘和确定待扩展空间

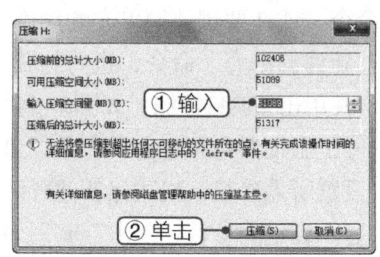
图3-59 压缩卷对话框

5. 更改驱动器号和路径

【例3-13】将"H"盘符更改为"D"盘符。

步骤1 打开"磁盘管理"窗口,在要更改驱动器号的卷上单击鼠标右键,在弹出的快捷菜单中选择"更改驱动器号和路径"命令,或选择"操作"/"所有任务"/"更改驱动器号和路径"命令,打开更改驱动器号和路径对话框,然后单击 更改(C) 按钮,如图3-60所示。

步骤2 打开"更改驱动器号和路径"对话框,从其右侧的下拉列表框中选择新分配的驱动器号,如图3-61所示。

步骤3 在上述对话框中单击 确定 按钮,打开"磁盘管理"提示对话框,如图3-62所示,单击 是(Y) 按钮,完成驱动器号的更改。

视频教学
更改驱动器号和路径

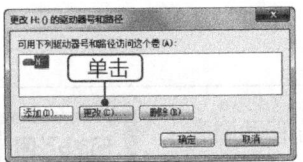
图3-60 "更改H:驱动器号和路径"对话框

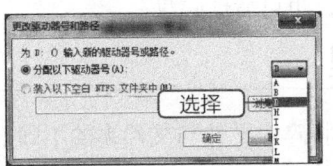
图3-61 选择其他驱动器号

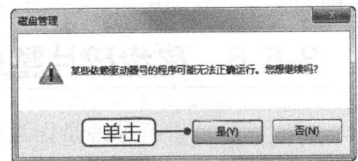
图3-62 "磁盘管理"提示对话框

3.5.4 格式化驱动器

格式化磁盘可通过以下两种方法来实现。

- 通过"资源管理器"窗口:在"资源管理器"窗口中选择需要格式化的磁盘,单击鼠标右键,在弹出的快捷菜单中选择"格式化"命令,或选择"文件"/"格式化"命令,打开格式化对话框,进行格式化设置后单击 开始(S) 按钮即可。
- 通过"磁盘管理"工具:打开"磁盘管理"窗口,在要格式化的磁盘上单击鼠标右键,在弹出的快捷菜单中选择"格式化"命令,或选择"操作"/"所有任务"/"格式化"命令,打开格式化对话框,如图3-63所示。在该对话框中设置格式化限制和参数,然后单击 确定 按钮即可。

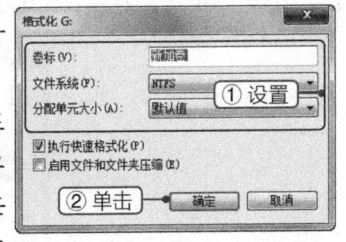
图3-63 "格式化"对话框

3.5.5 清理磁盘

用户在使用计算机进行读写与安装操作时,会留下大量的临时文件和没用的文件,这样不仅会占用磁盘空间,还会降低系统的处理速度,因此用户需要定期进行磁盘清理,以释放磁盘空间,通过以下两种方法可以清理磁盘。

【例3-14】清理C盘中已下载的程序文件和Internet临时文件。

步骤1 选择"开始"/"所有程序"/"附件"/"系统工具"/"磁盘管理"命令,打开"磁盘清理:驱动器选择"对话框。

视频教学
清理磁盘

步骤2 在对话框中选择需要进行清理的C盘，单击 确定 按钮，系统计算可以释放的空间后打开 "(C:)的磁盘清理" 对话框，在对话框的 "要删除的文件" 栏中单击选中 "已下载的程序文件" 和 "Internet临时文件" 复选框，然后单击 确定 按钮，如图3-64所示。

步骤3 打开确认对话框，单击 删除文件 按钮，系统将执行磁盘清理操作，以释放磁盘空间。

另外，在 "计算机" 窗口的某个磁盘上单击鼠标右键，在弹出的快捷菜单中选择 "属性" 命令，在打开的对话框中单击 "常规" 选项卡，然后单击 磁盘清理(D) 按钮，在打开的对话框中选择要清理的内容，然后单击 确定 按钮，也可清理磁盘。

图3-64 "磁盘清理" 对话框

3.5.6 磁盘碎片整理

对磁盘碎片进行整理是指系统将碎片文件与文件夹的不同部分移动到卷上的相邻位置，使其在一个独立的连续空间中。对磁盘进行碎片整理需要在 "磁盘碎片整理程序" 窗口中进行。

视频教学
磁盘碎片整理

【例3-15】整理C盘中的碎片。

步骤1 选择 "开始" / "所有程序" / "附件" / "系统工具" / "磁盘碎片整理程序" 命令，或在磁盘属性对话框的 "工具" 选项卡下单击 立即进行碎片整理(D)... 按钮，打开 "磁盘碎片整理程序" 对话框。

步骤2 选择要整理的C盘，单击 分析磁盘(A) 按钮，开始对所选的磁盘进行分析，如图3-65所示，当分析结束后，打开已完成分析的对话框。

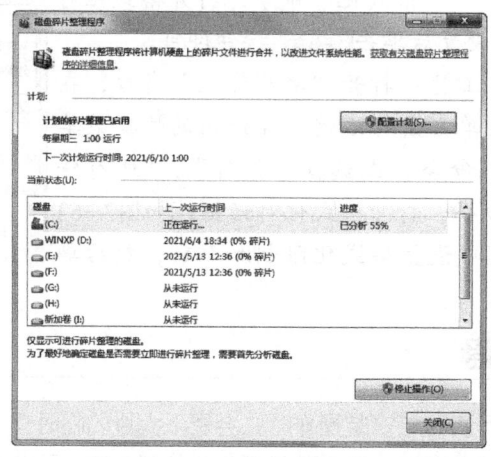

图3-65 分析所选磁盘

步骤3 单击 磁盘碎片整理(D) 按钮，开始对所选的磁盘进行碎片整理。

 提示 单击 配置计划(S)... 按钮，打开 "修改计划" 对话框，在其中可以设置和修改碎片整理计划。

3.6 Windows 7的网络功能

如今网络技术的应用越来越广泛，通过网络功能不仅可以实现文件、外部设备和应用程序的共享，还可以在网上与其他用户进行交流等。

3.6.1 网络软硬件的安装

无论是什么网络，不仅要安装相应硬件，还要安装与配置相应的驱动程序。若安装Windows 7之前已完成了网络硬件的物理连接，则Windows 7安装程序可以帮助用户完成必要的网络配置，但仍有需要对网络进行自主配置的情况。

1. 网卡的安装与配置

打开机箱，将网卡插入到计算机主板上相应的扩展槽中，便可完成网卡的安装。若安装专为Windows 7而设计的"即插即用"型网卡，Windows 7将会在启动时自动检测并进行配置。Windows 7在配置过程中，若未找到对应的驱动程序，会提示用户插入包含网卡驱动程序的盘片。

2. IP地址的配置

【例3-16】设置IP为"192.168.0.105"。

步骤1 单击Windows 7桌面左下角的"开始"按钮，在打开的"开始"菜单中选择"控制面板"选项，打开"控制面板"窗口，单击"网络和Internet"超链接，在打开的界面中单击"网络和共享中心"超链接。

视频教学
IP地址的配置

步骤2 打开"网络和共享中心"窗口后，单击窗口左侧的"更改适配器设置"超链接，再在打开的窗口中双击"本地连接"选项。

步骤3 打开"本地连接 属性"对话框，选择"Internet协议版本4（TCP/IPv4）"选项，单击 属性(R) 按钮。

步骤4 打开"Internet协议版本4（TCP/IPv4）属性"对话框，单击选中"使用下面的IP地址"单选项，在"IP地址"栏中输入"192.168.0.105"，在"子网掩码"栏中输入"255.255.255.0"，在"默认网关"和"首选DNS服务器"栏中分别输入"192.168.0.1"，单击 确定 按钮完成属性设置，如图3-66所示。

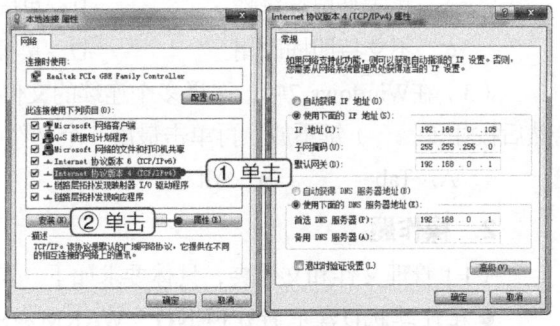

图3-66 IP地址的配置

3.6.2 选择网络位置

首次连接网络时，需要设置网络位置，为其选择的网络类型自动设置合适的防火墙与安全选项，在打开的"网络和共享中心"窗口中单击"公用网络"超链接，打开"设置网络位置"对话框，然后根据实际情况选择家庭网络、工作网络或公用网络。

3.6.3 资源共享

计算机中的资源共享包括存储资源共享、硬件资源共享和程序资源共享。
- **存储资源共享**：共享计算机中的U盘、光盘与硬盘等存储介质，可提高存储效率，让数据的提取与分析更方便。
- **硬件资源共享**：对打印机、扫描仪等外部设备的共享，可提高外部设备的使用效率。
- **程序资源共享**：共享网络中的各种程序资源。

3.6.4 在网络中查找计算机

因为网络中的计算机较多，单个查找自己所需访问的计算机十分麻烦，因此，Windows 7提供了快速查找计算机的方法。打开任意窗口，单击窗口左下方的"网络"选项，即可完成网络中计算机的搜索，在右侧双击所需访问的计算机即可。

3.7 练习

1. 选择题

（1）在Windows 7操作系统中，将打开的窗口拖动到屏幕顶端，窗口会（　　）。
  A. 关闭　　　　　　　　　　B. 消失
  C. 最大化　　　　　　　　　D. 最小化

练习
查看答案和解析

（2）在Windows 7中，下列叙述错误的是（　　）。
  A. 可支持鼠标操作　　　　　B. 可同时运行多个程序
  C. 不支持即插即用　　　　　D. 桌面上可同时容纳多个窗口

（3）在Windows 7中，选择多个连续的文件或文件夹，应首先选择第一个文件或文件夹，然后按住（　　）键不放，再单击最后一个文件或文件夹。
  A. Tab　　　B. Alt　　　C. Shift　　　D. Ctrl

2. 操作题

（1）管理文件和文件夹，具体要求如下。
- 在计算机D盘中新建FENG、WARM和SEED 3个文件夹，再在FENG文件夹中新建WANG子文件夹，并在该子文件夹中新建一个JIM.txt文件。
- 将WANG子文件夹中的JIM.txt文件复制到WARM文件夹中。
- 将WARM文件夹中的"JIM.txt"文件删除。

（2）从网上下载美图秀秀的安装程序，然后将之安装到自己的计算机中。

CHAPTER 4

第4章
计算机网络与Internet

现在最常用的网络是Internet,它是一个全球性的网络,将全世界的计算机都联系在一起。通过这个网络,用户可以使用多种网络功能。本章将介绍计算机网络的基础知识、Internet的基础知识以及Internet的应用等。

课堂学习目标

- 了解计算机网络
- 了解计算机网络的组成和分类
- 了解网络传输介质和通信设备
- 了解局域网和Internet
- 掌握Internet的基本应用

课堂案例展示

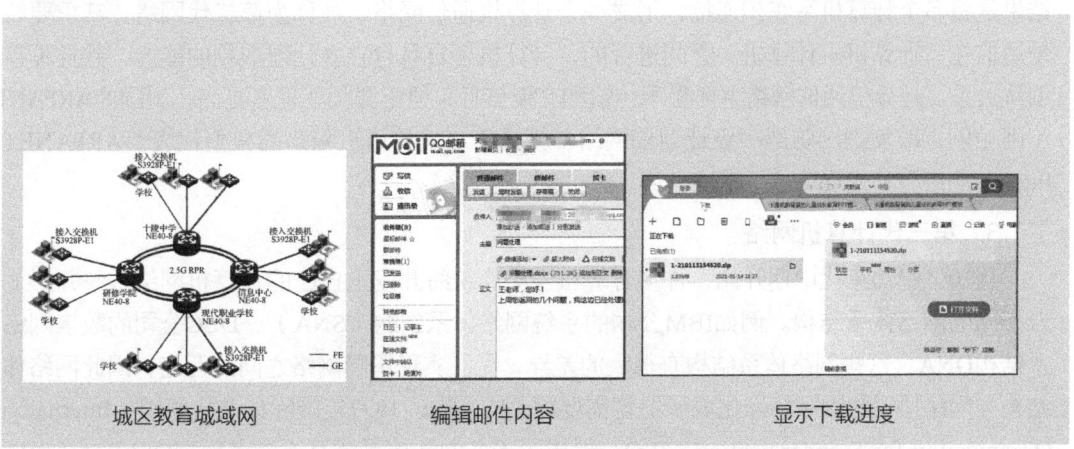

城区教育城域网　　　　编辑邮件内容　　　　显示下载进度

4.1 计算机网络概述

网络化是计算机技术发展的一种必然趋势，下面将介绍计算机网络的定义、发展、功能等相关基础知识。

4.1.1 计算机网络的定义

在计算机网络发展的不同阶段，人们因对计算机网络的理解和侧重点的不同提出了不同的定义。就计算机网络现状来看，从资源共享的观点出发，通常将计算机网络定义为以能够相互共享资源的方式连接起来的独立计算机系统的集合。也就是说，计算机网络可以将相互独立的计算机系统以通信线路相连接，按照全网统一的网络协议进行数据通信，从而实现网络资源共享。

4.1.2 计算机网络的发展

计算机网络出现的历史不长，但发展迅速，它经历了从简单到复杂、从地方到全球的发展过程。从形成初期到现在，计算机网络的发展大致可以分为4个阶段。

1. 第一代计算机网络

这一阶段可以追溯到20世纪50年代。人们将多台终端通过通信线路连接到一台中央计算机上构成"主机-终端"系统。第一代计算机网络又称为面向终端的计算机网络。这里的终端不具备自主处理数据的能力，仅仅能完成简单的输入/输出功能，所有数据处理和通信处理任务均由主机完成。用今天对计算机网络的定义来看，"主机-终端"系统只能称得上是计算机网络的雏形，还算不上是真正的计算机网络，但这一阶段进行的计算机技术与通信技术相结合的研究，成为了计算机网络发展的基础。

2. 第二代计算机网络

20世纪60年代，计算机的应用日趋普及，许多部门，如工业、商业机构，都开始配置大、中型计算机系统。这些地理位置上分散的计算机之间自然需要进行信息交换。这种信息交换的结果是将多个计算机系统相连接，形成一个计算机通信网络，被称为第二代网络。其重要特征是通信在"计算机—计算机"之间进行的，计算机各自具有独立处理数据的能力，并且不存在主从关系。计算机通信网络主要用于传输和交换信息，但资源共享程度不高。美国的ARPANET（阿帕网，即美国国防部高级计划局网络）就是第二代计算机网络的典型代表。ARPANET为Internet的产生和发展奠定了基础。

3. 第三代计算机网络

从20世纪70年代中期开始，许多计算机生产商纷纷开发出自己的计算机网络系统并形成各自不同的网络体系结构。例如IBM公司的系统网络体系结构（SNA）、DEC公司的数字网络体系结构DNA。这些网络体系结构有很大的差异，无法实现不同网络之间的互连，因此网络体系结构与网络协议的国际标准化成了迫切需要解决的问题。1977年国际标准化组织（International Organization for Standardization，ISO）提出了著名的开放系统互连参考模型OSI/RM，形成了一个计算机网络体系结构的国际标准。尽管Internet上使用的是TCP/IP，但OSI/RM对网络技术的发展产生了极其重要的影响。第三代计算机的特征是全网中所有的计算机都遵守同一种协议，强调以实现资源共享（硬件、软件和数据）为目的。

4. 第四代计算机网络

从20世纪90年代开始，Internet实现了全球范围的电子邮件、WWW、文件传输和图像通信等数据服务的普及，但电话和电视仍各自使用独立的网络系统进行信息传输。人们希望利用同一网络来传输语音、数据和视频图像，因此提出了宽带综合业务数字网（B-ISDN）的概念。"宽带"是指网络具有极高的数据传输速率，可以承载大数据量的传输；"综合"是指信息媒体，包括语音、数据和图像可以在网络中综合采集、存储、处理和传输。由此可见，第四代计算机网络的特点是综合化和高速化。支持第四代计算机网络的技术有异步传输模式（Asynchronous Transfer Mode，ATM）、光纤传输介质、分布式网络、智能网络、高速网络、互联网技术等。人们对这些新的技术投以极大的热情和关注，且在不断深入地研究和应用它们。

Internet技术的飞速发展以及在企业、学校、政府、科研部门和千家万户的广泛应用，使人们对计算机网络提出了越来越高的要求。未来的计算机网络应能提供目前电话网、电视网和计算机网络的综合服务；能支持多媒体信息通信，以提供多种形式的视频服务；具有高度安全的管理机制，以保证信息的安全传输；具有开放统一的应用环境，智能的系统自适应性和高可靠性，网络的使用、管理和维护将更加方便。总之，计算机网络将进一步朝着"开放、综合、智能"的方向发展，必将对未来世界的经济、军事、科技、教育与文化的发展产生重大的影响。

4.1.3 计算机网络的功能

计算机网络为用户构造分布式的网络计算环境提供了基础，其功能主要表现在以下5个方面。

1. 数据通信

通信功能是计算机网络最基本的功能，也是计算机网络其他各项功能的基础，所以它是计算机网络最重要的功能。通信功能能用来快速传送计算机与终端、计算机与计算机之间的各种信息，包括文字信件、新闻消息、图片资料和报纸版面等，利用这一特点，可将分散在各个地区的单位或部门用计算机网络联系起来，进行统一的调配、控制和管理。

2. 资源共享

资源指的是网络中所有的软件、硬件和数据资源；共享则是指网络中的用户都能够部分或全部使用这些资源。例如，某些地区或单位的数据库（如各种票据等）可供全网使用；某种设计的软件可供需要的地方有偿调用或办理一定手续后调用，一些外部设备如打印机，可面向用户，使不具有这些设备的地方也能使用这些硬件设备。如果不能实现资源共享，各地区都需要有一套完整的软、硬件及数据资源，这将大大增加全系统的投资费用。

 提示 资源共享提高了资源的利用率，打破了资源在地理位置上的约束，使得用户使用千里以外的资源时也如同使用本地资源一样方便。

3. 提高系统的可靠性

在一个系统中，当某台计算机、某个部件或某个程序出现故障时，必须通过替换资源的办法来维持系统的继续运行，以避免系统瘫痪。而在计算机网络中，各台计算机可彼此互为后备机，每一种资源都可以在两台或多台计算机上进行备份，当某台计算机、某个部件或某个程序出现故障时，其任务就可以由其他计算机或其他备份的资源所代替，避免了系统瘫痪，提高了系统的可靠性。

4. 分布处理

网络分布式处理是指把同一任务分配到网络中地理上分散的节点机上协同完成。通常，对于复杂的、综合性的大型任务，用户可以采用合适的算法，将任务分散到网络中不同的计算机上去执行。另一方面，当网络中某台计算机、某个部件或某个程序负担过重时，用户通过网络操作系统的合理调度，可将其一部分任务转交给其他较为空闲的计算机或资源完成。

5. 分散数据的综合处理

网络系统还可以有效地将分散在网络各计算机中的数据资料信息收集起来，从而达到对分散的数据资料进行综合分析处理，并把正确的分析结果反馈给各相关用户的目的。

4.1.4 计算机网络体系结构和 TCP/IP 参考模型

计算机网络是通过各种网络协议进行通信，并在一定的体系结构中运行的集合，TCP/IP是计算机网络中另一个应用广泛的体系结构模型。

1. 网络体系结构

计算机与计算机间的通信可看作人与人沟通的过程。网络协议对于计算机网络而言是不可缺少的，对于结构复杂的网络协议来说，最好的组织方式就是通过层次结构模型。网络体系结构定义了计算机网络的功能，而这些功能又是通过硬件与软件来实现的。

（1）网络体系结构的定义

从网络协议的层次模型来看，网络体系结构可以定义为计算机网络中所有功能层次、各层次的通信协议以及相邻层次间接口的集合。

网络体系结构中的3要素分别是分层、协议和接口，可以表示如下：

网络体系结构＝{分层、协议、接口}

网络体系结构是抽象的，网络体系结构仅给出了一般性的指导标准和概念性框架，不包括实现的方法，其目的是在统一的原则下设计、建造和发展计算机网络。

（2）网络体系结构的分层原则

目前，层次结构被各种网络协议所采用，如OSI、TCP/IP等。由于网络协议的不同，其协议分层的方法也有很大的差异。通常情况下，网络体系结构分层有如下原则。

- 各层功能明确：在网络体系结构中分层，需要各层既保持系统功能的完整，又能避免系统功能的重叠，让各层结构相对稳定。
- 接口清晰简洁：在网络体系结构中，下层通过接口对上层提供服务。在对接口的要求上有两点，一是接口需要定义向上层提供的操作和服务，二是通过接口的信息量最小。
- 层次数量适中：为了让网络体系结构便于实现，要考虑层次的数量，既不能过多，也不能太少。如果层次过多，会引起系统繁冗和协议复杂化；如果层次过少，则会导致一层中拥有多种功能。
- 协议标准化：在网络体系结构中，各个层次的功能划分和设计应强调协议的标准化。

> **提示** 网络体系层次结构具有各层次间相互独立、灵活性高、易于实现和维护、有利于促进标准化的优点。

2. TCP/IP 参考模型

伴随着Internet在全世界的飞速发展，TCP/IP的广泛应用对网络技术发展产生了重要的影响。TCP/IP参考模型分为应用层、传输层、网络互连层和网络接口层4个层次。图4-1为TCP/IP参考模型和OSI参考模型的对比示意图。

在TCP/IP参考模型中，去掉了OSI参考模型中的会话层和表示层（这两层的功能被合并到应用层中了）。将OSI参考模型中的数据链路层和物理层合并为网络接口层。下面分别介绍各层的主要特点和功能。

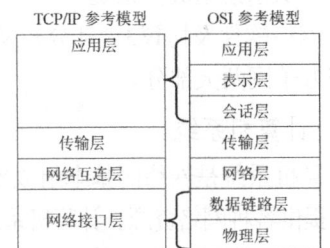

图4-1 TCP/IP参考模型和OSI参考模型的对比示意图

- 网络接口层：在TCP/IP参考模型中，网络接口层是TCP/IP参考模型中的最底层，负责网络层与硬件设备的联系。网络接口层实际上并不是因特网协议组中的一部分，但它是数据包从一个设备的网络层传输到另一个设备的网络层的方法。这个过程可以在网卡的软件驱动程序中进行控制，也可以在固件或者专用芯片中进行控制。这将完成如添加报头准备发送、通过物理媒介实际发送这样的数据链路功能。另一端，链路层将完成数据帧接收、去除报头并且将接收到的数据包传到网络层的功能。网络接口层与OSI参考模型中的物理层和数据链路层相对应。网络接口层是TCP/IP与各种LAN或WAN的接口。
- 网络互连层：网络互连层是整个TCP/IP的核心，对应于OSI参考模型的网络层，负责对独立传送的数据分组进行路由选择，从而保证可以发送到目的主机。由于该层中使用的是IP，因此又称为IP层。此外，网络互连层还拥有拥塞控制的功能。网络互连层的主要功能包括3点：处理互连的路径、流程与拥塞问题；处理来自传输层的分组发送请求；处理接收的数据报。
- 传输层：在TCP/IP模型中，使源端主机和目标端主机上的对等实体进行会话属于传输层的功能。在传输层上定义了传输控制协议TCP和用户数据报协议UDP两种服务质量不同的协议。TCP是一个面向连接的、可靠的协议，它将一台主机发出的字节流无差错地发往互联网上的其他主机。TCP还要处理端到端的流量控制。
- 应用层：TCP/IP模型中，应用层实现了OSI参考模型中会话层和表示层的功能。在应用层中，能够对不同的网络应用引入不同的应用层协议。其中，有基于TCP的应用层协议，如文件传输协议（FTP）和超文本传输协议（HTTP）等，也有基于UDP协议的应用层协议。

4.2 计算机网络的组成和分类

在了解了计算机网络的基础知识后，下面将介绍计算机网络的组成和分类的知识。

4.2.1 计算机网络的组成

计算机网络的规模不同，其中的各种结构、硬软件和协议的配置也有很大差异。根据网络的定义，从系统组成上来说，一个计算机网络主要分为计算机系统（主机与终端）、数据通信系统、网络软件及协议3大部分；从计算机网络的功能来说，一个计算机网络可以分为通信子网和资源子网两大部分。

1. 计算机系统

计算机系统是网络的基本组成部分，它主要完成数据信息的收集、存储、管理和输出的任务，并提供各种网络资源。计算机系统根据其在网络中的用途，一般分为主机和终端两部分。

- 主机（Host）：主机在很多时候被称为服务器（Server），它是一台高性能的计算机，多用于管理网络、运行应用程序和处理各网络工作站成员的信息请示等，并连接一些外部设备，如打印机、调制解调器等。根据其作用的不同，它可以分为文件服务器、应用程序服务器和数据库服务器等。Internet网管中心就有WWW服务器、FTP服务器等各类服务器。广义上的服务器是指向运行在别的计算机上的客户端应用程序提供某种特定服务的计算机或是软件包，这一名称可能指某种特定的程序，例如WWW服务器，也可能指用于运行程序的计算机。一台单独的服务器计算机上可以同时有多个服务器软件包在运行，并向网络上的客户提供多种不同的服务。

提示 一般意义上的网络服务器也指文件服务器。文件服务器是网络中最重要的硬件设备，其中装有网络操作系统（Network Operating System，NOS）、系统管理工具和各种应用程序等，是组建一个客户−服务器局域网所必需的基本配置。对于对等网而言，每台计算机则既是服务器也是工作站。

- 终端（Terminal）：终端是网络中的用户进行网络操作、实现人机对话的重要工具，在局域网中通常被称为工作站（Workstation）或者客户机（Client）。由服务器进行管理和提供服务的、连入网络的任何计算机都属于工作站，其性能一般低于服务器。个人计算机接入Internet后，在获取Internet服务的同时，其本身就成为了一台Internet上的工作站。网络工作站需要运行网络操作系统的客户端应用程序。

提示 在涉及计算机网络的描述中，终端和终端设备是有区别的。终端设备是用户进行网络操作所使用的设备，它的种类有很多，可以是具有键盘及显示功能的一般终端，也可以是一台计算机；而终端则是指具备网络通信能力的计算机。

2. 数据通信系统

数据通信系统是连接网络的桥梁，它提供了各种连接技术和信息交换技术，其主要任务是把数据源计算机所产生的数据迅速、可靠、准确地传输到数据宿（目的）计算机或专用外设中。从计算机网络技术的组成部分来看，一个完整的数据通信系统，一般由数据终端设备、通信控制器、通信信道和信号变换器这4个部分组成。

- 数据终端设备：数据终端设备是指数据的生成者和使用者根据协议控制通信所使用的设备。除了计算机外，数据终端设备还可以是网络中的专用数据输出设备，如打印机等。
- 通信控制器：其功能除进行通信状态的连接、监控和拆除等操作外，还可接收来自多个数据终端设备的信息，并转换信息的格式，如数字基带网中的网卡就是通信控制器。
- 通信信道：通信信道是信息在信号变换器之间传输的通道，如电话线路等模拟通信信道、专用数字通信信道、宽带电缆和光纤等。
- 信号变换器：其功能是把通信控制器提供的数据转换成适合通信信道要求的信号形式，或把信道中传来的信号转换成可供数据终端设备使用的数据，最大限度地保证了传输质量。在计算机网络的数据通信系统中，最常用的信号变换器是调制解调器和光纤通信网中的光电转换器。信号变换器和其他的网络通信设备又统称为数据通信设备（DCE），DCE为用户设备提供了入网的连接点。

3. 网络软件及协议

网络软件是计算机网络中不可或缺的组成部分。网络的正常工作都需要网络软件的控制，如同单个计算机在软件的控制下工作一样。网络软件一方面授权用户对网络资源进行访问，帮助用户方便、快速地访问网络；另一方面，网络软件也能够管理和调度网络资源，提供网络通信和用户所需的各种网络服务。网络软件包括通信支撑平台软件、网络服务支撑平台软件、网络应用支撑平台软件、网络应用系统、网络管理系统以及用于特殊网络站点的软件等。从网络体系结构模型中可以看出，通信软件和各层网络协议软件是网络软件的主体。

通常情况下，网络软件分为通信软件、网络协议软件和网络操作系统3个部分。
- 通信软件：通信软件用以监督和控制通信工作，除了作为计算机网络软件的基础组成部分外，还可用作计算机与自带终端或附属计算机之间实现通信的软件，它通常由线路缓冲区管理程序、线路控制程序以及报文管理程序组成。报文管理程序由接收、发送、收发记录、差错控制、开始和终了5个部分组成。
- 网络协议软件：网络协议软件是网络软件的重要组成部分，按网络所采用的协议层次模型（如ISO建议的开放系统互连参考模型）组织而成。除物理层外，其余各层协议大都由软件实现，每层协议软件都由一个或多个进程组成，其主要任务是完成相应层协议所规定的功能，以及与上、下层的接口功能。
- 网络操作系统：网络操作系统指的是能够控制和管理网络资源的软件。网络操作系统的功能作用在两个级别上，在服务器机器上就为在服务器上的任务提供资源管理，在每个工作站机器上就为用户和应用软件提供一个网络环境的"窗口"，从而向网络操作系统的用户和管理人员提供一个整体的系统控制能力。网络服务器操作系统要完成目录管理、文件管理、安全性、网络打印、存储管理和通信管理等主要服务。工作站的操作系统软件则要完成工作站任务的识别和与网络的连接，即首先判断应用程序提出的服务请求是使用本地资源还是使用网络资源，若使用网络资源则需完成与网络的连接。常用的网络操作系统有Netware系统、Windows NT系统、

UNIX系统和Linux系统等。

4. 通信子网和资源子网

从功能上看，计算机网络主要具有完成网络通信和资源共享两大功能，为实现这两个功能，计算机网络必须具有数据通信和数据处理两种能力。因此，计算机网络可以从逻辑上被划分成两个子网，即通信子网和资源子网，如图4-2所示。

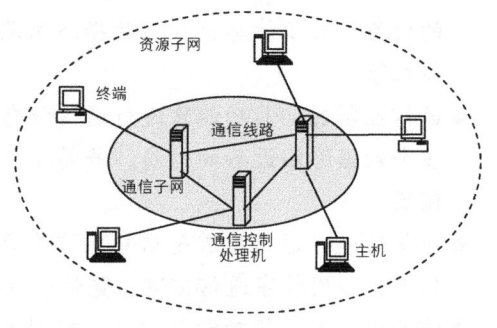

图4-2 通信子网和资源子网

 提示 将计算机网络划分为通信子网与资源子网，符合网络体系结构的分层思想，让网络的研究和设计更加方便。

- 通信子网：通信子网主要负责网络中的数据通信，为网络用户提供数据传输、转接、加工和变换等数据信息处理工作，由通信控制处理机（又称网络节点）、通信线路、网络通信协议以及通信控制软件等组成。
- 资源子网：资源子网为网络用户提供各种网络资源和网络服务，主要包括通信线路（即传输介质）、网络连接设备（如网络接口设备、通信控制处理机、网桥、路由器、交换机、网关、调制解调器和卫星地面接收站等）、网络通信协议和通信控制软件等。
- 两者的相互关系：在局域网中，资源子网主要由网络的服务器、工作站、共享的打印机和其他设备及相关软件所组成。而通信子网则由网卡、线缆、集线器、中继器、网桥、路由器、交换机等设备和相关软件组成。

在广域网中，通信子网由一些专用的通信处理机（即节点交换机）及其运行的软件、集中器等设备和连接这些节点的通信链路组成。资源子网则由网络中所有主机及其外部设备组成。

另外，通信子网又可分为"点到点通信线路通信子网"和"广播信道通信子网"两类。广域网主要采用点到点通信线路，局域网与城域网一般采用广播信道。由于技术上存在较大差异，因此在物理层和数据链路层协议上出现了两个节点：一类基于点到点通信线路，另一类基于广播信道。基于点到点通信线路的广域物理层和数据链路层技术与协议的研究开展得较早，已形成了自己的体系、协议与标准，而基于广播信道的局域网、城域网的物理层和数据链路层协议则研究得相对较晚。

4.2.2 计算机网络的分类

到目前为止，计算机网络还没有一种被普遍认同的分类方法，所以我们可使用不同的分类方法对其进行分类，如可按网络覆盖的地理范围、网络控制方式、网络的拓扑结构、网络协议、传输介质、所使用的网络操作系统、传输技术和使用范围等进行分类。其中，按网络覆盖的地理范围分类和按传输介质分类是最主要的分类方法。

1. 按网络覆盖的地理范围分类

计算机网络根据覆盖的地理范围与规模可以分为局域网（Local Area Network，LAN）、城域网（Metropolitan Area Network，MAN）、广域网（Wide Area Network，WAN）和因特网（Internet）这4种类型。

- 局域网：局域网是将较小地理区域内的计算机或数据终端设备连接在一起的通信网络，局域网覆盖的地理范围比较小，一般在几十米到几千米之间，主要用于实现短距离的资源共享。局域网可以由一个建筑物内或相邻建筑物的几百台至上千台计算机组成，也可以小到连接一个房间内的几台计算机、打印机和其他设备。图4-3所示为一个简单的企业内部局域网。局域网与其他网络的区别主要体现在网络所覆盖的物理范围、网络所使用的传输技术和网络的拓扑结构3个方面。从功能的角度来看，局域网的服务用户个数有限，但是局域网的配置容易实现，速率高，一般可达4Mbit/s～2Gbit/s，使用费用也较低。
- 城域网：城域网是一种大型的通信网络，它的覆盖范围介于局域网和广域网之间，一般为几千米至几万米，城域网的覆盖范围在一个城市内，它将位于一个城市之内不同地点的多个计算机局域网连接起来实现资源共享。城域网所使用的通信设备和网络设备的功能要求比局域网高，以便有效地覆盖整个城市的地理范围。一般在一个大型城市中，城域网可以将多个学校、企事业单位、公司和医院的局域网连接起来共享资源。图4-4所示为某城区教育系统的城域网。

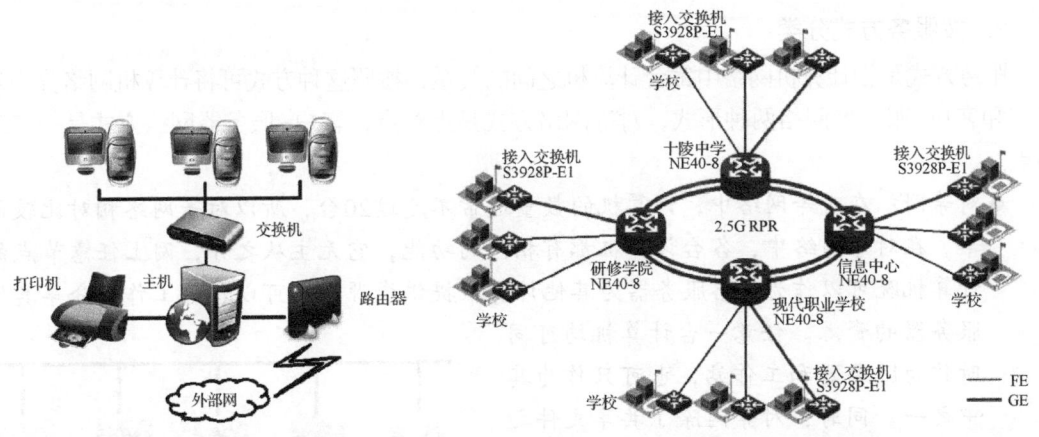

图4-3　企业小型局域网　　　　图4-4　某城区教育系统的城域网

- 广域网：广域网在地域上可以覆盖全球范围。目前，Internet是现今世界上最大的广域计算机网络，它是一个横跨全球、供公共商用的广域网络。除此之外，许多大型企业以及跨国公司和组织也建立了属于内部使用的广域网络。如我国的电话交换网（PSDN）、公用数字数据网（China DDN）和公用分组交换数据网（China PAC）等都是广域网。广域网的物理结构如图4-5所示。

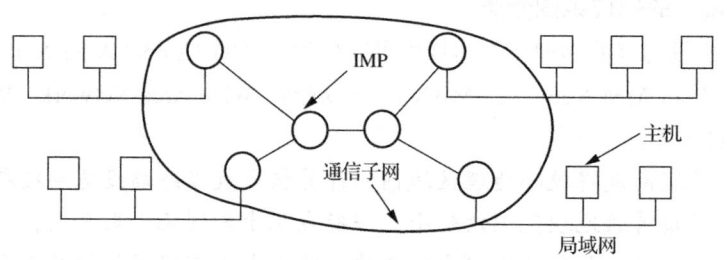

图4-5 广域网的物理结构

- 因特网：目前世界上有许多网络，而不同网络的物理结构、协议和所采用的标准也各不相同。如果连接到不同网络的用户需要进行相互通信，就需要将这些不兼容的网络通过网关的机器设备连接起来，并由网关完成相应的转换功能。多个网络相互连接构成的集合称为互联网，其最常见的形式是多个局域网通过广域网连接起来。判断一个网络是广域网还是通信子网，取决于网络中是否含有主机，如果一个网络中只含有中间转接站点，即IMP，则该网络仅仅是一个通信子网；反之，如果网络中既包含IMP，又包含用户可以运行作业的主机，则该网络是一个广域网。

 提示 Internet是广域网的一种，但它又不是一种独立性的网络，它将同类或不同类的物理网络（如局域网、广域网与城域网）互连起来，并通过高层协议实现不同类网络间的通信。

2. 按服务方式分类

服务方式是指计算机网络中每台计算机之间的关系，按照这种方式可将计算机网络分为对等网和客户-服务器网络两种形式，对等网络方式是点对点，客户-服务器网络方式是一点对多点。

- 对等网：在对等网络中，计算机的数量通常不超过20台，所以对等网络相对比较简单。在对等网络中，各台计算机都有相同的功能，它无主从之分，网上任意节点的计算机既可以作为网络服务器为其他计算机提供资源，又可以作为工作站分享其他服务器的资源。任意一台计算机均可同时作为服务器和工作站，也可只作为其中之一。同时，对等网除了共享文件之外，还可以共享打印机，对等网上的打印机可被网络上的任意节点使用，如同使用本地打印机一样方便，图4-6所示为对等网络。

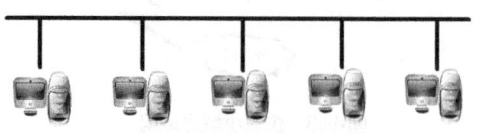

图4-6 对等网络

- 客户-服务器网络：在计算机网络中，如果只有一台或者几台计算机作为服务器为网络上的用户提供共享资源，而其他的计算机仅作为客户机访问服务器中提供的各种资源，这样的网络就是客户-服务器网络。服务器指专门提供服务的高性能计算机或专用设备；客户指用户计算机。客户-服务器网络方式的特点是安全性较高，计算机的权限、优先级易于控制，监控容易实现，网络管理能够规范化。服务器的性能和客户机的数量决定了该网络的性能。图4-7所示为客户-服务器网络。

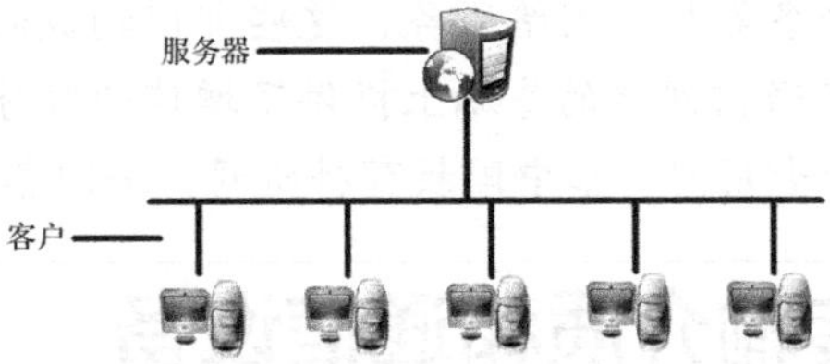

图4-7 客户-服务器网络

3. 按网络的拓扑结构分类

计算机网络的拓扑结构是指网络中的计算机或设备与传输媒介形成的节点和线的物理构成模式。网络中的节点有两类：一类是转换和交换信息的转接节点，包括节点交换机、集线器和终端控制器等；另一类是访问节点，包括计算机主机和终端等。线则代表各种传输媒介，包括有形的线和无形的线。拓扑结构的选择与具体的网络要求相关，网络拓扑结构主要影响网络设备的类型、设备的能力、网络的扩张潜力和网络的管理模式等。

4. 按网络传输介质分类

网络传输介质是指在网络中传输信息的载体，常用的传输介质分为有线传输介质和无线传输介质两大类。

- 有线网：有线传输介质是指在两个通信设备之间实现的物理连接的部分，它能将信号从一方传输到另一方，主要有同轴电缆、双绞线和光纤。有线网就是使用这些有线传输介质连接的网络。采用同轴电缆连网的特点是经济实惠，但传输率和抗干扰能力一般、传输距离较短；采用双绞线连网的特点是价格便宜、安装方便，但易受干扰、传输率较低、传输距离比同轴电缆短；采用光纤连网的特点是传输距离长、传输速率高和抗干扰性强。双绞线和同轴电缆传输电信号，光纤传输光信号。
- 无线网：无线传输介质指周围的自由空间，利用无线电波在自由空间的传播可以实现多种无线通信。在自由空间传输的电磁波根据频谱可将其分为无线电波、微波、红外线和激光等，信息被加载在电磁波上进行传输，无线网是指采用空气中的电磁波作为载体来传输数据的网络。无线网络的特点是连网费用高、数据传输率高、安装方便、传输距离长、抗干扰性不强等。无线网包括无线电话、无线电视网、微波通信网和卫星通信网等。

5. 按网络的使用性质分类

网络的使用性质主要指该网络服务的对象和组建的原因，根据这种方式可将计算机网络分为公用网、专用网、利用公用网组建专用网3种类型。

- 公用网：公用网是指由电信部门或其他提供通信服务的经营部门组建、管理和控制，网络内的传输和转接装置可供任何部门和个人使用的网络。
- 专用网：专用网是由用户部门独立组建经营的网络，它不允许其他用户和部门使用；由于投资等因素，专用网常为局域网或者是通过租借电信部门的线路而组建的广域网。
- 利用公用网组建专用网：许多部门直接租用电信部门的通信网络，并配置一台或者多台主机，向社会各界提供网络服务，这些部门构成的应用网络就称为增值网络（或增值网），即在通信网络的基础上提供了增值的服务。这种类型的网络其实就是利用公用网组建的专用网，如中国教育科研网、全国各大银行的网络等。

4.3 网络传输介质和通信设备

网络是通过各种硬件设备和传输介质连接起来的，即使是无线网络也要有发送信号的硬件设备。这些设备是组成计算机网络的物质基础，下面讲解网络传输介质和网络通信设备。

4.3.1 网络传输介质

传输介质是网络中信息传递的媒介，传输介质的性能对于传输速率、通信距离、网络节点数目和传输的可靠性均有很大影响。网络中常用的传输介质包括同轴电缆、双绞线和光导纤维，此外还包括微波和红外线等无线传输介质。

1. 同轴电缆

同轴电缆（Coaxial Cable）是计算机网络中常见的传输介质之一，它是一种误码率低、性价比较高的宽带传输介质，在早期的局域网中其应用十分广泛。顾名思义，同轴电缆就是由一组共轴心的电缆构成的。其具体的结构由内到外包括中心铜线、绝缘层、网状屏蔽层和塑料封套4个部分。应用于计算机网络的同轴电缆主要有两种，即"粗缆"和"细缆"。同轴电缆同样可以组成宽带系统，主要有双缆系统和单缆系统两种类型。同轴电缆网络一般可分为主干网、次主干网和线缆3类。

2. 双绞线

双绞线（Twisted Pair）是由两条相互绝缘的导线按照一定的规格互相缠绕（一般以顺时针缠绕）在一起而制成的一种通用配线，属于信息通信网络传输介质。双绞线过去主要是用来传输模拟信号的，但现在同样适用于数字信号的传输。与其他传输介质相比，双绞线在传输距离、信道宽度和数据传输速度等方面均受到一定限制，但价格较为低廉。

双绞线一般由两根22～26号绝缘铜导线相互缠绕而成，实际使用时，双绞线是由多对双绞线一起包在一个绝缘电缆套管里的。典型的双绞线一般有4对，此外也有更多对双绞线放在一个电缆套管里，被称为双绞线电缆。

3. 光导纤维

光导纤维（Optical Fiber）简称光纤，是一种性能非常优秀的网络传输介质。相对于其他传输介质而言，光纤具有很多优点，如低损耗、高带宽和高抗干扰性等。目前，光纤是网络传输介质中发展最为迅速的一种，也是未来网络传输介质的发展方向。

光纤主要是在要求传输距离较长、布线条件特殊的情况下用于主干网的连接的。根据需要还可以将多根光纤合并在一根光缆里面，它由纤芯、包层和护套组成。光纤是一种新型的传输介质，其与双绞线、同轴电缆相比，具有频带宽、损耗低、重量轻、抗干扰能力强、保真度高、工作性能可靠、成本不断下降的优点。按光在光纤中的传输模式，可将光纤分为单模光纤和多模光纤。目前，光纤主要应用在大型的局域网中作为主干线路，光纤主要有两种连接方式，即将光纤接入连接头并插入光纤插座、用机械的方法将其接合，两根光纤可以被融合在一起。

4. 无线传输介质

无线传输是利用可以在空气中传播的微波、红外线等无线介质进行传输，无线局域网就是由无线传输介质组成的局域网。利用无线通信技术，可以有效扩展通信空间，摆脱有线介质的束缚。无线传输所使用的频段很广，人们现在已经利用了好几个波段进行通信。常用的无线通信方法有无线电波、微波、蓝牙和红外线，紫外线和更高的波段目前还不能用于通信中。

- 无线电波：无线电波是指在自由空间（包括空气和真空）传播的射频频段的电磁波。
- 微波：传统意义上的微波通信，可以分为地面微波通信与卫星通信两个方面。
- 蓝牙：蓝牙是一种支持设备短距离通信（一般在10m内）的无线电技术，它能在包括移动电话、PDA、无线耳机、笔记本计算机、相关外设等众多设备之间进行无线信息的交换。
- 红外线：红外线的传输速率可达100Mbit/s，最大有效传输距离达到了1 000m。红外线具有较强的方向性，它采用低于可见光的部分频谱作为传输介质。红外线作为传输介质时，可以分为直接红外线传输和间接红外线传输两种。

 提示　选择网络传输介质时要考虑的因素有很多，但首先应该确定主要因素，然后再进行选择。主要因素包括：吞吐量和带宽、网络的成本、安装的灵活性和方便性、连接器的通用性、抗干扰性能、计算机系统间距、地理位置和未来发展等。

4.3.2　网络通信设备

常用的网络通信设备包括网卡、集线器、路由器和交换机等。

1. 网卡

网卡（Network Interface Card，NIC）又称网络适配器、网络卡或者网络接口卡，是以太网的必备设备。网卡通常工作在OSI模型的物理层和数据链路层，在功能上它相当于广域网的通信控制处理机，通过它将工作站或服务器连接到网络，可实现网络资源的共享和相互通信。

网络有许多种不同的类型，如以太网、令牌环和无线网络等，不同的网络必须采用与之相适应的网卡。现在使用最多的仍然是以太网。网卡的种类有很多，根据不同的标准，有不同的分类方式。但最常用的网卡分类方式是将网卡分为有线和无线两种。有线网卡是指必须将网络连接线连接到网卡中，才能访问网络的网卡，主要包括PCI网卡、集成网卡和USB网卡3种类型。无线网卡是无线局域网的无线网络信号覆盖下通过无线连接网络进行上网使用的无线终端设备。目前的无线网卡主要包括PCI网卡、USB网卡、PCMCIA网卡和MINI-PCI网卡4种类型。

 提示　网卡在计算机网络中有着十分重要的作用，选择一款性能好的网卡能保证网络稳定、正常地运行。在选择网卡时，用户需要注意网卡的性能指标、网卡的工作模式、网卡的做工和网卡的品牌，除此之外，还应注意其是否支持自动网络唤醒功能、是否支持远程启动。

2. 集线器

集线器（Hub）又称集中器。集线器的主要功能是对接收到的信号进行再生整形放大，以扩大网络的传输距离，同时把所有站点集中在以它为中心的节点上。集线器在局域网中充当电子总线的作用，在使用集线器的局域网中，当一方发送时，其他机器则不能发送。当一台机器出现故障时，集线器可以进行隔离，而不像使用同轴电缆总线那样影响整个网络。集线器属于网络底层设备，当它要向某节点发送数据时，不是直接把数据发送到目的节点，而是把数据包发送到与集线器相连的所有节点。

3. 路由器

路由器（Router）是一种连接多个网络或网段的网络设备，它能将不同网络或网段之间的数据信息进行"翻译"，使不同网段和网络之间能够相互"读懂"对方的数据，从而构成一个更大的网络。路由器的主要工作就是为经过路由器的每个数据帧寻找一条最佳传输路径，并将该数据有效地传送到目的站点。路由器是网络与外界的通信出口，也是联系内部子网的桥梁。在网络组建的过程中，路由器的选择是极为重要的，因此选择路由器时需要考虑的因素包括安全性能、处理器、控制软件、容量、网络扩展能力、支持的网络协议和带电插拔等。

4. 交换机

交换机（Switch）是一种用于电信号转发的网络设备。它可以为接入交换机的任意两个网络节点提供独享的电信号通路。最常见的交换机是以太网交换机，其他常见的还有电话语音交换机、光纤交换机等。交换机的雏形是电话交换机系统，经过不断发展和创新，才形成了如今的交换机技术。交换机的主要功能包括物理编址、网络拓扑结构、错误校验、帧序列以及流量控制等。目前一些高档交换机还具备了一些新的功能，如对虚拟局域网（VLAN）的支持、对链路汇聚的支持，有的还具备路由器和防火墙的功能。

4.4 局域网

局域网是目前应用最为广泛的一种计算机网络，对于网络信息资源的共享具有重要的作用，并且成为了当前计算机网络技术中最活跃的 个分支。而且，从本质上讲，城域网、广域网和Internet都可以看成是由许多的局域网通过特定的网络设备互连而成的。

4.4.1 局域网概述

随着局域网的发展，国际机构IEEE制定了一系列局域网技术规范，可将之统称为IEEE 802标准。IEEE 802.3标准定义了以太网的技术规范；IEEE 802.5标准定义了令牌环网的技术规范；IEEE 802.11标准定义了无线局域网的技术规范。

局域网不同于其他网络，其主要特点如下。

- 局域网覆盖的地理范围较小，如一间教室、一栋办公楼等。
- 局域网属于数据通信网络中的一种，它只能够提供物理层、数据链路层和网络层的通信功能。
- 可以连入局域网中的数据通信设备非常多，如计算机、终端、电话机及传真机等。
- 局域网的数据传输速率高，能够达到10Mbit/s～10 000Mbit/s，而且其误码率较低。
- 局域网十分易于安装、维护以及管理，且可靠性高。

4.4.2 以太网

遵循IEEE 802.3技术规范建设的局域网就是以太网。以太网通常有两类：共享式以太网和交换式以太网。

共享式以太网就是共享传输介质的以太网。共享式以太网通常有两种结构：总线型结构和星型结构。总线型结构的以太网以同轴电缆作为传输介质，利用丁型头、终结器等组件构成局域网。星型结构的以太网使用双绞线电缆作为传输介质，利用集线器为中心通信设备构成。这两种结构的以太网，由于共享传输介质，当网络中的两台计算机同时发送数据时，将会产生冲突。为了解决冲突问题，人们制定了CSMA/CO协议，CSMA/CO的中文含义是带有冲突检测的载波监听多路访问，它是IEEE 802.3国际标准中的核心协议，为以太网提供了多台计算机以竞争方式抢占共享传输介质的方法。CSMA/CO协议的具体内容有以下4项。

- 计算机在发送数据之前，首先监听传输信道，检测信道中是否有数据在传输。若信道忙则继续监听，直到发现信道空闲为止。
- 如果信道空闲，发送方将立即发送数据。
- 若两台计算机检测到信道空闲同时发送数据时，将会发生冲突。
- 冲突发生后，发送数据的计算机会发送"阻塞"信号，放弃原来的发送，各自退避一个随机时间段后，再尝试发送数据。

用交换机取代集线器作为以太网的中心通信设备，这种类型的以太网被称为交换式以太网。集线器只是简单地连接每个端口的连线，就像把它们焊接在一起一样。集线器的所有端口都能共享传输介质，并且在同一时刻只能有两个端口传输数据，一个端口发送数据，一个端口接收数据。而在交换机中，含有一块连接所有端口的高速背板及内部交换矩阵。交换机在收到发送方的数据后可以通过查找MAC地址表，利用高速背板及内部交换矩阵将数据直接发送到接收方所连接的端口上。交换机的任意两个端口都可以并发地传输数据，从而突破了集线器中只能有一对端口通信的限制。

4.4.3 令牌环网

遵循IEEE 802.5技术规范建设的局域网就是令牌环网。令牌环网的工作原理如下。

- 令牌环网中的数据沿一个方向传播，其中有一个被称为令牌的帧在环上不断传递。
- 网络中的任意一台计算机要发送信息时，都必须等待令牌的到来。
- 当令牌经过时，发送方将抓取令牌，并修改令牌的标志位，然后将数据帧紧跟在令牌后，按顺序发送。
- 所发送的数据将依次通过网络中的各台计算机直至接收方，接收方收取数据。
- 数据接收完毕后，恢复令牌的标志位，并再次发出令牌，以供其他计算机抓取令牌发送数据。

4.4.4 无线局域网

随着技术的发展，无线局域网正逐渐代替有线局域网，成为现在家庭、小型公司主流的局域网组建方式。无线局域网（WLAN）是利用射频技术，使用电磁波，取代双绞线所构成的局域网络的。

　　WLAN的实现协议有很多，其中应用最为广泛的是无线保真（WiFi）技术，它提供了一种能够将各种终端都使用无线进行互连的技术，为用户屏蔽了各种终端之间的差异性。要实现无线局域网功能，目前一般需要一台无线路由器、多台有无线网卡的计算机或手机等可以上网的智能移动设备。

　　无线路由器可以看作是一个转发器，它将宽带网络信号通过天线转发给附近的无线网络设备，同时它还具有其他的网络管理功能，如DHCP服务、NAT防火墙、MAC地址过滤和动态域名等。

4.5　Internet

　　计算机网络和Internet并不能划等号，Internet是应用最为广泛的一种网络，也是现在世界上最大的一种网络，在该网络上可以实现很多特有的功能。

4.5.1　Internet概述

　　Internet是全球最大、连接能力最强、由遍布全世界的大大小小的网络相互连接而成的计算机网络，是由美国的阿帕网发展起来的。Internet主要采用TCP/IP，它使网络上各个计算机可以相互交换各种信息。目前，Internet通过全球的信息资源和遍及160多个国家的数百万个网点，在网上提供数据、广播、软件分发、商业交易、视频会议以及视频节目点播等服务。Internet为全球范围内的用户提供了极为丰富的信息资源，一旦连接到Web节点，就意味着你的计算机已经进入了Internet。

　　Internet将全球范围内的网站连接在了一起，形成一个资源十分丰富的信息库。在人们的工作、生活和社会活动中，Internet起着越来越重要的作用。

4.5.2　Internet的基本概念

　　下面讲解Internet中会涉及的一些基础知识。

　　1．TCP/IP

　　TCP是传输层的传输协议，TCP提供端到端的、可靠的、面向连接的服务。TCP/IP即传输控制协议/互联网协议，是一个工业标准的协议集。随着TCP在各个行业中的成功应用，它已成为事实上的网络标准，广泛应用于各种网络主机间的通信。

　　2．IP地址

　　IP地址即互联网协议地址。连接在Internet上的每台主机都有一个在全世界范围内唯一的IP地址。一个IP地址由4byte（32bit）组成，通常用小圆点分隔，其中每个字节可用一个十进制数来表示。例如，192.168.1.51就是一个IP地址。

　　IP地址通常可分成两部分，第一部分是网络号，第二部分是主机号。

　　Internet的IP地址可以分为A、B、C、D、E共5类。其中，0～127为A类；128～191为B类；192～223为C类；D类地址留给Internet结构委员会使用；E类地址留待以后使用。也就是说每个字节的数字均由0～255的数字组成，使用该范围之外的数字的IP地址都不正确，通过数字所在的区域可以判断该IP地址的类别。

> **提示** 由于网络的迅速发展，已有协议（IPv4）规定的IP地址已不能满足用户的需要，IPv6采用128位地址长度，几乎可以不受限制地提供地址。在IPv6中除解决了地址短缺的问题以外，还解决了在IPv4中存在的其他问题，如端到端IP连接、服务质量（QoS）、安全性、多播、移动性、即插即用等。IPv6已成为新一代的网络协议标准。

3. 域名系统

数字形式的IP地址难以记忆，故在实际使用时常采用字符形式来表示IP地址，即域名系统（Domain Name System，DNS）。域名系统由若干子域名构成，子域名之间用小圆点来分隔。

域名的层次结构如下：

……三级子域名.二级子域名.顶级子域名

每一级子域名都由英文字母和数字组成（不超过63个字符，并且不区分大小写字母），级别最低的子域名写在最左边，而级别最高的顶级域名则写在最右边。一个完整的域名不超过255个字符，其子域级数一般不予限制。

例如，人民邮电出版社的www服务器的域名是www.ptpress.com.cn。在这个域名中，顶级域名是cn（表示中国），第二级子域名是com（表示商业性的机构或公司），第三级子域名是ptpress（表示人民邮电出版社），最左边的www则表示某台主机的名称。

4. 统一资源定位

在Internet上，每一个信息资源都有唯一的地址，该地址叫作统一资源定位（URL）。URL由资源类型、主机域名、资源文件路径和资源文件名4部分组成，其格式如下：

资源类型://主机域名/资源文件路径/资源文件名

5. Web

网页也叫Web页，即Web站点上的文档。网页是构成网站的基本元素，是承载各种网站应用的平台。每个网页都有唯一的一个URL地址，通过该地址可以找到相应的网页。网页是由一种叫HTML的语言书写的文件，HTML的意思是超文本标记语言。

6. E-mail 地址

与普通邮件的投递一样，E-mail（电子邮件）的传送也需要地址，这个地址叫作E-mail地址。电子邮件存放在网络中的某台计算机上，所以电子邮件的地址一般由用户名和主机域名组成，其格式如下：

用户名@主机域名（如John@yahoo.com）

4.5.3 Internet 的接入

用户的计算机要连入Internet的方法有很多，一般都是通过联系Internet服务提供商（ISP），对方派专人根据当前的情况实际查看、连接后，进行IP地址分配、网关及DNS设置等，从而实现上网。

目前，总体说来连入Internet的方法主要有ADSL拨号上网和光纤宽带上网两种，下面分别介绍。

- ADSL：ADSL可直接利用现有的电话线路，通过ADSL Modem进行数字信息传输，ADSL连接理论速率可达到8Mbit/s。它具有速率稳定、带宽独享、语音数据不干扰等优点，适用于家庭、个人等用户的大多数网络应用需求。它可以与普通电话线共存于一条电话线上，即接听、拨打电话的同时也能进行ADSL传输，二者互不影响。
- 光纤：光纤是目前宽带网络中多种传输媒介中最为理想的一种，它具有传输容量大、传输质量好、损耗小和中继距离长等优点。现在光纤连入Internet一般有两种形式，一种是通过光纤接入到小区节点或楼道，再由网线连接到各个共享点上；另一种是光纤到户，将光缆一直扩展到每一台计算机终端上。

4.5.4 万维网

万维网（World Wide Web，WWW）又称环球信息网、环球网、全球浏览系统等。WWW是一种基于超文本的、方便用户在Internet上搜索和浏览信息的信息服务系统，它通过超链接把世界各地不同Internet节点上的相关信息有机地组织在一起，用户只需发出检索要求，它就能自动地进行定位并找到相应的检索信息。用户可用WWW在Internet上浏览、传递、编辑超文本格式的文件。WWW是Internet上最受欢迎、最为流行的信息检索工具，它能把各种类型的信息（文本、图像、声音和影像等）集成起来供用户查询。WWW为全世界的人们提供了查找和共享知识的手段。

WWW还具有连接FTP和BBS的能力。总之，WWW的应用和发展已经远远超出了网络技术的范畴，影响着新闻、广告、娱乐、电子商务和信息服务等诸多领域。可以说，WWW的出现是Internet应用的一个革命性的里程碑。

4.6 Internet的应用

Internet的实际应用和其提供的服务息息相关，只有提供了相关服务，用户才能根据服务进行实际应用。

4.6.1 电子邮件

最早也是最广泛的网络应用是接发电子邮件。通过电子邮件，用户可快速地与世界上的任何一个网络用户进行联系。电子邮件可以是文字、图像或声音文件，具有使用简单、价格低廉和易于保存等优点，因此得到了广泛应用。

在书写电子邮件的过程中，经常会使用一些专用名词，如收件人、主题、抄送、秘密抄送、附件和正文等，其含义如下。

- 收件人指邮件的接收者，其对应的文本框用于输入收信人的邮箱地址。
- 主题指信件的主题，即这封信的名称。

- 抄送指用于输入同时接收该邮件的其他人的地址。在抄送方式下，收件人能够看到发件人将该邮件抄送给的其他对象。
- 密件抄送指用户给收件人发出邮件的同时又将该邮件暗中发送给其他人，与抄送不同的是，收件人并不知道发件人还将该邮件发送给了哪些对象。
- 附件指随同邮件一起发送的附加文件，附件可以是各种形式的单个文件。
- 正文指电子邮件的主体部分，即邮件的详细内容。

1. 利用 QQ 邮箱发送电子邮件

QQ邮箱是发送电子邮件较常用的方式。

【例4-1】使用 QQ 邮箱发送电子邮件。

步骤1 启动浏览器后，在地址栏中输入QQ邮箱的登录网址，然后按 "Enter" 键进入登录界面，在登录界面输入账号和密码后，单击"登录"按钮。

步骤2 成功登录QQ邮箱后，单击左侧列表中的"写信"按钮，如图4-8所示。

步骤3 进入"写信"界面，分别在"收件人""主题""正文"栏中输入对应的内容，并通过"主题"栏下方的"添加附件"按钮，将要发送的资料添加到邮件中，如图4-9所示。

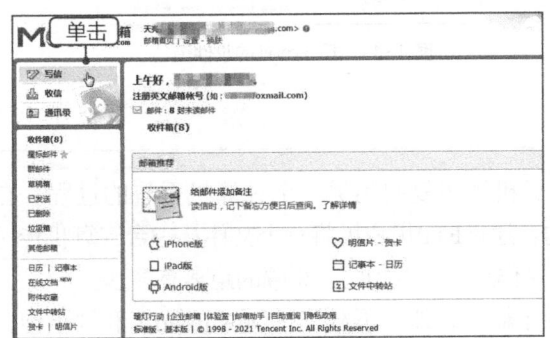

图4-8 单击"写信"按钮

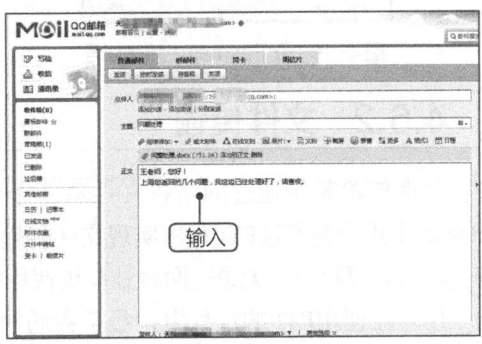

图4-9 输入邮件内容

步骤4 单击页面底部的"发送"按钮，稍后网页中将会弹出成功发送邮件的提示信息。

 提示 通过电子邮件，不仅可以发送文本、文档信息，而且可以发送照片、表情、截屏等内容。常用的电子邮箱包括QQ邮箱、126邮箱、163邮箱以及Hotmail等，其操作方法都十分类似。

2. 利用 Foxmail 管理邮件

Foxmail邮件客户端软件是著名的软件产品之一，其中文版使用人数超过400万，英文版用户遍布20多个国家，曾被太平洋电脑网评为五星级软件。

【例4-2】利用Foxmail来管理邮件。

步骤1 双击桌面上的"Foxmail"图标，启动软件，打开"新建账号"对话框，在其中可以单击按钮选择要配置的邮箱，这里选择"QQ邮箱"，如图4-10所示。

步骤2 打开"QQ登录"窗口，并使用手机QQ扫描二维码登录，如果电脑中已经安装并

视频教学
利用 Foxmail
管理邮件

登录了QQ，单击相应的图标即可一键登录。打开验证窗口，此时Foxmail将根据所选的邮箱自动配置相应的收信规则，设置成功后，单击"完成"按钮。

步骤3 进入Foxmail主界面，单击"收件箱"按钮，可以收取邮件，如图4-11所示。单击"写邮件"按钮，打开"未命名-写邮件"窗口，可以新建邮件，写完邮件后单击"发送"按钮可发送邮件至指定邮箱。

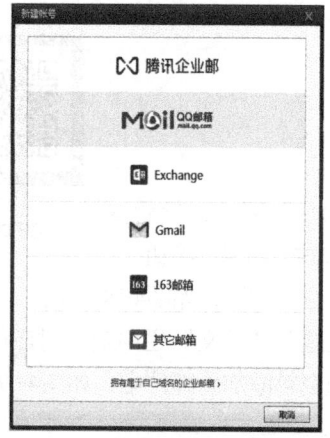

图4-10 在Foxmail中新建账号

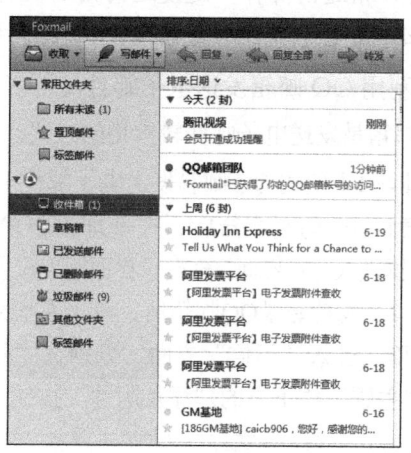

图4-11 Foxmail的收件箱

4.6.2 文件传输

文件传输是指通过网络将文件从一个计算机系统复制到另一个计算机系统的过程。在Internet中用户是通过FTP程序实现文件传输的。通过FTP用户可将一个文件从一台计算机传送到另一台计算机中，无论这两台计算机使用的操作系统是否相同、相隔的距离有多远。

用户在使用FTP的过程中，经常会遇到两个概念，即"下载"（Download）和"上传"（Upload）。"下载"就是将文件从远程计算机复制到本地计算机上，用户可用专业的下载软件实现下载操作，如迅雷等；"上传"就是将文件从本地计算机复制到远程主机上。用Internet语言来说，用户可通过客户端应用程序向（从）远程主机上传（下载）文件。

 提示 百度云是百度提供的公有云平台，它于2015年正式开放运营。百度云是一个网盘，类似于计算机中安装的硬盘，通过百度云不仅可以把文件上传到互联网中进行保存，而且可以将保存在互联网中的文件下载到本地计算机中。

【例4-3】 使用下载工具"迅雷"从Internet上下载"PPT素材"到本地计算机中。

步骤1 通过浏览器将迅雷软件的安装程序下载到计算机中，然后双击安装程序进行安装。

步骤2 启动安装好的迅雷软件，在打开页面的地址栏中搜索PPT素材的下载地址，然后单击下载地址，如图4-12所示。

步骤3 打开提示对话框，其中显示了下载文件的名称和下载文件的保存位置，这里保持默认设置不变，然后单击"立即下载"按钮，如图4-13所示。

视频教学
文件传输

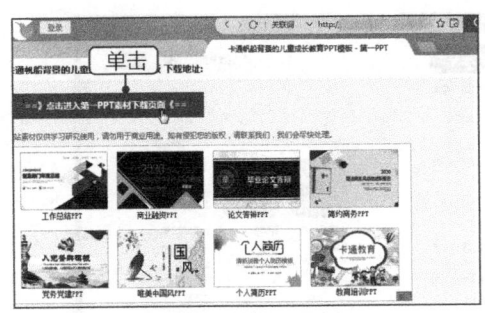

图4-12 单击下载地址

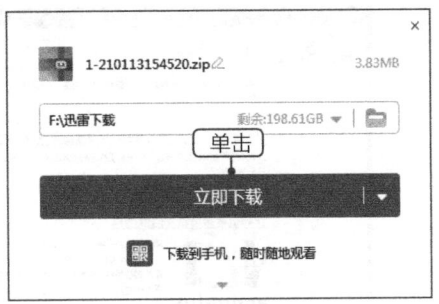

图4-13 单击"立即下载"按钮

步骤4 稍后将会在"下载"选项卡中显示文件的下载进度,如图4-14所示。待文件成功下载到计算机中后,便可在目标文件中打开并使用下载的文件了。

图4-14 显示下载进度

> **注意** 当用户使用浏览器下载软件时,将直接使用其自带的下载器下载,而不会启用迅雷软件。目前,迅雷软件能够接受"360浏览器""搜狗浏览器""QQ浏览器"等的下载请求,因此,用户要想使用迅雷软件下载,可选择上述3种浏览器。

4.6.3 搜索引擎

搜索引擎是专门用来查询信息的网站,这些网站可以提供全面的信息查询,搜索引擎主要有信息搜集、信息处理和信息查询等功能。目前,常用的搜索引擎有百度、搜狗、谷歌、雅虎、搜狐、Altavista、Excite、Lycos、360搜索以及搜搜等。

视频教学
搜索引擎

【例4-4】在百度搜索引擎中搜索计算机等级考试的相关信息。

步骤1 在浏览器的地址栏输入百度的网址,按"Enter"键打开"百度"网站首页。

步骤2 在文本框中输入搜索的关键字"计算机等级考试",将自动打开网页并显示对应的搜索结果,如图4-15所示,单击其中任意一个超链接即可在打开的网页中查看具体的内容。

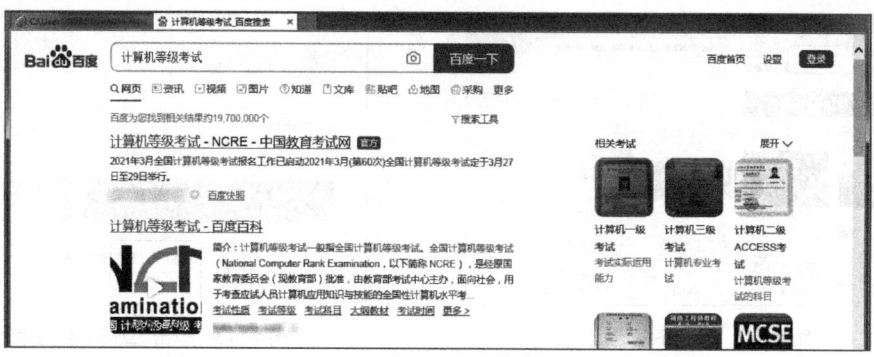

图4-15 输入关键字

4.7 练习

1. 选择题

（1）以下选项中，不属于网络传输介质的是（　　）。

　　A. 同轴电缆　　　　B. 光纤　　　　C. 网桥　　　　D. 双绞线

（2）以下各项中不能作为域名的是（　　）。

　　A. www.sin*.com　　　　　　　　B. www,baid*.com

　　C. ftp.pk*.edu.cn　　　　　　　　D. mail.q*.com

（3）不属于TCP/IP层次的是（　　）。

　　A. 网络互连层　　　　　　　　　B. 交换层

　　C. 传输层　　　　　　　　　　　D. 应用层

（4）若家中有两台计算机，如果条件允许，可以使用（　　）来建立简单的对等网，以实现资源共享和共享上网连接。

　　A. 网卡　　　　　　　　　　　　B. 集线器

　　C. ADSL Modem　　　　　　　　D. 网线

（5）不属于常见局域网的标准是（　　）。

　　A. IEEE 802.3　　　　　　　　　B. IEEE 802.5

　　C. IEEE 801.3　　　　　　　　　D. IEEE 802.11

2. 操作题

（1）在百度网页中搜索"流媒体"的相关信息，然后将流媒体的信息复制到记事本中，并保存到桌面上。

（2）使用Outlook给hello@163.com（主送）、welcome@sina.com（抄送）发送一封电子邮件，邮件内容为"计算机一级考试的时间为5月12日"，然后插入一个附件"计算机考试.doc"。

CHAPTER 5

第5章
文档编辑软件Word 2016

Word是微软公司推出的Office办公软件的核心组件之一，它是一个功能强大的文字处理软件，使用它不仅可以进行简单的文字处理，而且能制作出图文并茂的文档，还可以进行长文档的排版和特殊版式的编排等操作。本章将介绍Word 2016的相关知识，包括Word 2016的基本知识、文本编辑、文档排版、表格应用、图文混排和页面格式设置等内容。

课堂学习目标

- 了解Word 2016的入门知识
- 掌握Word 2016的文本编辑和排版操作
- 掌握Word 2016的表格应用方法
- 熟悉Word 2016的图文混排操作
- 掌握Word 2016的页面格式设置方法

课堂案例展示

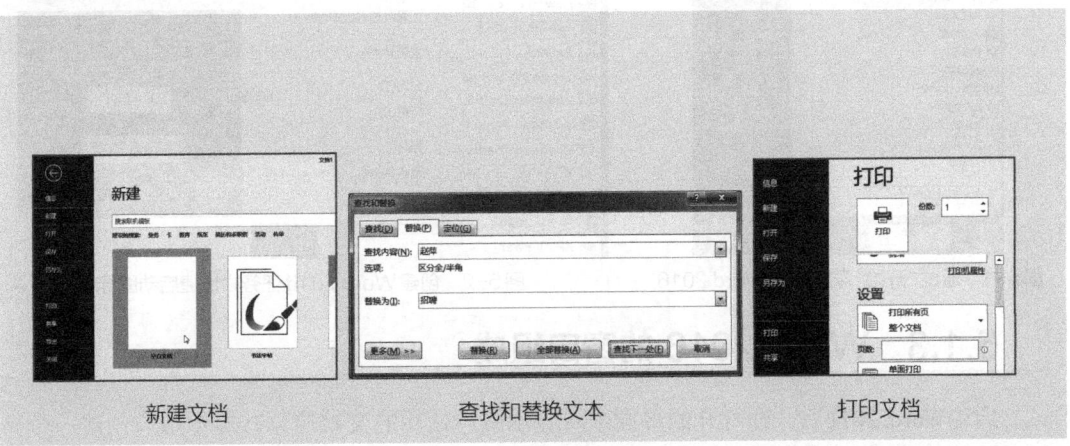

新建文档　　　　查找和替换文本　　　　打印文档

5.1 Word 2016入门

Word是目前应用较为广泛的文字处理软件之一,它提供了许多便于操作的文档创建和编辑功能,深受广大办公人员的青睐,在文档办公等领域发挥着重要的作用。下面将讲解Word 2016的相关知识。

5.1.1 Word 2016 简介

Microsoft Word 2016简称Word 2016,主要用于文本处理工作,既可创建和制作具有专业水准的文档,又能轻松、高效地组织和编写文档,其主要功能包括:强大的文本输入与编辑功能、各种类型的多媒体图文混排功能、精确的文本校对审阅功能,以及文档打印功能等。Word 2016在拥有旧版本的功能的基础上,还增加了图标、搜索框、垂直和翻页,以及移动页面等新功能。

5.1.2 Word 2016 的启动

启动Word 2016的方法主要有以下3种。

- 通过"开始"菜单启动:①单击桌面左下角的"开始"按钮 ；②在打开的"开始"菜单中选择"所有程序"/"Word 2016"命令,如图5-1所示。
- 通过任务栏图标启动:单击任务栏中的快捷启动图标 可以启动Word 2016。在任务栏中固定快捷启动图标的方法为,在"开始"菜单中的"所有程序"/"Word 2016"命令上单击鼠标右键;在弹出的快捷菜单中选择"锁定到任务栏"命令,如图5-2所示;此时单击任务栏中的Word图标,即可启动程序。
- 双击文档启动:若计算机中保存了扩展名为.docx的文档,双击该文档即可启动Word 2016。

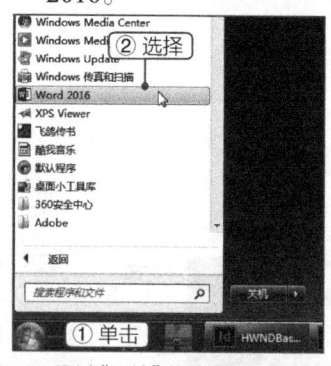

图5-1 通过"开始"菜单启动Word 2016

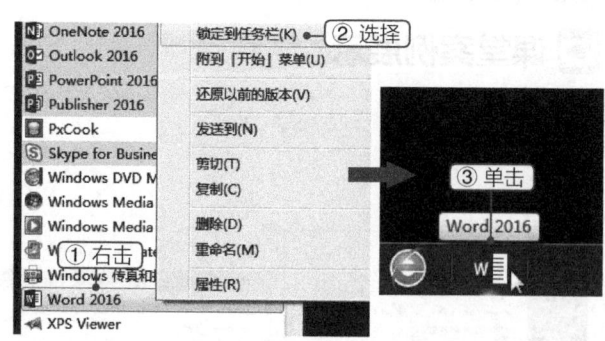

图5-2 创建Word 2016任务栏快捷启动图标

5.1.3 Word 2016 的窗口组成

启动Word 2016后,在打开的界面中将显示最近使用的文档信息并提示用户创建一个新文档,选择要创建的文档类型后,进入Word 2016的操作界面,如图5-3所示。下面对Word 2016操作界面中的主要组成部分进行介绍。

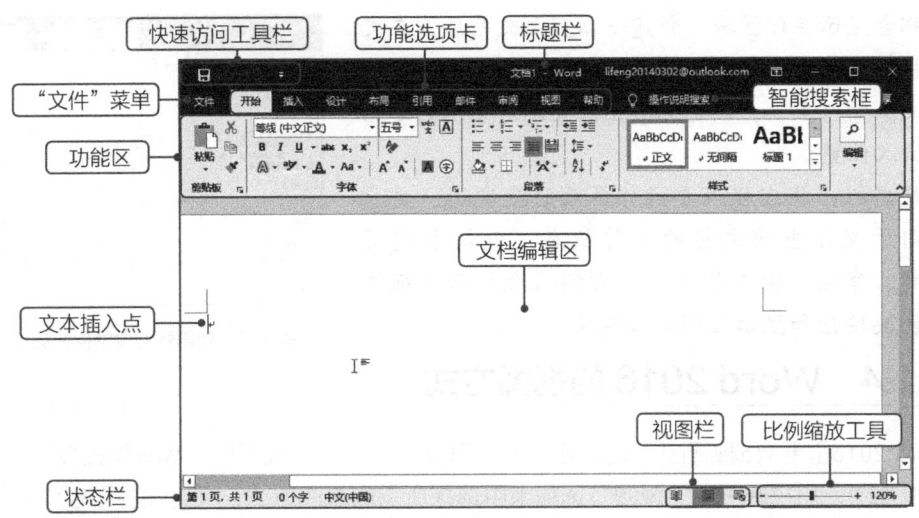

图5-3　Word 2016操作界面

- 标题栏：标题栏位于Word 2016操作界面的最顶端，标题栏中有文档名称、"功能区显示选项"按钮▦（可对功能选项卡和命令区进行显示和隐藏操作）和右侧的"窗口控制"按钮组（包含"最小化"按钮—、"最大化"按钮▢和"关闭"按钮✕）。
- 快速访问工具栏：快速访问工具栏中显示了一些常用的工具按钮，如"保存"按钮🖫、"撤销键入"按钮⤺、"重复键入"按钮⟳。用户还可自定义按钮，只需单击该工具栏右侧的"自定义快速访问工具栏"按钮▾，在打开的下拉列表中选择相应选项即可。

> 提示　默认情况下，Word 2016软件的快速访问工具栏显示在功能选项卡的上方，用户可单击"自定义快速访问工具栏"按钮▾，在打开的下拉列表中选择"在功能区下方显示"选项，将快速访问工具栏显示在功能区的下方。

- "文件"菜单：该菜单中的内容与Office其他组件中的"文件"菜单类似，主要用于执行与该组件相关文档的新建、打开、保存、共享等基本命令，菜单最下方的"选项"命令可打开"Word 选项"对话框，在其中可对Word组件进行常规、显示、校对、自定义功能区等多项设置。
- 功能选项卡：Word 2016默认包含了9个功能选项卡，单击任一选项卡可打开对应的功能区，单击其他选项卡可分别切换到相应的选项卡，每个选项卡中分别包含了相应的功能集合。
- 智能搜索框：智能搜索框是Word 2016软件新增的一项功能，通过该搜索框用户可轻松找到相关的操作说明。比如，需要在文档中插入目录时，便可以直接在搜索框中输入目录，此时会显示一些关于目录的信息，将鼠标指针定位至"目录"选项上，在打开的子列表中就可以快速选择自己想要插入的目录的形式，如图5-4所示。
- 文档编辑区：文档编辑区是指输入与编辑文本的区域，用户对文本进行的各种操作都会显示在该区域。新建一篇空白文档后，在文档编辑区的左上角将显示一个闪烁的光标（称为文本插入点），该光标所在位置便是文本的起始输入位置。
- 状态栏：状态栏位于操作界面的最底端，主要用于显示当前文档的工作状态。包括当前页数、字数、输入状态等，右侧依次显示了视图切换按钮和显示比例调节滑块。

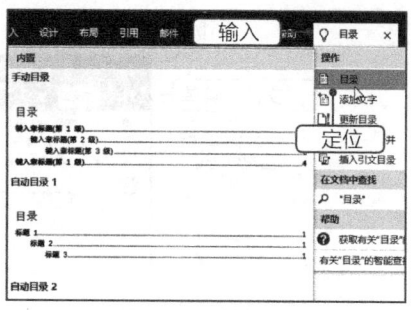

图5-4　使用智能搜索框快速插入目录

5.1.4　Word 2016的视图方式

Word 2016主要有5种视图方式，分别为页面视图、阅读版式视图、Web版式视图、大纲视图和草稿视图，用户既可在"视图"选项卡中选择所需的视图方式，又可在视图栏中选择。
- 页面视图：页面视图是默认的视图模式，在该视图中文档的显示与实际打印效果一致。
- 阅读版式视图：单击"阅读视图"按钮 可切换至阅读视图模式，在该视图中，文档的内容会根据屏幕的大小，以适合阅读的方式进行显示，单击视图切换按钮组中的"页面视图"按钮 或直接按"Esc"键，都可返回页面视图。
- Web版式视图：单击"Web版式视图"按钮 可切换至Web版式视图，在该视图中，文本与图形的显示与在Web浏览器中的显示一致。
- 大纲视图：单击"大纲"按钮 可切换至大纲视图，在该视图中，根据文档的标题级别显示文档的框架结构，单击"关闭大纲视图"按钮 ，可关闭大纲视图返回页面视图。
- 草稿视图：单击"草稿"按钮 可切换至草稿视图，该视图简化了页面的布局，主要显示文本及其格式，适合对文档进行输入和编辑操作。

5.1.5　Word 2016的文档操作

Word中的文档操作主要包括新建文档、保存文档、打开文档、关闭文档、打印文档等。

1. 新建文档

新建文档主要可分为新建空白文档和根据模板新建文档两种方式，下面分别进行介绍。

（1）新建空白文档

启动Word 2016后，软件会自动新建一个名为"文档1"的空白文档，除此之外，新建空白文档还有以下几种方法。
- 通过"新建"命令新建：①选择"文件"/"新建"命令，在界面右侧显示了空白文档和带模板的文档样式；②这里直接选择"空白文档"选项新建文档，如图5-5所示。
- 通过快速访问工具栏新建：单击"自定义快速访问工具栏"按钮 ，在打开的下拉列表中选择"新建"选项，然后单击快速访问工具栏中的"新建"按钮 。
- 通过快捷键新建：直接按"Ctrl+N"组合键。

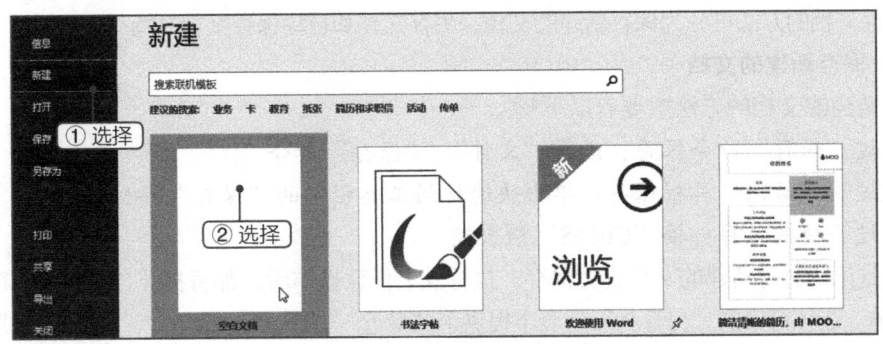

图5-5 新建空白文档

(2) 根据模板新建文档

根据模板新建文档是指利用Word 2016提供的某种模板来创建具有一定内容和样式的文档。

【**例5-1**】根据Word提供的"精美简历"模板创建文档。具体操作如下。

步骤1 ①选择"文件"/"新建"命令;②在界面右侧选择"精美简历"选项,如图5-6所示。

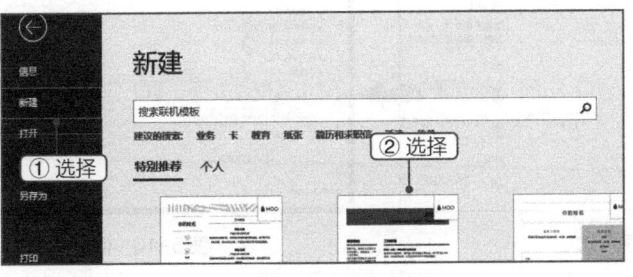

图5-6 选择样本模板

步骤2 在打开的提示对话框中单击"创建"按钮,如图5-7所示。

步骤3 此时,Word将自动从网络中下载所选的模板,稍后将根据所选模板创建一个新的Word文档,且模板中包含了已设置好的内容和样式,如图5-8所示。

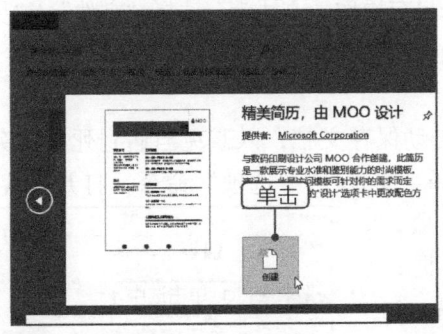

图5-7 创建文档

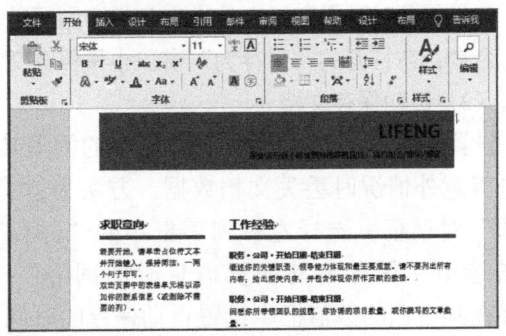

图5-8 根据模板创建的文档效果

2. 保存文档

保存文档是指将新建的文档、编辑过的文档保存到计算机中,以便后续查看和使用。Word

2016中保存文档的方法可分为保存新建的文档、另存文档和自动保存文档3种。

（1）保存新建的文档

保存新建的文档的方法主要有以下3种。

- 通过"保存"命令保存：选择"文件"/"保存"命令。
- 通过快速访问工具栏保存：单击快速访问工具栏中的"保存"按钮■。
- 通过快捷键保存：按"Ctrl+S"组合键。

如果是第一次对新建的文档进行保存，执行以上任意操作后，都将打开"另存为"窗口，如图5-9所示。在该窗口的"另存为"列表中提供了"最近""OneDrive - 个人""这台电脑""添加位置""浏览"4种保存方式，默认选择"最近"的保存位置，单击右侧最近使用的文件夹便可打开"另存为"对话框，如图5-10所示，在对话框的地址栏中可选择或设置文档的保存位置，在"文件名"下拉列表框中可设置文档保存的名称，设置完成后单击"保存"按钮。

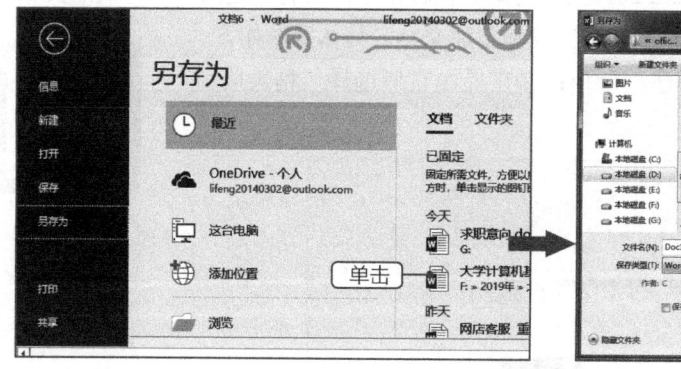

图5-9 选择保存方式

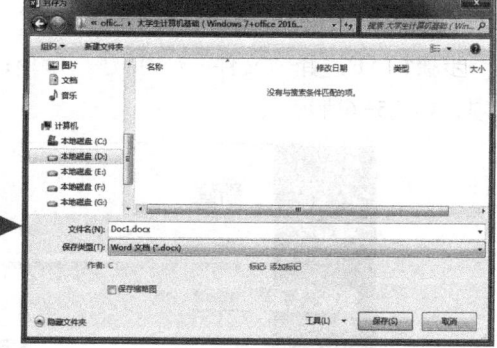

图5-10 保存文档

> **提示** 如果文档已经保存过，再执行保存操作时不会打开"另存为"对话框，而是直接替换之前保存的文档内容。

（2）另存文档

如果需要对已保存的文档进行备份，则可以选择另存操作。方法为，选择"文件"/"另存为"命令，在打开的"另存为"窗口中按保存文档的方法操作即可。

（3）自动保存文档

设置自动保存后，Word将按设置的间隔时间自动保存文档，以避免当遇到死机或突然断电等意外情况时丢失文档数据。方法为：①选择"文件"/"选项"命令，打开"Word选项"对话框，选择左侧列表框中的"保存"选项，单击选中"保存自动恢复信息时间间隔"复选框；②并在其右侧的数值框中设置自动保存的时间间隔，如"10分钟"，如图5-11所示，设置完成后确认操作即可。

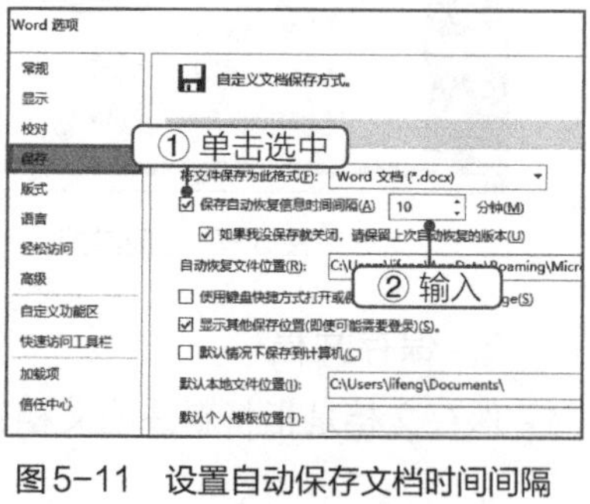

3. 打开文档

打开文档有以下几种常用方法。

- 通过"打开"命令打开：选择"文件"/"打

图5-11 设置自动保存文档时间间隔

开"命令。
- **通过快速访问工具栏打开**：单击快速访问工具栏中的"打开"按钮 。
- **通过快捷键打开**：按"Ctrl+O"组合键。

执行以上任意操作后，都将打开"打开"窗口，如图5-12所示。在"打开"列表中提供了"最近""OneDrive-个人""这台电脑""添加位置""浏览"5种打开方式，默认显示"最近"打开过的文档，用户也可以单击"浏览"按钮，打开"打开"对话框，如图5-13所示，在其中选择当前计算机中所保存的文档，然后单击"打开"按钮打开文档。

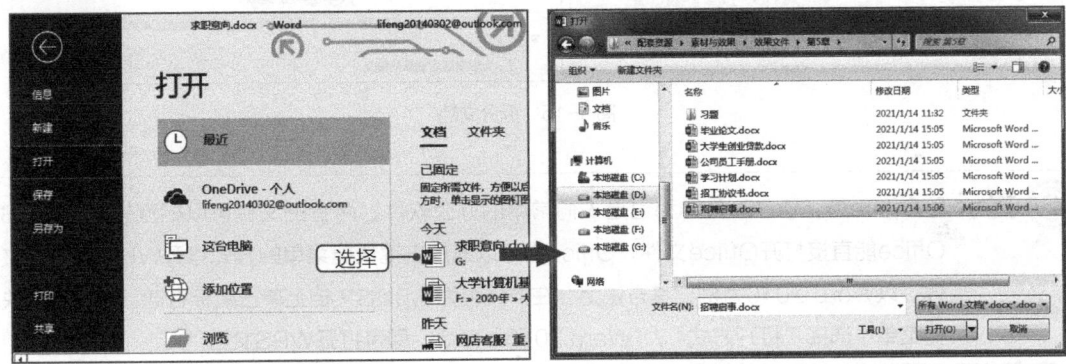

图5-12　选择打开方式　　　　　　　图5-13　选择要打开的文档

4. 多窗口多文档的编辑

多窗口多文档的编辑主要包括新建窗口、并排查看文档、拆分窗口和重排窗口。

（1）新建窗口

打开文档后，在"视图"/"窗口"组中，单击"新建窗口"按钮 ，Word默认把当前窗口的文档内容复制到新窗口中。文件命名将会在原文档的名字后加一个序号，如文档1:1、文档1:2、文档1:3、……、文档1:n等。

（2）并排查看文档

若需要将多个文档并排显示以方便文档编辑，可在"视图"/"窗口"组中，单击"并排查看"按钮 ，打开"并排比较"对话框，在"并排比较"列表框中选择需要并排的文档，然后单击"确定"按钮，即可将选择的文档和原文档并排显示，以方便用户对文档内容进行编辑，如图5-14所示。

（3）拆分窗口

若要同时查看文档的两个部分，或多窗口编辑文档内容，可在"视图"/"窗口"组中，单击"拆分"按钮 ，即可将文

图5-14　选择要并排比较的文档

档拆至两个窗口，使用滑动鼠标滚轮即可查看文档内容，如图5-15所示。若需要取消拆分，只需单击"取消拆分"按钮 即可。

> **提示**　在文档编辑过程中，可应用"拆分"与"并排查看"功能，以便用户能更好地查看与编辑文档内容。

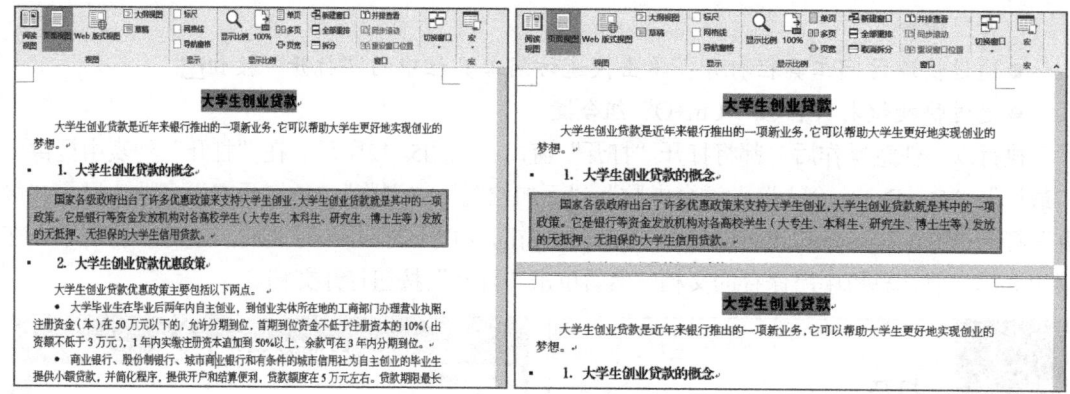

图5-15 拆分文档

 提示 除Office外,WPS Office也是人们常用的办公软件,两者的文件可以相互转换。WPS Office能直接打开Office文件,Office也可以通过右键快捷菜单的方式打开WPS Office文件。以Word 2016为例,其方法为:在扩展名为.wps的文档上单击鼠标右键,在弹出的快捷菜单中选择"打开方式"/"Word 2016"命令,即可打开WPS文档。

(4) 重排窗口

若是需要查看多个窗口,可在"视图"/"窗口"组中,单击"重排窗口"按钮,即可堆叠打开窗口,以便用户一次查看所有窗口。

5. 关闭文档

关闭文档是指在不退出Word 2016的前提下,关闭当前正在编辑的文档。方法为,选择"文件"/"关闭"命令。

 提示 当关闭未保存的文档时,Word会自动打开提示对话框,询问关闭前是否保存文档。其中,单击"保存"按钮可在保存文档后关闭文档;单击"不保存"按钮可不保存文档就直接关闭文档;单击"取消"按钮可取消关闭操作。

5.1.6 Word 2016 的退出

退出Word 2016的方法主要有以下几种。
- 单击标题栏右侧的"关闭"按钮。
- 确认Word 2016操作界面为当前活动窗口,然后按"Alt+F4"组合键。
- 在Word 2016的标题栏上单击鼠标右键,在弹出的快捷菜单中选择"关闭"命令。

5.2 Word 2016的文本编辑

创建文档或打开一篇文档后,可在其中对文档内容进行编辑操作,如输入文本、选择文本、插入与删除文本、移动与复制文本,以及查找与替换文本等。

5.2.1 输入文本

创建文档后就可以在文档中输入文本，Word的即点即输功能可帮助用户轻松地在文档中的不同位置输入需要的文本。

【例5-2】在Word 2016中输入"学习计划"等文本。

步骤1 将鼠标指针移至文档上方的中间位置，当鼠标指针变成 I 形状时双击鼠标，将文本插入点定位到此处。

步骤2 将输入法切换至中文输入法，输入文档标题"学习计划"文本。

步骤3 将指针移至文档标题下方左侧需要输入文本的位置，此时指针变成 I 形状，双击鼠标将文本插入点定位到此处，如图5-16所示。

视频教学
输入文本

步骤4 输入正文文本，按"Enter"键换行，使用相同的方法输入其他的文本，完成学习计划等文本的输入，效果如图5-17所示。

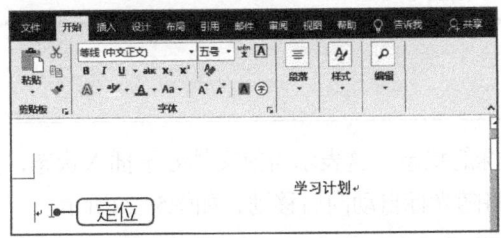

图5-16 定位文本插入点　　　　图5-17 输入正文部分

5.2.2 选择文本

当需要对文档内容进行修改、删除、移动与复制等编辑操作时，用户必须先选择要编辑的文本。选择文本主要包括选择任意文本、选择一行文本、选择一段文本、选择整篇文档等多种方式，具体介绍如下。

- **选择任意文本**：在需要选择的文本的开始位置单击鼠标，按住鼠标左键不放并拖动到文本结束处再释放鼠标，选中的文本呈灰底黑字显示，如图5-18所示。

- **选择一行文本**：除了用选择任意文本的方法拖动选择一行文本外，还可以将鼠标指针移动到该行左边的空白位置，待指针变成 ⇗ 形状时单击鼠标左键，即可选中整行文本，如图5-19所示。

图5-18 选择任意文本　　　　图5-19 选择一行文本

- **选择一段文本**：除了用选择任意文本的方法拖动选择一段文本外，还可以将指针移动到段落左边的空白位置，待指针变为 ⇗ 形状时双击鼠标，或在该段文本中的任意位置连续单击鼠标3次，即可选中该段文本，如图5-20所示。

- 选择整篇文档：将鼠标指针移动到文档左边的空白位置，待鼠标指针变成形状时，连续单击鼠标3次；或将鼠标指针定位到文本的起始位置，按住"Shift"键不放，然后单击文本末尾位置；或直接按"Ctrl+A"组合键，均可选中整篇文档，如图5-21所示。

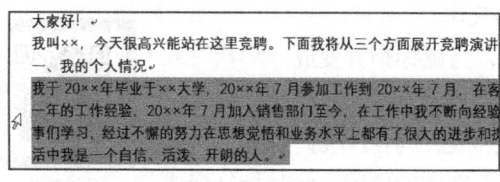

图5-20 选中一段文本　　　　　　　　　图5-21 选中整篇文档

 提示 选择部分文本后，按住"Ctrl"键不放，可以继续选择不连续的文本区域。另外，若要取消选择操作，可用鼠标在选择对象以外的任意位置单击。

5.2.3 插入与删除文本

将光标定位至Word文档后，光标将呈不断闪烁的状态，这表示当前文档处于插入状态，直接在插入点处可输入文本，该处文本后面的内容将随光标自动向后移动，如图5-22所示。

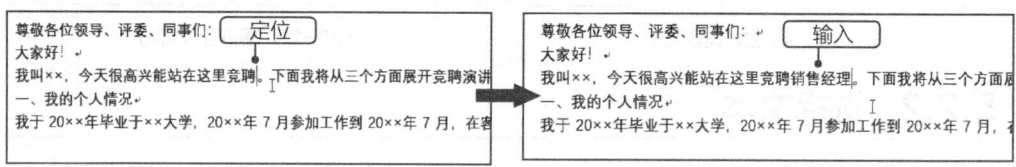

图5-22 插入文本

如果文档中输入了多余或重复的文本，则可使用删除操作将不需要的文本从文档中删除，主要有以下两种方法。

- 选中需要删除的文本，按"Back Space"键即可删除选中的文本。若定位文本插入点后，按"Back Space"键则可删除文本插入点前面的字符。
- 选中需要删除的文本，按"Delete"键也可删除选中的文本。若定位文本插入点后，按"Delete"键则可删除文本插入点后面的字符。

5.2.4 复制与移动文本

若要输入与文档中已有内容相同的文本，可使用复制操作。若要将所需文本内容从一个位置移动到另一个位置，可以使用移动操作，下面进行具体介绍。

1. 复制文本

复制文本是指在目标位置为原位置的文本创建一个副本，复制文本后，原位置和目标位置都将存在该文本。复制文本的方法有多种，下面分别进行介绍。

- 选择所需文本后，在"开始"/"剪贴板"组中单击"复制"按钮 复制文本，定位到目标位置后在"开始"/"剪贴板"组中单击"粘贴"按钮粘贴文本。
- 选择所需文本后，在其上单击鼠标右键，在弹出的快捷菜单中选择"复制"命令，定位到目标位置后单击鼠标右键，在弹出的快捷菜单中单击"粘贴"命令中的"保留源格式"按钮粘贴文本。
- 选择所需文本后，按"Ctrl+C"组合键复制文本，定位到目标位置后按"Ctrl+V"组合键粘贴文本。
- 选择所需文本后，按住"Ctrl"键不放，将其拖动到目标位置即可。

2. 移动文本

移动文本是指将选择的文本移动到另一个位置，原位置将不再保留该文本，主要有以下4种方法。

- 选择要移动的文本后单击鼠标右键，在弹出的快捷菜单中选择"剪切"命令，定位文本插入点，单击鼠标右键，在弹出的快捷菜单中单击"粘贴"命令中的"保留源格式"按钮，即可移动文本。
- 选择要移动的文本，在"开始"/"剪贴板"组中单击"剪切"按钮，定位文本插入点后在"开始"/"剪贴板"组中单击"粘贴"按钮，即可发现原位置的文本在粘贴处显示了，如图5-23所示。

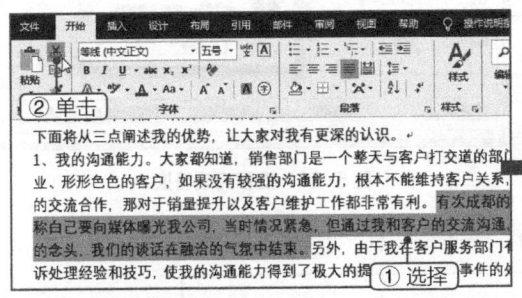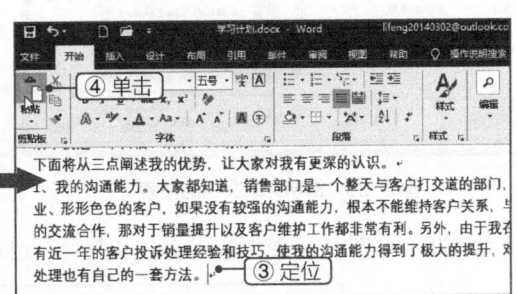

图5-23 剪切并粘贴文本

- 选择要移动的文本，按"Ctrl+X"组合键，将文本插入点定位到目标位置，按"Ctrl+V"组合键粘贴文本。
- 选择要移动的文本，将鼠标指针移动到选择的文本上，按住鼠标左键不放将其拖动到目标位置后再释放鼠标。

5.2.5 查找与替换文本

当文档中出现某个多次使用的文字或短句错误时，可使用查找与替换功能来检查和修改错误部分，以节省时间并避免遗漏。

【例5-3】将"招聘启事"文档中的"赵萍"替换为"招聘"。

步骤1 将文本插入点定位到文档中，在"开始"/"编辑"组中单击"替换"按钮，或按"Ctrl+H"组合键，如图5-24所示。

步骤2 打开"查找和替换"对话框，分别在"查找内容"和"替换为"文本框中输入"赵萍"和"招聘"。

视频教学
查找与替换文本

步骤3 单击“查找下一处”按钮，如图5-25所示，即可看到文档中找到的第一个“赵萍”文本呈选中状态显示。

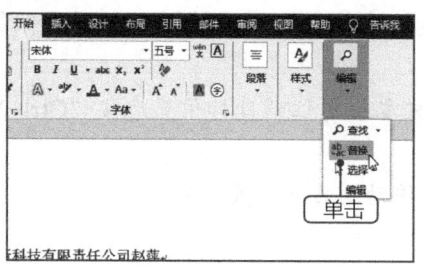

图5-24 单击“替换”按钮

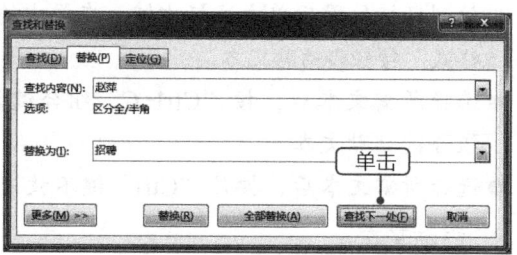

图5-25 “查找和替换”对话框

步骤4 继续单击“查找下一处”按钮，直至出现对话框提示“已完成对文档的搜索”，单击“确定”按钮，如图5-26所示。返回“查找和替换”对话框，单击“全部替换”按钮。

步骤5 打开提示对话框，提示完成替换的次数，直接单击“确定”按钮即可完成替换，如图5-27所示，最后单击“关闭”按钮，完成文本的查找与替换操作。

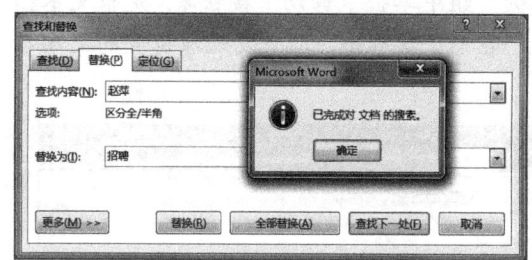

图5-26 提示完成文档的搜索

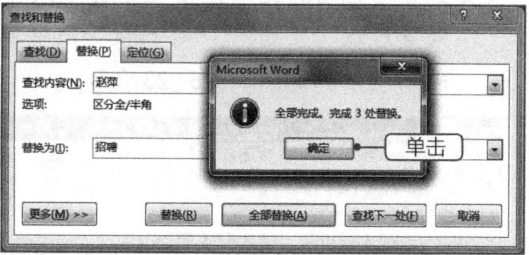

图5-27 提示完成替换

步骤6 此时在文档中即可看到“赵萍”已被全部替换为“招聘”了，如图5-28所示。

创新科技有限责任公司招聘
创新科技有限责任公司是以数字业务为龙头，集电子商务、系统集成、自主研发为一体的高科技公司。公司集中了大批高素质的、专业性强的人才，立足于数字信息产业，提供专业的信息系统集成服务、GPS 应用服务。在当今数字信息化高速发展的时机下，公司正虚席以待，诚聘天下英才。
招聘岗位
销售总监···1人

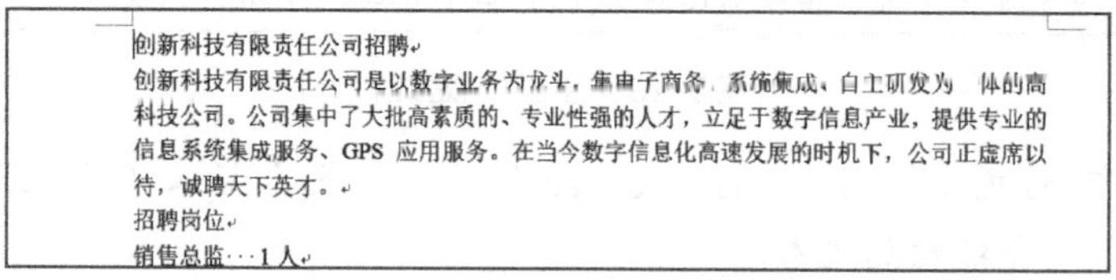

图5-28 查看替换文本效果

5.2.6 撤销与恢复操作

Word 2016具有自动记录的功能，用户在编辑文档时若执行了错误操作则可以进行撤销，同时也可以恢复被撤销的操作。

【例5-4】将“学习计划”文档中的“学习计划”修改为“计划”，然后撤销操作。

视频教学
撤销与恢复操作

步骤1 将文档标题“学习计划”修改为“计划”。

步骤2 单击快速访问工具栏中的“撤销键入”按钮，如图5-29所示，即可恢复到将“学习计划”修改为“计划”前的文档效果。

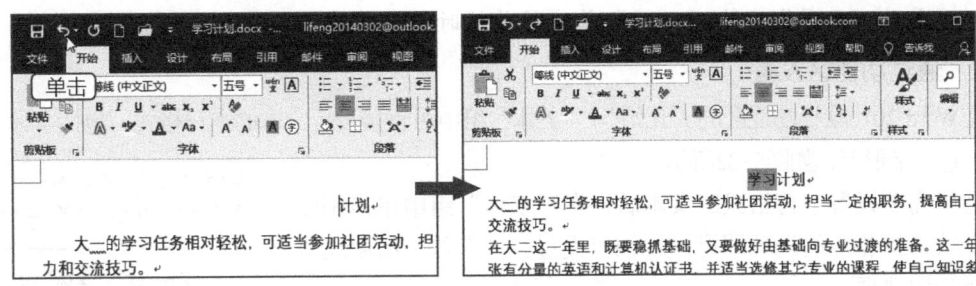

图 5-29 撤销操作

步骤3 单击"恢复"按钮⟳，或按"Ctrl+Y"组合键，如图5-30所示，便可以恢复到撤销操作前的文档效果。

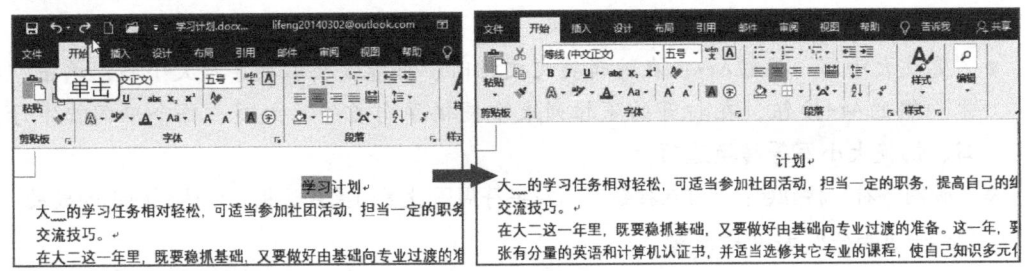

图 5-30 恢复操作

5.3 Word 2016文档排版

对Word文档进行排版主要是设置Word文档的格式，包括设置字符和段落格式、设置边框与底纹、设置项目符号和编号、设置样式与模板、创建目录，以及设置特殊格式等。

5.3.1 设置字符格式

Word文档中的文本内容包括汉字、字母、数字、符号等，设置字体格式即更改文本的字体、字号、颜色等，通过这些设置可以使文字效果更突出，文档更美观。在Word 2016中设置字符格式可通过以下方法完成。

1. 通过浮动工具栏设置

选择一段文本后，所选文本的右上角会自动显示一个浮动工具栏，该浮动工具栏最初为半透明状态显示，将鼠标指针指向该工具栏时会清晰地完全显示。其中包含常用的设置选项，单击相应的按钮或选择相应选项即可对文本的字符格式进行设置，如图5-31所示。其中部分选项含义如下。

- 字体指文字的外观，如黑体、楷体等字体，不同的字体，其外观不同。
- 字号指文字的大小，默认为五号。其度量单位有"字号"和"磅"两种，其中字号越大文字越小，最大的字号为"初号"，最小的

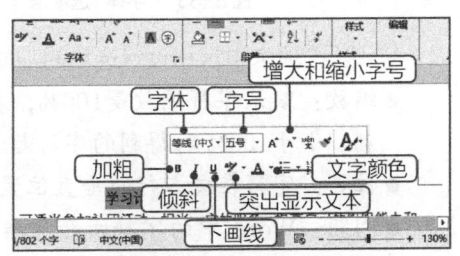

图 5-31 浮动工具栏

字号为"八号";当用"磅"作度量单位时,磅值越大文字越大。

2. 通过功能区设置

在 Word 2016 默认功能区的"开始"/"字体"组中可直接设置文本的字符格式,包括字体、字号、颜色、字形等,如图5-32所示。

选择需要设置字符格式的文本后,在"字体"组中单击相应的按钮或选择相应的选项即可进行相应设置。"字体"组中还包括以下设置选项。

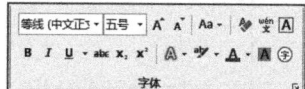

图5-32 "字体"组

- "文本效果和版式"按钮 A·:单击 A·按钮,在打开的下拉列表中可选择需要的文本效果,如阴影、发光、映像等效果。
- "下标" x₂ 与 "上标"按钮 x²:单击 x₂ 按钮可将选择的字符设置为下标效果;单击 x² 按钮可将选择的字符设置为上标效果。
- "更改大小写"按钮 Aa·:在编辑英文文档时,可能需要转换字母大小写,单击"字体"组的 Aa·按钮,在打开的下拉列表中提供了句首字母大写、每个单词首字母大写、切换大小写等转换选项。
- "带圈字符"按钮 ㊉:单击 ㊉ 按钮可以在字符周围设置圆圈或边框,以达到强调的效果。

3. 通过"字体"对话框设置

在"开始"/"字体"组中单击其右下角的"展开"按钮 ⌐ 或按"Ctrl+D"组合键,打开"字体"对话框。在"字体"选项卡中可设置字体格式,如字体、字形、字号、字体颜色、下画线等,还可即时预览设置字体后的效果,如图5-33所示。

在"字体"对话框中单击"高级"选项卡,可以设置字符间距、缩放、字符位置等,如图5-34所示。

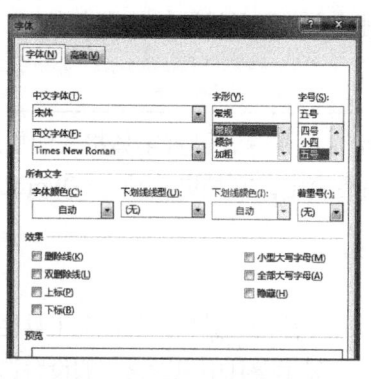

图5-33 "字体"选项卡

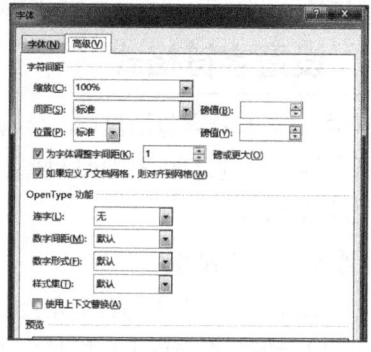

图5-34 "高级"选项卡

"高级"选项卡中常用设置选项的功能如下。

- 缩放:默认字符缩放是100%,表示正常大小,比例大于100%时得到的字符趋于宽扁,小于100%时得到的字符趋于瘦高。
- 位置:字符在文本行的垂直位置,包括"上升"和"下降"两种。
- 间距:Word 中的字符间距包括"加宽"或"紧缩"两种,可设置加宽或紧缩的具体值。当末行文字只有1、2个字符时,可通过紧缩的方法将其调到上一行去。

> **提示** 在Word中，浮动工具栏主要用于快捷设置所选文本的字符格式及段落格式，"字体"组主要用于对所选文本的字体格式进行设置，其选项要比浮动工具栏多，但不能对段落进行设置，而"字体"对话框则拥有比前两种方法更多的设置功能。

5.3.2 设置段落格式

段落是指文字、图形及其他对象的集合。回车符"↵"是段落的结束标记。通过设置段落格式，如设置段落对齐方式、缩进、行间距、段间距等，可以使文档的结构更清晰、层次更分明。

1. 设置段落对齐方式

段落对齐方式主要包括左对齐、居中对齐、右对齐、两端对齐、分散对齐等几种，设置方法有以下几种。

- 选择要设置的段落，在"开始"/"段落"组中单击相应的对齐按钮，即可设置文档段落的对齐方式，如图5-35所示。
- 选择要设置的段落，在浮动工具栏中单击相应的对齐按钮，可以设置段落对齐方式。
- 选择要设置的段落，单击"段落"组右下方的"展开"按钮 ，打开"段落"对话框，在该对话框中的"对齐方式"下拉列表中可以设置段落对齐方式。

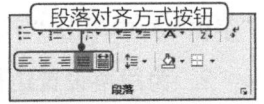

图5-35 设置段落对齐方式

2. 设置段落缩进

段落缩进包括左缩进、右缩进、首行缩进、悬挂缩进和对称缩进5种，一般利用标尺和"段落"对话框来设置，其方法如下。

- 利用标尺设置：单击滚动条上方的"标尺"按钮，然后拖动水平标尺中的各个缩进滑块，可以直观地调整段落缩进。其中▽表示首行缩进，△表示悬挂缩进，□表示左缩进，如图5-36所示。
- 利用对话框设置：选择要设置的段落，单击"段落"组右下方的"展开"按钮 ，打开"段落"对话框，在该对话框中的"缩进"栏中进行设置即可。

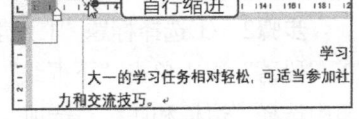

图5-36 利用标尺设置段落缩进

> **注意** Word 2016软件中默认没有显示标尺，因此在使用标尺前需要进行手动设置使其显示。方法为，在"视图"/"显示"组中勾选"标尺"复选框即可显示标尺。

3. 设置行间距和段落间距

合适的间距可使文档一目了然，设置行间距和段落前后间距的方法如下。

- 选择段落，在"开始"/"段落"组中单击"行和段落间距"按钮 ，在打开的下拉列表中可以选择"1.5"等行距倍数选项。
- 选择段落，打开"段落"对话框，在"间距"栏中的"段前"和"段后"数值框中输入值，在"行距"下拉列表框中选择相应的选项，即可设置段落间距和行间距，如图5-37所示。

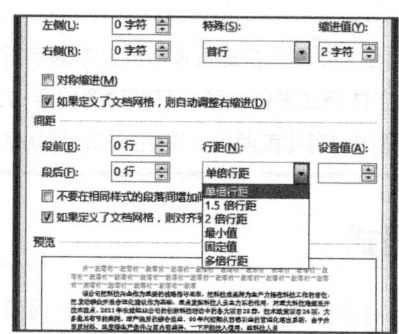

图 5-37 "段落"对话框

5.3.3 设置边框与底纹

为了提升文档的美观度,或达到突出重点的目的,用户在Word文档中可以为字符和段落设置边框和底纹。

1. 为字符设置边框与底纹

在"开始"/"字体"组中单击"字符边框"按钮 A,即可为选择的文本设置字符边框,在"字体"组中单击"字符底纹"按钮 A,即可为选择的文本设置字符底纹。

2. 为段落设置边框与底纹

若输入的文本都是一种样式,会使页面看起来很单一,为段落设置边框与底纹可使页面的效果更加美观。

【例5-5】为文档的标题行添加浅绿色的底纹,为"1.大学生创业贷款的概念"下方的整段文本添加边框和"白色,背景1,深色15%"的底纹。

步骤1 ①选择标题行,在"段落"组中单击"底纹"按钮 右侧的下拉按钮 ;②在打开的下拉列表中选择"浅绿"选项,如图5-38所示。

步骤2 ①选择标题"1.大学生创业贷款的概念"下方的整个段落;②然后在"段落"组中单击"下框线"按钮 右侧的下拉按钮 ;③在打开的下拉列表中选择"边框和底纹"选项,如图5-39所示。

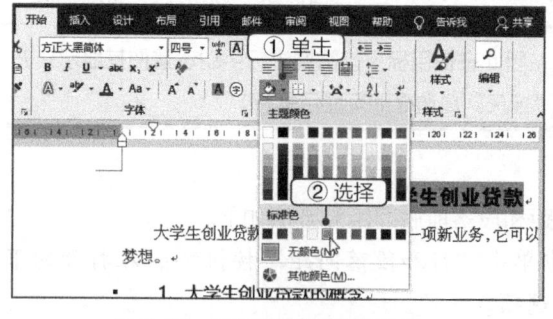

图 5-38 在"段落"组中设置底纹

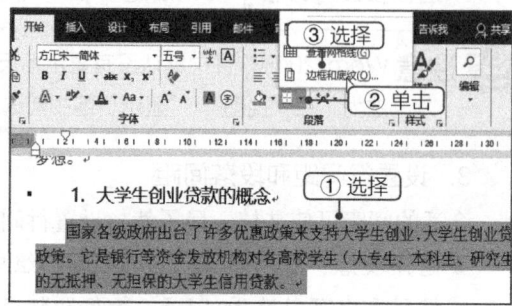

图 5-39 选择"边框和底纹"选项

步骤3 ①在打开的"边框和底纹"对话框中单击"边框"选项卡,在"设置"栏中选择"方框"选项;②在"样式"列表框中选择"━━"选项;③单击"底纹"选项卡;④在"填充"下拉列表框中选择"白色,背景1,深色15%"选项,单击"确定"按钮,在文档中设置边框与底纹后的效果如图5-40所示。之后再用相同的方法为其他段落设置边框与底纹样式。

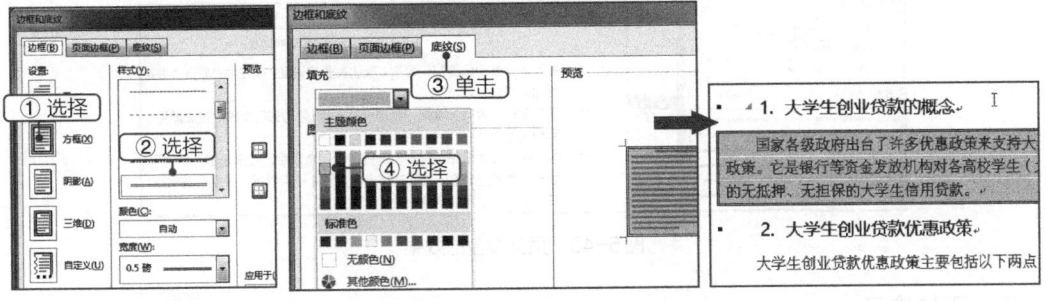

图5-40 通过对话框设置边框与底纹

5.3.4 设置项目符号和编号

使用项目符号与编号功能,可为属于并列关系的段落添加●、★、◆等项目符号,也可添加"1.2.3."或"A.B.C."等编号,还可组成多级列表,使文档层次分明、条理清晰。

1. 添加项目符号

选择需要添加项目符号的段落,在"开始"/"段落"组中单击"项目符号"按钮三·右侧的下拉按钮·,在打开的下拉列表中选择一种项目符号样式即可。

2. 自定义项目符号

Word 2016中默认的项目符号样式共有7种,用户根据需要还可以自定义项目符号。

【例5-6】在"大学生创业贷款"文档中自定义项目符号。

步骤1 ①选择需要添加自定义项目符号的段落,在"开始"/"段落"组中单击"项目符号"按钮三·右侧的下拉按钮·;②在打开的下拉列表中选择"定义新项目符号"选项,如图5-41所示,打开"定义新项目符号"对话框。

步骤2 ①在"项目符号字符"栏中单击"图片"按钮,打开"插入图片"界面,其中提供了3种不同的图片选择方式,这里单击"从文件"栏中的"浏览"按钮;②在打开的"插入图片"对话框中选择要插入的图片样式,如图5-42所示,然后单击"插入"按钮。

视频教学
自定义项目符号

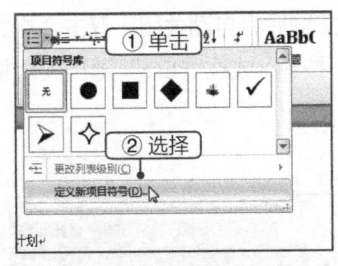

图5-41 选择"定义新项目符号"选项　　图5-42 自定义项目符号

步骤3 返回"定义新项目符号"对话框,在"对齐方式"下拉列表中选择项目符号的对齐方式,此时可以在下面的预览窗口中预览设置的效果,如图5-43所示,最后单击"确定"按钮完成设置，保持文本的选中状态，再次单击"项目符号"按钮右侧的下拉按钮，在打开的下拉列表中选择设置的项目符号，即可查看定义后的效果。

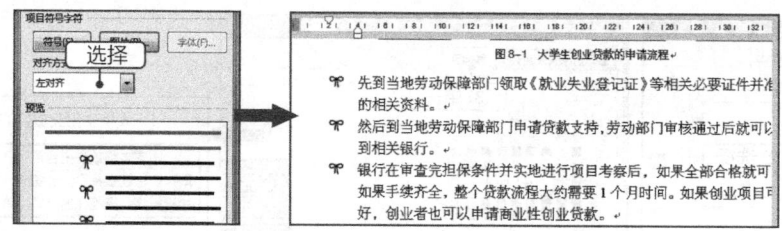

图5-43 预览设置的效果

3. 添加编号

在制作办公文档时，对于按一定顺序或层次结构排列的项目，可以为其添加编号。操作方法为：选择要添加编号的文本，在"开始"/"段落"组中单击"编号"按钮 右侧的下拉按钮，即可在打开的"编号库"下拉列表中选择需要添加的编号，如图5-44所示。另外，在"编号库"下拉列表中还可选择"定义新编号格式"选项来自定义编号格式，其方法与自定义项目符号相似。

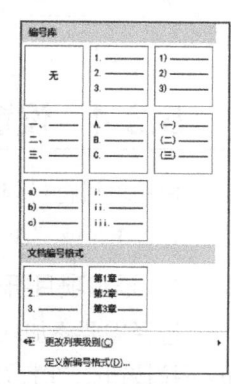

图5-44 添加编号

4. 设置多级列表

多级列表主要用于规章制度等需要各种级别的编号的文档，设置多级列表的方法为：选择需要设置的段落，在"开始"/"段落"组中单击"多级列表"按钮，在打开的下拉列表中选择一种编号的样式即可。对段落设置多级列表后默认各段落标题级别是相同的，看不出级别效果，可以依次在下一级标题编号后面按一下"Tab"键，对当前内容进行降级操作。

5.3.5 应用格式刷

使用格式刷能快速地将文本中的某种格式应用到其他的文本上。操作如下：①选择设置好样式的文本；②在"开始"/"剪贴板"组中单击"格式刷"按钮；③将鼠标指针移动到文本编辑区，当鼠标指针呈 形状时，按鼠标左键拖动便可为选择的文本应用样式，如图5-45所示。或单击"格式刷"按钮，将鼠标指针移动至某一行文本前，当鼠标指针呈 形状时，单击鼠标左键便可为该行文本应用文本样式。单击"格式刷"按钮，使用一次格式刷后将自动关闭。双击"格式刷"按钮，可多次重复进行格式复制操作，再次单击"格式刷"按钮或按"Esc"键可关闭格式刷功能。

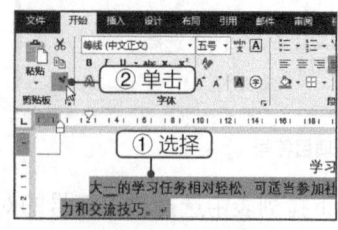
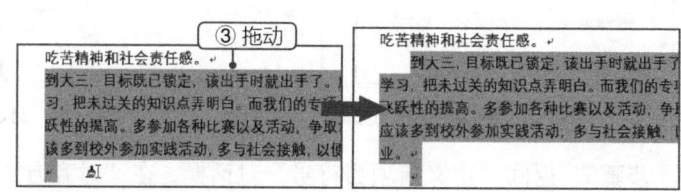

图5-45 使用格式刷

5.3.6 应用样式与模板

样式与模板是Word中常用的排版功能，下面介绍样式与模板的相关知识。

1. 样式

样式是指一组已经命名的字符和段落格式，它设定了文档中标题、题注以及正文等各个文本元素的格式。用户可以将一种样式应用于某个段落或选择的字符上。下面介绍新建样式、应用样式和修改样式的方法。

- **新建样式**：在文档中基于文本或段落创建需要的样式。①选择相应文本；②在"开始"/"样式"组中单击"样式"下拉列表框右侧的下拉按钮 ，在打开的下拉列表中选择"创建样式"选项；③打开"根据格式设置创建新样式"对话框，在"名称"文本框中输入样式的名称；④单击"确定"按钮，如图5-46所示。

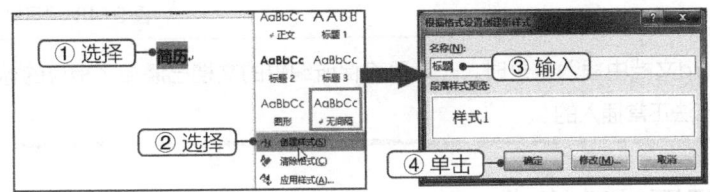

图5-46 创建样式的过程

- **应用样式**：将文本插入点定位到要设置样式的段落中，或者选择要设置样式的字符或词组，在"开始"/"样式"组中单击"样式"下拉列表框右侧的下拉按钮 ，在打开的下拉列表中选择需要应用的样式对应的选项即可。

- **修改样式**：在"开始"/"样式"组中单击"样式"列表框右侧的下拉按钮 ，在打开的下拉列表中需进行修改的样式选项上单击鼠标右键，在弹出的快捷菜单中选择"修改"命令，此时将打开"修改样式"对话框，在其中可重新设置样式的名称和格式。

2. 模板

Word 2016的模板是一种固定样式的框架，包含了Word预设的样式，下面分别介绍新建模板和套用模板的方法。

- **新建模板**：①打开想要作为模板使用的Word文档，然后打开"另存为"对话框，设置好文件名；②在"保存类型"下拉列表中选择"Word模板（*.dotx）"选项；③最后单击"保存"按钮即可，如图5-47所示。

- **套用模板**：选择"文件"/"新建"命令，单击右侧"新建"列表中的"个人"选项卡，其中显示了可用的模板信息，单击要套用的模板名称即可在Word中快速新建一个与模板样式一模一样的文档。

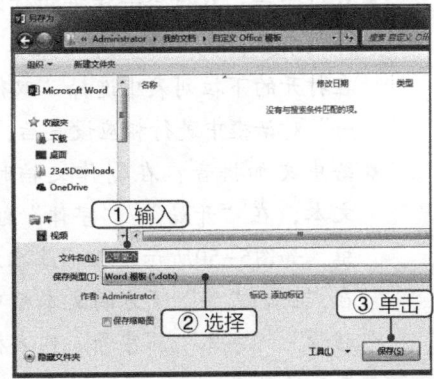

图5-47 新建模板

5.3.7 创建目录

对于设置了多级标题样式的文档，可通过索引和目录功能提取目录。方法为：打开设置了多级标题的文档，然后将文本插入点定位于文档中目录要显示的位置，在"引用"/"目录"组中单击"目录"下拉按钮，在打开的下拉列表中选择"自定义目录"选项。打开"目录"对话框，如图5-48所示，在其中可以设置目录的显示级别、制表符前导符的样式、是否显示页码和页码的对齐方式等参数，完成设置后单击"确定"按钮。返回文档编辑区即可查看插入的目录。

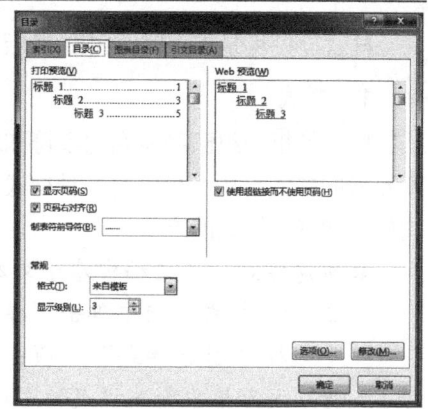

图5-48 "目录"对话框

> **注意** 在Word文档中插入目录时，一定要确保所编辑的文档已添加了相应的标题样式，否则目录是无法正常插入的。

5.3.8 设置特殊格式

特殊格式包括首字下沉、带圈字符、双行合一和给中文加拼音等，主要用于制作一些有特殊要求的文档。

- **首字下沉**：首字下沉即设置段落中的第一个字以突出显示，这种方法通常用于报刊和杂志中。选择要设置首字下沉的段落，在"插入"/"文本"组中单击"首字下沉"下拉按钮，在打开的列表中选择所需的样式即可。
- **带圈字符**：带圈字符是中文字符的一种特殊形式，用于表示强调，如已注册商标符号®、数字符号①等，都可使用带圈字符来制作。选择要设置带圈字符的单个文本，在"字体"组中单击"带圈字符"按钮⊕，在打开的"带圈字符"对话框中设置字符的样式、圈号等参数即可，如图5-49所示。
- **双行合一**：双行合一指将两行文字显示在一行文字的空间中，选择文本后，在"开始"/"段落"组中单击"中文版式"按钮，在打开的下拉列表中选择"双行合一"选项，在打开的"双行合一"对话框中进行相应设置后，单击"确定"按钮即可。
- **给中文加拼音**：在制作文档时若需要给中文添加拼音，可先选择需要添加拼音的文本，在"开始"/"字体"组中单击"拼音指南"按钮，打开"拼音指南"对话框，如图5-50所示。在"基准文字"下方的文本框中显示选择的要添加拼音的文字，在"拼音文字"下方的文本框中显示基准文字栏中对应的拼音，在"对齐方式""偏移量""字体""字号"列表框中可调整拼音的显示方式，在"预览"框中可显示设置后的效果。

图5-49 设置带圈字符

第5章
文档编辑软件Word 2016

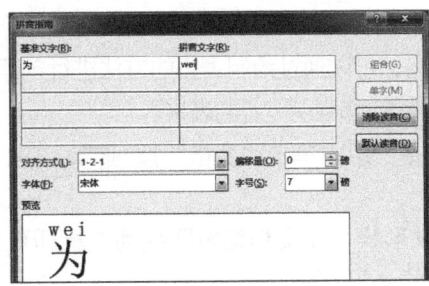

图5-50 给中文加拼音

5.4 Word 2016的表格应用

表格是一种可视化的交流模式,是一种组织整理数据的手段,它由多条在水平方向和垂直方向平行的直线构成,其中直线交叉形成了单元格,水平方向的一排单元格称为行,垂直方向的一排单元格称为列。表格是文本编辑过程中非常有效的工具,可以将杂乱无章的信息管理得井井有条,从而提高文档内容的可读性。下面讲解在Word中使用表格的方法。

5.4.1 创建表格

在Word中创建表格主要包括插入表格和绘制表格两种方式。

1. 插入表格

根据插入表格的行列数和个人的操作习惯,可以使用以下两种方法来实现表格的插入。

- 快速插入表格:①在"插入"/"表格"组中单击"表格"按钮;②在打开的下拉列表中将鼠标指针移动到"插入表格"栏的某个单元格上,此时呈黄色边框显示的单元格为将要插入的单元格,单击鼠标即可完成插入操作,如图5-51所示。

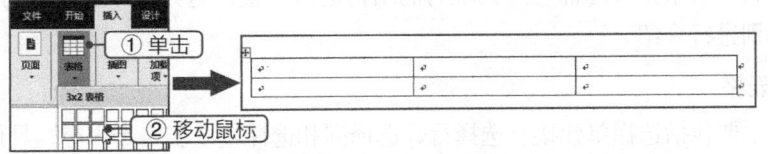

图5-51 快速插入表格的过程

- 通过对话框插入表格:在"插入"/"表格"组中单击"表格"下拉按钮,在打开的下拉列表中选择"插入表格"选项,此时将打开"插入表格"对话框,在其中设置表格尺寸和单元格宽度后,单击"确定"按钮即可,如图5-52所示。

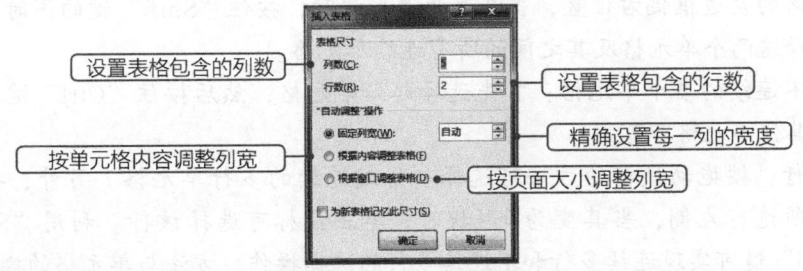

图5-52 "插入表格"对话框

2. 绘制表格

对于一些结构不规则的表格，可以通过绘制表格的方法进行创建。

【例5-7】使用鼠标绘制一个一横列两竖行的表格。

步骤1 在"插入"/"表格"组中单击"表格"按钮，在打开的下拉列表中选择"绘制表格"选项。

步骤2 此时光标将变为 ∅ 形状，在文档编辑区拖动鼠标即可绘制表格外边框。

步骤3 在边框内拖动鼠标绘制行线和列线。

步骤4 表格绘制完毕，按"Esc"键退出绘制状态即可，整个过程如图5-53所示。

视频教学
绘制表格

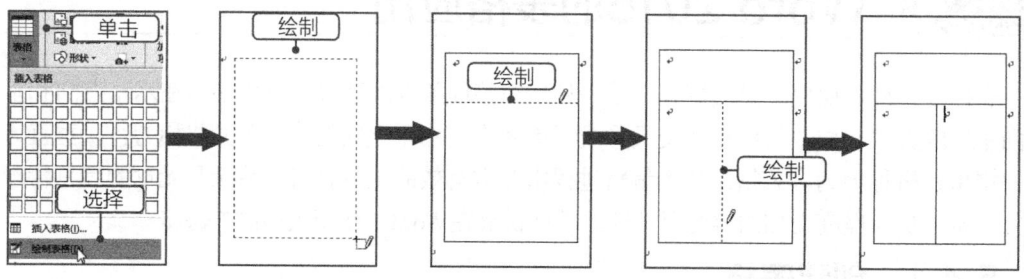

图5-53 绘制表格的过程

 提示 在Word中绘制表格时，功能区会出现"表格工具 设计"选项卡，在其中的"边框"组中提供了相应的参数，用于对绘制的表格进行相应设置。

5.4.2 编辑表格

表格创建后，可根据实际需要对其现有的结构进行调整，这其中涉及表格的选择和布局等操作，下面分别进行介绍。

1. 选择表格

选择表格主要包括选择单元格、选择行、选择列和选择整个表格等内容，具体方法如下。

- 选择单个单元格：将鼠标指针移动到所选单元格的左边框偏右位置，当其变为 ➤ 形状时，单击鼠标即可选择该单元格。
- 选择连续的多个单元格：在表格中拖动鼠标即可选择拖动起始位置处和释放鼠标位置处之间的所有连续单元格。另外，选择起始单元格，然后将鼠标指针移动到目标单元格的左边框偏右位置，当其变为 ➤ 形状时，按住"Shift"键的同时单击鼠标也可选择这两个单元格及其之间的所有连续单元格。
- 选择不连续的多个单元格：首先选择起始单元格，然后按住"Ctrl"键不放，依次选择其他单元格即可。
- 选择行：按拖动鼠标的方法可选择一行或连续的多行单元格。另外，将鼠标指针移至所选行左侧，当其变为 ➤ 形状时，单击鼠标可选择该行。利用"Shift"键和"Ctrl"键可实现连续多行和不连续多行的选择操作，方法与单元格的操作类似。

- 选择列：按拖动鼠标的方法可选择一列或连续多列的单元格。另外，将鼠标指针移至所选列上方，当其变为↓形状时，单击鼠标可选择该列。利用"Shift"键和"Ctrl"键可实现连续多列和不连续多列的选择操作，方法也与单元格的操作类似。

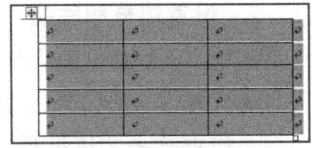

图5-54 选择整个表格

- 选择整个表格：按住"Ctrl"键不放，利用选择单个单元格、单行或单列的方法即可选择整个表格。另外，将鼠标指针移至表格区域，此时表格左上角将出现⊞图标，单击该图标也可选择整个表格，如图5-54所示。

2. 布局表格

布局表格主要包括插入、删除、合并和拆分等内容，布局方法为，选择表格中的单元格、行或列，在"表格工具 布局"选项卡中利用"行和列"组与"合并"组中的相关参数进行设置即可，如图5-55所示。其中各参数的作用介绍如下。

- "删除"按钮：单击该按钮，可在打开的下拉列表中执行删除单元格、行、列或表格的操作。当删除单元格时，会打开"删除单元格"对话框，要求设置单元格删除后剩余单元格的调整方式，如右侧单元格左移、下方单元格上移等。

图5-55 布局表格的各种参数

- "在上方插入"按钮：单击该按钮，可在所选行的上方插入新行。
- "在下方插入"按钮：单击该按钮，可在所选行的下方插入新行。
- "在左侧插入"按钮：单击该按钮，可在所选列的左侧插入新列。
- "在右侧插入"按钮：单击该按钮，可在所选列的右侧插入新列。
- "合并单元格"按钮：单击该按钮，可将所选的多个连续的单元格合并为一个新的单元格。
- "拆分单元格"按钮：单击该按钮，将打开"拆分单元格"对话框，在其中可设置拆分后的列数和行数，单击"确定"按钮后即可将所选的单元格按设置的参数拆分。
- "拆分表格"按钮：单击该按钮，可在所选单元格处将表格拆分为两个独立的表格。需要注意的是，Word只允许对表格进行上下拆分，不能进行左右拆分。

5.4.3 设置表格

对于表格中的文本而言，可按设置文本和段落格式的方法对其格式进行设置。此外，还可对对齐方式、表格样式、边框和底纹等进行设置。

1. 设置对齐方式

单元格对齐方式是指单元格中文本的对齐方式，设置方法为选择需设置对齐方式的单元格，在"表格工具"/"布局"/"对齐方式"组中单击相应按钮，如图5-56所示。如果想改变单元格中的文字方向，则需单击该组中的"文字方向"按钮，而单击"单元格边距"按钮，则可以打开"表格选项"对话框，调整单元格内文本的上、下、左、右边距。

图5-56 "对齐方式"组

2. 设置边框和底纹

设置单元格边框和底纹的方法如下。

- **设置单元格边框**：选择需设置边框的单元格，在"表格工具"/"设计"/"边框"组中单击"边框样式"下拉按钮，在打开的下拉列表中选择相应的边框样式。
- **设置单元格底纹**：选择需设置底纹的单元格，在"表格工具"/"设计"/"表格样式"组中单击"底纹"下拉按钮，在打开的下拉列表中选择所需的底纹颜色。

3. 套用表格样式

使用Word 2016提供的表格样式，可以简单、快速地完成表格的设置和美化操作。套用表格样式的方法为，选择表格，在"表格工具"/"设计"/"表格样式"组中单击右下方的下拉按钮，在打开的列表中选择所需的表格样式，即可将其应用到所选表格中。

> **提示** 如果用户对于Word提供的表格样式不满意，可以单击"表格样式"组右下方的下拉按钮，在打开的下拉列表中选择"新建表格样式"选项，然后在打开的"根据格式化创建新样式"对话框中自定义新建样式的名称、样式类型和边框样式等属性，最后单击"确定"按钮保存新建的样式。

4. 设置行高和列宽

设置表格行高和列宽的常用方法有如下两种。

- **拖动鼠标设置**：将鼠标指针移至行线或列线上，当其变为形状或形状时，拖动鼠标即可调整行高或列宽。
- **精确设置**：选择需调整行高或列宽的行或列，在"表格工具"/"布局"/"单元格大小"组的"高度"数值框或"宽度"数值框中可设置精确的行高或列宽值。

5.4.4 数据的排序和计算

在Word中，可以按照递增或递减的顺序将表格内容按笔画、数字、拼音或日期等进行排序；在表格中，可以通过输入带有加、减、乘、除（+、-、*、/）等运算符的公式进行计算，也可以使用Word附带的函数进行较为复杂的计算。

视频教学
数据的排序和计算

【例5-8】 对"部门工资汇总"文档中的数据进行排序和计算，具体操作如下。

步骤1 打开"部门工资汇总.docx"文档；选择所有文字，在"布局"/"数据"组中，单击"排序"按钮，打开"排序"对话框。在"主要关键字"栏的下拉列表中选择"1月（万）"选项；在"类型"下拉列表中选择"数字"选项，然后单击选中"降序"单选项，如图5-57所示。

步骤2 返回编辑区可发现已对表格内容进行了排序，选择"1月（万）"栏下方的合计单元格；在"布局"/"数据"组中，单击"公式"按钮；打开"公式"对话框，设置公式后单击"确定"按钮，如图5-58所示。

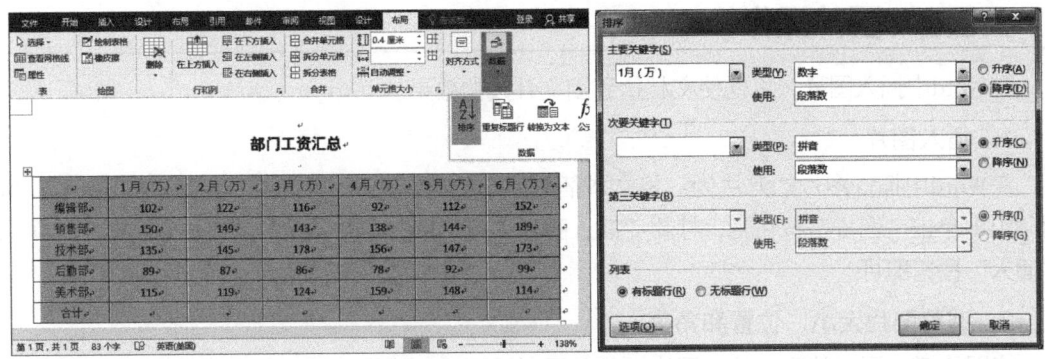

图5-57 设置排序

步骤3 使用相同的方法,继续对表格中的其他内容进行合计,最终效果如图5-59所示。

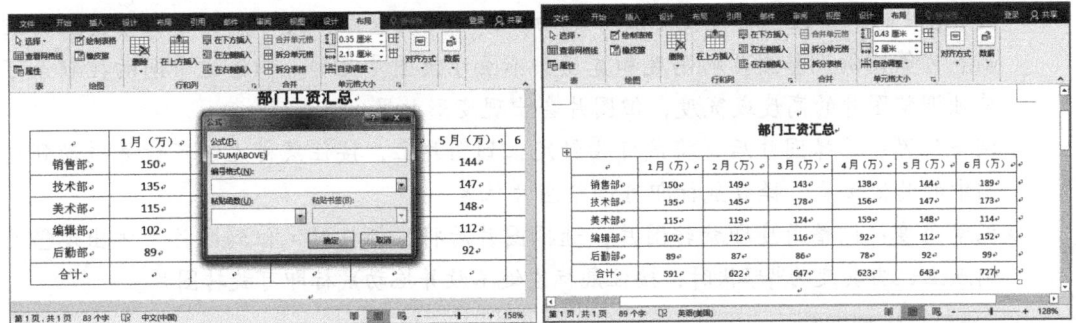

图5-58 使用公式计算　　　　　　　　　　图5-59 查看完成后的效果

5.5 Word 2016的图文混排

如果简单的编辑和排版不能达到文档所需的效果,为了使文档的效果更美观,可以在文档中添加和编辑图片、形状、艺术字等对象。

5.5.1 文本框操作

利用文本框可以排版出特殊的文档版式,在文本框中可以输入文本,也可插入图片。在文档中插入的文本框可以是Word自带样式的文本框,也可以是手动绘制的横排或竖排文本框。在文档中插入文本框的方法为:打开要编辑的文档,在"插入"/"文本"组中单击"文本框"下拉按钮,在打开的下拉列表中提供了不同的文本框样式,如图5-60所示,选择其中的某一种样式即可将文本框插入到文档中,然后在文本框中直接输入需要的文本内容即可。

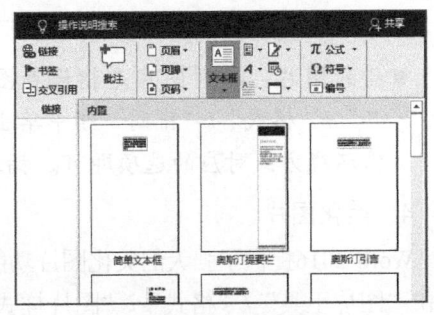

图5-60 插入文本框

5.5.2 图片操作

在Word中插入图片，可以使文档达到图文并茂的效果。

1. 插入图片

在Word中插入图片的方法为：将文本插入点定位到需插入图片的位置，在"插入"/"插图"组中单击"图片"按钮，打开"插入图片"对话框，在其中选择需插入的图片后，单击"插入"按钮即可。

2. 调整图片大小、位置和角度

将图片插入到文档后，单击图片，此时可通过图片四周出现的控制点来实现对图片的基本调整。

- 调整大小：将鼠标指针移动到图片边框上出现的8个控制点之一，当其变为双向箭头形状时，按住鼠标左键不放并拖动鼠标即可调整图片大小。其中四个角上的控制点可等比例调整图片的高度和宽度，不至于使图片变形；四条边中间的控制点可单独调整图片的高度或宽度，但图片会出现变形效果。
- 调整位置：选择图片后，将鼠标指针定位到图片上，按住鼠标左键不放并拖动到文档中的其他位置，释放鼠标即可调整图片位置。
- 调整角度：调整角度即旋转图片，选择图片后将鼠标指针定位到图片上方出现的控制点上，当其变为形状时，按住鼠标左键不放并拖动鼠标即可旋转图片。

3. 裁剪与排列图片

将图片插入到文档中以后，可根据需要对图片进行裁剪和排列操作，使其能更好地配合文本所要表达的内容。

- 裁剪图片：①选择图片，在"图片工具"/"格式"/"大小"组中单击"裁剪"按钮，将鼠标指针定位到图片上出现的裁剪边框线上；②按住鼠标左键不放并拖动鼠标；③释放鼠标后按"Enter"键或单击文档其他位置即可完成裁剪，如图5-61所示。

图5-61 裁剪图片的过程

- 排列图片：排列图片是指设置图片周围文本的环绕方式。选择图片，在"图片工具"/"格式"/"排列"组中单击"环绕文字"按钮，在打开的下拉列表中选择所需环绕方式对应的选项即可。插入的图片默认应用的是"嵌入型"的效果。

4. 美化图片

Word 2016提供了强大的美化图片功能，选择图片后，在"图片工具"/"格式"/"调整"组和"图片工具"/"格式"/"图片样式"组中即可进行各种美化图片的操作，如图5-62所示。其中部分参数的作用如下。

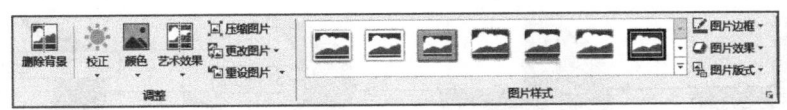

图5-62 美化图片的各种参数

- "校正"按钮❋：单击该按钮后，可在打开的下拉列表中选择Word预设的各种锐化和柔化效果以及亮度和对比度效果。
- "颜色"按钮：单击该按钮后，可在打开的下拉列表中设置不同的饱和度和色调。
- "艺术效果"按钮：单击该按钮后，可在打开的下拉列表中选择Word预设的不同艺术效果。

5.5.3 形状操作

形状具有一些独特的性质和特点。Word 2016提供了大量的形状，编辑文档时合理地使用这些形状，不仅能提高效率，而且能提升文档的质量。

1. 插入形状

在"插入"/"插图"组中单击"形状"下拉按钮，在打开的下拉列表中选择某种形状对应的选项，此时可执行以下任意一种操作完成形状的插入。

- 单击鼠标：单击鼠标将插入默认尺寸的形状。
- 拖动鼠标：在文档编辑区中拖动鼠标，至适当大小后释放鼠标可插入任意大小的形状。

2. 调整形状

选择插入的形状，可按调整图片的方法对形状的大小、位置、角度进行调整。除此以外，还可根据需要更改形状或编辑形状顶点。

- 更改形状：①选择形状；②在"绘图工具"/"格式"/"插入形状"组中单击"编辑形状"按钮；③在打开的下拉列表中选择"更改形状"选项；④在打开的列表框中选择需更改形状对应的选项即可，如图5-63所示。

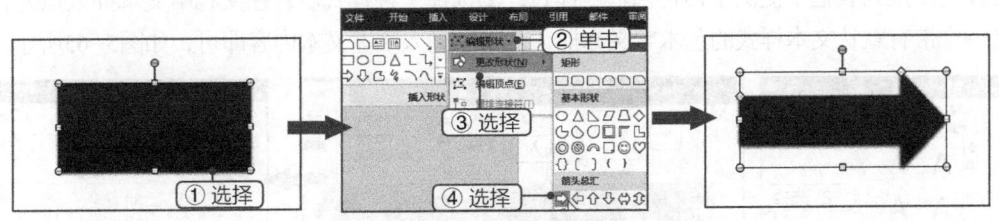

图5-63 更改形状的过程

- 编辑形状顶点：①选择形状后，在"绘图工具"/"格式"/"插入形状"组中单击"编辑形状"按钮，在打开的下拉列表中选择"编辑顶点"选项，此时形状边框上将显示多个黑色顶点，选择某个顶点；②拖动顶点本身可调整顶点位置；③拖动顶点两侧的白色控制点可调整顶点所连接线段的形状，如图5-64所示；④按"Esc"键可退出编辑。

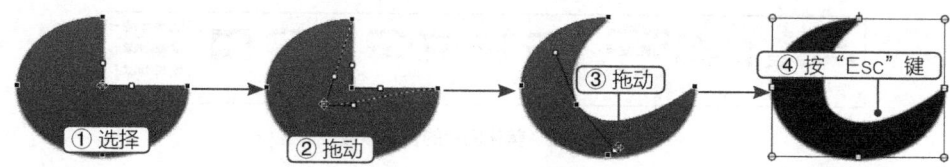

图5-64 编辑顶点的过程

3. 美化形状

选择形状后，在"绘图工具"/"格式"/"形状样式"组中可对形状进行各种美化操作，其中部分参数的作用如下。

- "样式"下拉列表框：在该下拉列表框中可快速为形状应用Word 2016主题和预设的样式效果。
- "形状填充"按钮：单击该按钮后，可在打开的下拉列表中设置形状的填充颜色，有渐变填充、纹理填充和图片填充等多种效果可供选择。
- "形状轮廓"按钮：单击该按钮后，可在打开的下拉列表中设置形状边框的颜色、粗细和边框样式。
- "形状效果"按钮：单击该按钮后，可在打开的下拉列表中设置形状的各种效果，如阴影效果、发光效果等。

4. 为形状添加文本

除线条和公式类型的形状外，其他形状中都可添加文本。选择形状，在其上单击鼠标右键，在弹出的快捷菜单中选择"添加文字"命令。此时形状中将出现文本插入点，输入需要的内容即可。

5.5.4 艺术字操作

在文档中插入艺术字，可呈现出不同的效果，达到增强文字观赏性的目的。

1. 插入艺术字

插入艺术字的方法与插入文本框类似。①在"插入"/"文本"组中单击"艺术字"按钮４，在打开的下拉列表框中提供了15种艺术字样式；②选择一种样式后，在文档中文本插入点处自动添加一个带有默认文本样式的艺术字文本框，在其中输入所需文本内容即可，如图5-65所示。

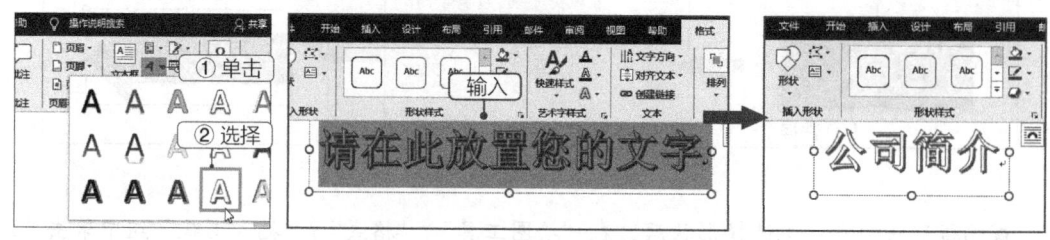

图5-65 插入艺术字的过程

2. 编辑与美化艺术字

由于艺术字相当于预设了文本格式的文本框，因此艺术字的编辑与美化操作与文本框完全相同，这里重点介绍更改艺术字形状的方法，此方法对文本框也同样适用。方法为，选择艺术字，在"绘图工具"/"格式"/"艺术字样式"组中单击"文本效果"按钮，在打开的下拉列表中选择"转换"选项，再在打开的子列表中选择某种形状对应的选项即可。

5.6 Word 2016的页面格式设置

文档页面格式设置通常是对整个文档进行的设置，包括页面大小、页边距、页眉和页脚、页码、水印和边框，以及分栏和分页等。

5.6.1 设置纸张大小、页面方向和页边距

默认的Word页面大小为A4（21cm×29.7cm），页面方向为纵向，页边距为普通，在"布局"/"页面设置"组中单击相应的按钮便可对其进行修改，相关介绍如下。

- 单击"纸张大小"按钮，在打开的下拉列表框中选择一种页面选项，或选择"其他纸张大小"选项，在打开的"页面设置"对话框中输入文档宽度和高度的值。
- 单击"页面方向"按钮，在打开的下拉列表框中选择"横向"选项，可以将页面设置为横向。
- 单击"页边距"按钮，在打开的下拉列表框中选择一种页边距选项，或选择"自定义页边距"选项，在打开的"页面设置"对话框中可设置上、下、左、右页边距的值。

5.6.2 设置页眉、页脚和页码

页眉实际上可以位于文档中的任何区域，但根据文档的浏览习惯，页眉一般就是指文档中每个页面顶部区域内的对象，常用于补充说明公司标识、文档标题、文件名和作者姓名等。

1. 创建页眉

在Word 2016中创建页眉的方法为在"插入"/"页眉和页脚"组中单击"页眉"按钮，在打开的下拉列表中选择某种预设的页眉样式选项，然后在文档中按所选的页眉样式输入所需的内容即可。

2. 编辑页眉

若需要自行设置页眉的内容和格式，则可在"插入"/"页眉和页脚"组中单击"页眉"按钮，在打开的下拉列表中选择"编辑页眉"选项，此时将进入页眉编辑状态，利用功能区的"页眉和页脚工具 设计"选项卡便可对页眉内容进行编辑，如图5-66所示。其中部分参数的作用如下。

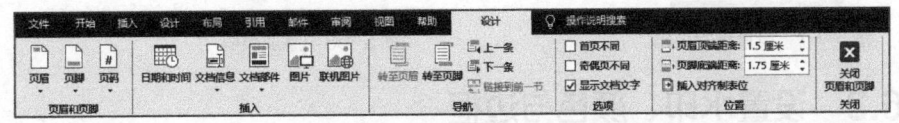

图5-66 用于页眉编辑的各个参数

- "日期和时间"按钮：单击该按钮，可在打开的"日期和时间"对话框中设置所

插入日期和时间的显示格式。
- "文档部件"按钮：单击该按钮，可在打开的下拉列表中选择需插入的与本文档相关的信息，如标题、单位和发布日期等。
- "图片"按钮：单击该按钮，可在打开的对话框中选择页眉中使用的图片。
- "首页不同"复选框：单击选中该复选框，可使文档第一页不显示页眉及页脚。
- "奇偶页不同"复选框：单击选中该复选框，可单独设置文档奇数页和偶数页的页眉及页脚。

3. 创建与编辑页脚

页脚一般位于文档中每个页面的底部区域，也用于显示文档的附加信息，如日期、公司标识、文件名和作者名等，但最常见的是在页脚中显示页码。创建页脚的方法为：在"插入"/"页眉和页脚"组中单击"页脚"按钮，在打开的下拉列表中选择某种预设的页脚样式选项，然后在文档中按所选的页脚样式输入所需的内容即可，操作与创建页眉相似。

4. 插入页码

页码用于显示文档的页数，首页可根据实际情况不显示页码。

【例5-9】在"公司员工手册"文档中插入"普通数字2"样式页码，具体操作如下。

视频教学
插入页码

步骤1 打开"公司员工手册"文档，在"插入"/"页眉和页脚"组中单击"页码"按钮，在打开的下拉列表中选择"设置页码格式"选项，打开"页码格式"对话框。

步骤2 ①在"页码编号"栏中单击选中"起始页码"单选项；②在"起始页码"数值框中输入数值"1"，其他设置保持默认，如图5-67所示，单击"确定"按钮。

步骤3 在页脚编辑区双击鼠标左键，激活"设计"选项卡，在"设计"/"选项"组中选中"首页不同"复选框。

步骤4 ①在"设计"/"页眉和页脚"组中单击"页码"按钮；②在打开的下拉列表中选择"页面底端"/"普通数字2"选项，如图5-68所示。

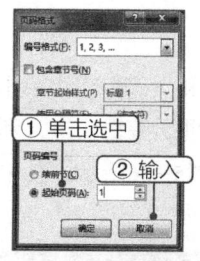
图5-67 设置起始页码

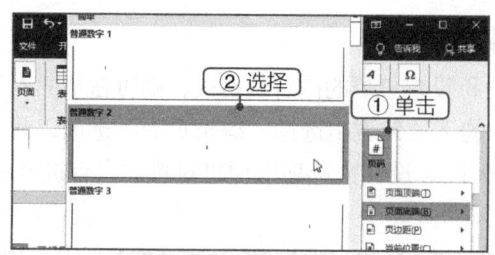
图5-68 添加页码

5.6.3 设置水印、颜色与边框

为了使制作的文档更加美观，还可为文档添加水印，并设置页面颜色和边框。

1. 设置页面水印

制作办公文档时，为表明文档的所有权和出处，可为文档添加水印背景，如添加"机密1"水印等。添加水印的方法是：在"设计"/"页面背景"组中单击"水印"按钮，在打开的下拉列表中选择一种水印效果即可。

2. 设置页面颜色

在"设计"/"页面背景"组中单击"页面颜色"按钮，在打开的下拉列表中选择一种页面背景颜色即可。

3. 设置页面边框

在"设计"/"页面背景"组中单击"页面边框"按钮，打开"边框和底纹"对话框，在"设置"栏中选择边框的类型，在"样式"下拉列表框中可选择边框的样式，在"颜色"下拉列表框中可设置边框的颜色，如图5-69所示，最后单击"确定"按钮应用设置。

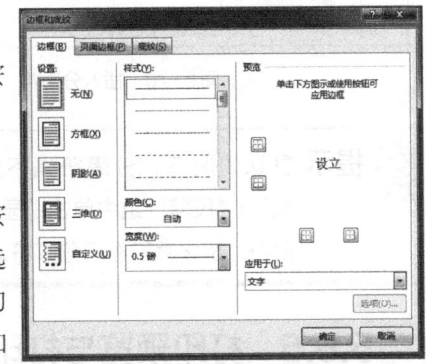

图5-69 "边框和底纹"对话框

5.6.4 设置分栏与分页

在Word中，可将文档设置为多栏，还能通过分隔符自动进行分页。

1. 设置分栏

在"布局"/"页面设置"组中单击"栏"按钮，在打开的下拉列表中选择分栏的数目，或在打开的下拉列表中选择"更多栏"选项，打开"栏"对话框，在"预设"栏中可选择预设的栏数，或在"栏数"数值框中输入设置的栏数，在"宽度和间距"栏中可设置栏之间的宽度与间距。

2. 设置分页

设置分页可通过分隔符实现，分隔符主要用于标识文本分隔的位置。

【例5-10】在文档中通过分页符为文档分页。

步骤1　①打开"招工协议书"文档，将文本插入点定位到文本"招工协议书"之后，在"布局"/"页面设置"组中单击"分隔符"按钮；②在打开的下拉列表中的"分页符"栏中选择"分页符"选项，如图5-70所示。

视频教学
设置分页

步骤2　在文本插入点所在位置将显示插入的分页符，此时，"招工协议书"之后的内容将从下一页开始。

步骤3　将文本插入点定位到文本"具体条款如下："之后，在"布局"/"页面设置"组中单击"分隔符"按钮，在打开的下拉列表中的"分节符"栏中选择"下一页"选项，如图5-71所示。

步骤4　此时，在"具体条款如下："之后将插入分页符，"具体条款如下："之后的内容将从下一页开始。

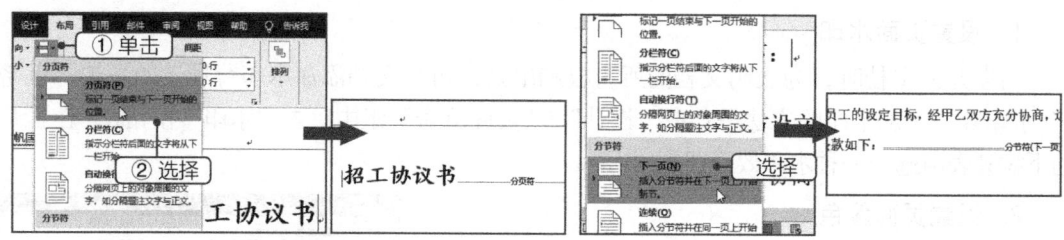

图5-70 插入分页符　　　　　　　　图5-71 插入分节符

 提示 默认情况下，分隔符是不显示的。显示分隔符需要用户手动设置，方法为，在"开始"/"段落"组中单击"显示/隐藏编辑标记"按钮，当该按钮呈选中状态时，将显示分隔符，反之就不显示分隔符。

5.6.5 打印预览与打印

打印文档之前，应先对文档内容进行预览，通过预览效果来对文档中不妥的地方进行调整，直到预览效果符合需要后，再按需要设置打印份数、打印范围等参数，并最终执行打印操作。

1. 打印预览

打印预览是指在计算机中预先查看打印的效果，可以避免在不预览的情况下，打印出不符合需求的文档，从而浪费纸张的情况。预览文档的方法为选择"文件"/"打印"命令，在右侧的界面中即可显示文档的打印效果。利用界面底部的参数可辅助预览文档内容，各参数的作用分别如下。

- "页数"栏：在其中的文本框中直接输入所需预览内容所在的页数，按"Enter"键或单击其他空白区域即可跳转至该页面；也可通过单击该栏两侧的"上一页"按钮◀和"下一页"按钮▶逐页预览文档内容。
- "显示比例"栏：单击该栏左侧的"显示比例"按钮47%，可在打开的"显示比例"对话框中快速设置需要显示的预览比例；拖动该栏中的滑块可直观调整预览比例；单击该栏右侧的"缩放到页面"按钮，可快速将预览比例调整为显示整页文档的比例。

2. 打印文档

预览无误后，便可进行打印设置并打印文档。打印制作好的文档的方法为：首先将打印机正确连接到计算机上，然后打开需打印的文档，选择"文件"/"打印"命令，在右侧的"份数"数值框中设置打印份数，在"设置"栏中分别设置打印方向、打印纸张的大小、单面或双面打印、打印顺序以及打印页数等参数，如图5-72所示。如果想设置更加详细的打印参数，则需单击页面右下角的"页面设置"超链接，在打开的"页面设置"对话框中进行设置。完成设置后，单击"打印"按钮即可打印文档。

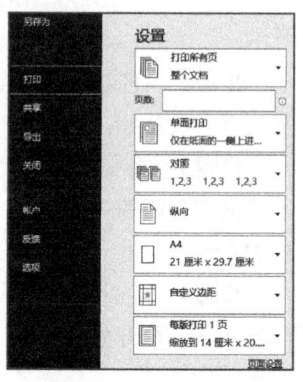

图5-72 设置打印参数

第5章 文档编辑软件Word 2016

5.7 Word 2016应用综合案例

本案例将制作"毕业论文"文档,包括新建文档、输入文本、设置文本格式、设置段落格式和添加页眉/页脚等操作,具体操作步骤如下。

视频教学
Word 2016 应用综合案例

步骤1 启动Word 2016,新建文档,选择"文件"/"保存"命令,保存为"毕业论文"文档,将光标定位至文档上方的中间位置,按"Enter"键后换行输入文本,如图5-73所示。

步骤2 ①选择文本"毕业论文";②在"开始"/"字体"组中的"字体"下拉列表框中选择"思源黑体CN Heavy"选项,在"字号"下拉列表框中选择"小初"选项,然后单击"加粗"按钮,如图5-74所示。

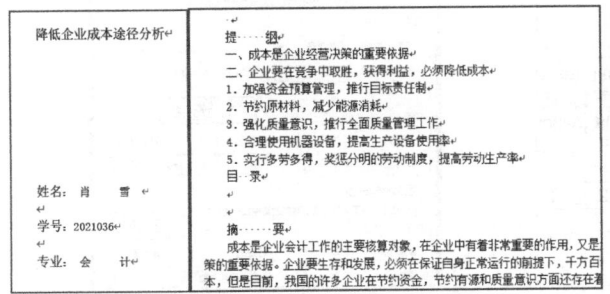

图5-73 输入文本

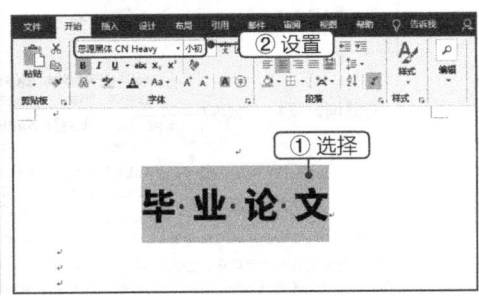

图5-74 设置文本格式

步骤3 按照相同的操作方法,通过"字体"和"段落"组,将副标题文本"降低企业成本途径分析"及标题文本"提纲""摘要"的格式设置为"思源黑体CN Heavy、小三、居中"。

步骤4 ①选择"提纲"中以阿拉伯数字编号的5段文本;②在"开始"/"段落"组中单击"项目符号"按钮 右侧的下拉按钮;③在打开的下拉列表中选择"项目符号库"栏中的菱形样式,如图5-75所示。

步骤5 ①将文本插入点定位至文本"提纲"的前面;②在"布局"/"页面设置"组中单击"分隔符"按钮;③在打开的下拉列表中选择"分页符"选项,如图5-76所示。

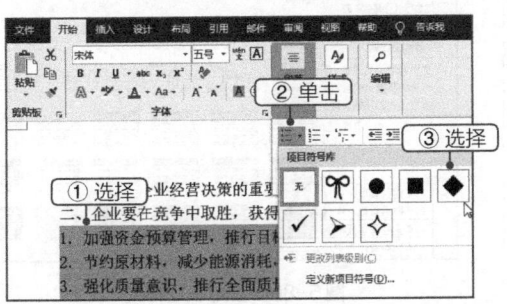

图5-75 添加项目符号

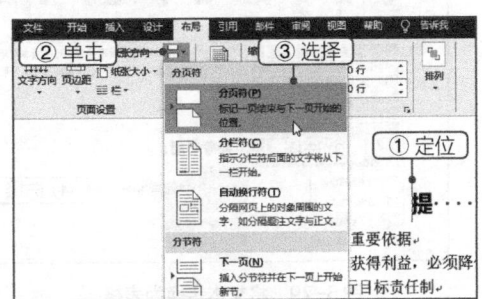

图5-76 分页显示文档

步骤6 按照相同的操作方法,在段落文本"实行多劳多得,奖惩分明的劳动制度"之后插入一个分页符,在文本"摘要"之前插入分节符"下一页"。

步骤7 ①按住"Ctrl"键的同时,选择正文段落"降低企业成本途径分析"和"参考书目";②在"开始"/"样式"组中的"样式"下拉列表中选择"标题"选项,如图5-77所示。

步骤8 按照相同的操作方法,将正文段落"一、加强资金预算管理""二、节约原材料,减少能源消耗""三、强化质量意识,推行全面质量管理工作""四、合理使用机器设备、提高生产设备使用率""五、实行多劳多得,奖惩分明的劳动制度"的样式设置为"副标题"。

步骤9 ①按住"Ctrl"键的同时,选择剩余的正文段落,然后单击"段落"组中的"展开"按钮,打开"段落"对话框,单击"缩进和间距"选项卡,在"缩进"栏中的"特殊"下拉列表框中选择"首行"选项;②在其右侧的数值框中输入"2",如图5-78所示,最后单击"确定"按钮。

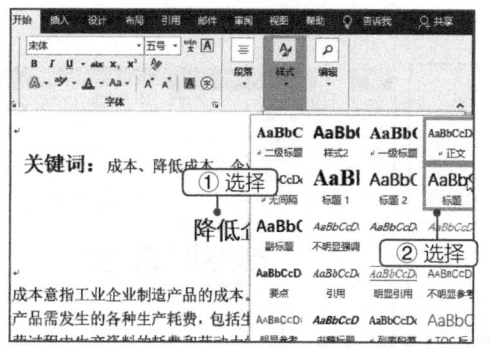

图5-77 应用样式

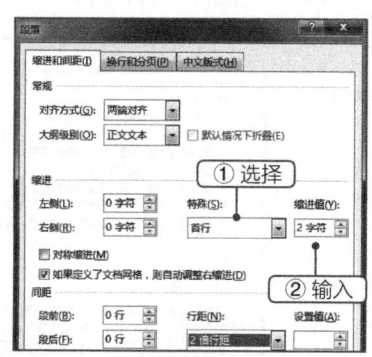

图5-78 设置首行缩进效果

步骤10 ①选择最后6行文本,包括最后一行的段落符号;②然后在"插入"/"表格"组中单击"表格"按钮;③在打开的下拉列表中选择"文本转换成表格"选项,如图5-79所示。

步骤11 此时,所选文本将转换为表格样式,在"表格工具"/"设计"/"表格样式"组中的"样式"下拉列表框中选择"清单表6彩色"选项,如图5-80所示。

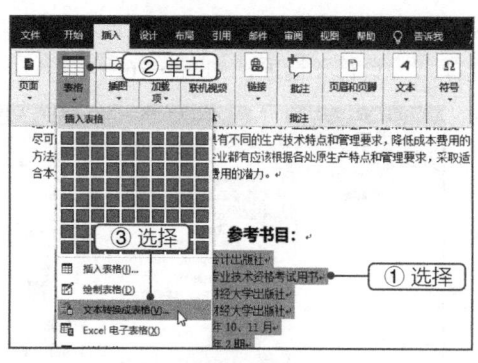

图5-79 将文本转换为表格

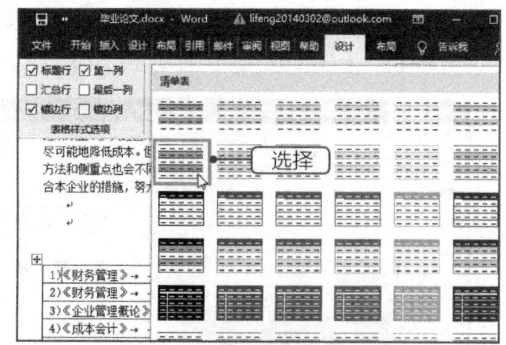

图5-80 套用表格样式

步骤12 ①将文本插入点定位至"摘要"栏上方的段落标记上,然后在"引用"/"目录"组中单击"目录"按钮;②在打开的下拉列表中选择"自动目录1"选项,如图5-81所示。

步骤13 在"插入"/"页眉和页脚"组中单击"页眉"按钮,在打开的下拉列表中选择

"边线型"选项,然后输入页眉内容,如图5-82所示。

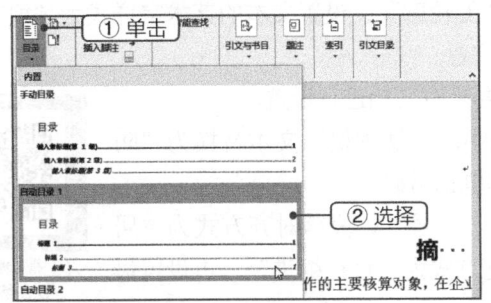
图5-81 选择目录样式

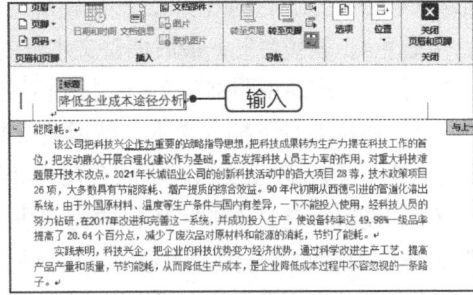
图5-82 输入页眉

步骤14 ①在"页眉和页脚工具"/"设计"/"页眉和页脚"组中单击"页码"按钮；②在打开的下拉列表中选择"页面底端"/"普通数字2"选项,如图5-83所示。

步骤15 保持页眉和页脚的编辑状态,在"插图"组中单击"形状"按钮,在打开的下拉列表中选择"椭圆"选项。

步骤16 将光标定位至页码所在区域,然后拖动鼠标绘制一个高度为"0.49厘米",宽度为"0.67厘米"的椭圆,然后在"形状样式"组中将形状的填充颜色设置为"无填充",最后适当移动椭圆的位置,使其居中显示在页码上,效果如图5-84所示。

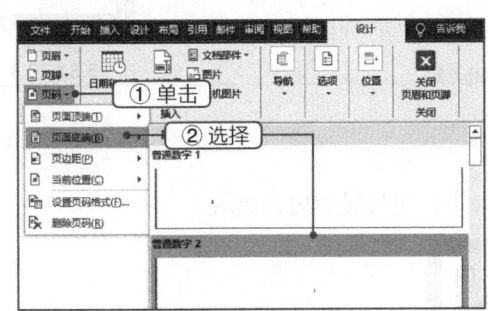
图5-83 插入页码

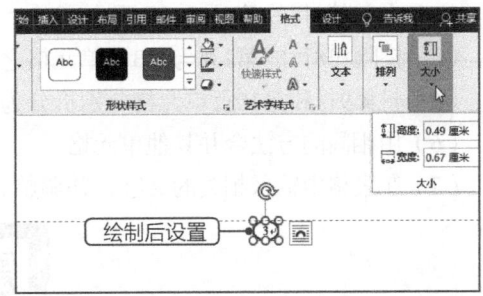
图5-84 插入并编辑形状

步骤17 单击"关闭页眉和页脚"按钮,退出页眉和页脚的编辑状态,然后单击状态栏中的"阅读视图"按钮,进入阅读视图模式,查看编辑的文档是否有误,确认无误后按"Ctrl+S"组合键保存文档,并退出Word软件。

5.8 练习

1. 启动Word 2016,按照下列要求对文档进行设置。

(1)新建空白文档,将其以"产品宣传单"为名进行保存,然后插入"背景图片"图片。

(2)插入"填充:白色;边框:红色,主题色2;清晰阴影:红色,主题色2"效果的艺术字"保湿美白面膜",然后转换艺术字的文字效果为"下翘",并调整艺术字的位置与大小。

视频教学
5.8 练习1

（3）插入横排文本框并输入文本，在其中设置文本的项目符号（字号为四号），然后设置形状填充为"无填充颜色"，形状轮廓为"无轮廓"，设置文本的艺术字样式为"填充：紫色，主题色4；软棱台"，最后调整文本框的位置。

2．打开"产品说明书"文档，按照下列要求对文档进行设置。

（1）在标题行下插入文本，然后将文档中的"饮水机"文本替换为"防爆饮水机"，再修改正文内容中的公司名称和电话号码。

（2）设置标题文本的字体格式为"黑体、二号"，段落对齐方式为"居中"，正文内容的字号为"四号"，段落缩进方式为"首行缩进"，再设置最后3行的段落对齐方式为"右对齐"。

（3）为相应的文本内容设置编号"1. 2. 3."和"1）2）3）"，在"安装说明"文本后设置编号时，可先设置编号"1. 2."，然后用格式刷复制编号"3. 4."。

（4）选择"公司详细的地址和电话"文本，为字符设置"黑色"底纹。

3．新建一个空白文档，并将其以"个人简历"为名进行保存，按照下列要求对文档进行设置。

（1）输入标题文本，并设置格式为"汉仪中宋简、三号、居中"，缩进为"段前0.5行、段后1行"。

（2）插入一个7列18行的表格。

（3）合并第1行的第6列和第7列单元格、第2～5行的第7列单元格。

（4）擦除第8行的第2列与第3列单元格之间的框线。

（5）将第9行和第10行单元格分别拆分为2列1行。

（6）用相同的方法合并其他单元格。

（7）在表格中输入相关的文字，并调整表格大小，使其显示更为美观。

CHAPTER 6

第6章
电子表格软件Excel 2016

Excel 2016是微软公司推出的Office办公组件之一，它是一款功能十分强大的数据编辑与处理软件，可以将庞大复杂的数据转换为比较直观的表格或图表。本章主要介绍Excel的相关操作，内容包括Excel的基本操作、Excel的数据与编辑操作、单元格格式设置、公式与函数、数据管理操作、图表和打印等。

课堂学习目标

- 了解Excel 2016的入门知识
- 掌握Excel 2016的数据与编辑操作
- 掌握Excel 2016中公式与函数的使用方法
- 熟悉Excel 2016的数据管理操作
- 掌握Excel 2016中图表的使用方法

课堂案例展示

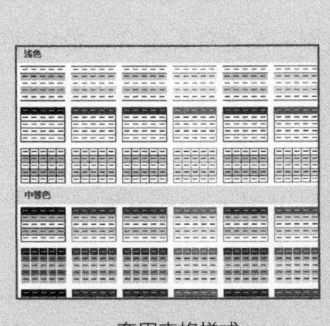
套用表格样式

添加自定义条件

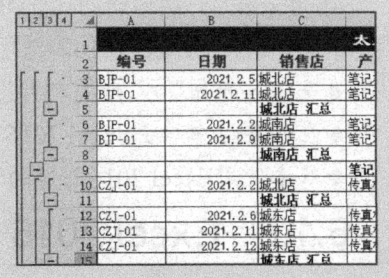
嵌套分类汇总

6.1 Excel 2016入门

Excel 2016是当前非常流行的一款数据管理与处理软件，被用于人们生活和工作的多个方面。作为Office 2016的主要组件之一，Excel 2016的基本操作方法与其他组件类似，但很多地方也独具特色。下面主要对Excel的启动、窗口组成、视图方式、工作簿操作、工作表操作、单元格操作和Excel的退出等知识进行介绍。

6.1.1 Excel 2016 简介

Excel 2016是一款主要用于制作电子表格、完成数据运算、进行数据统计和分析的软件，它被广泛地应用于管理、财务、金融等众多领域。通过Excel，用户可以轻松快速地制作出各种统计报表、工资表、考勤表等，还可以灵活地对各种数据进行整理、计算、汇总、查询和分析，即使面对大数据量的工作，也能通过Excel提供的各种功能来快速提高办公效率。图6-1所示为使用Excel制作的销售记录表。

	A	B	C	D	E	F	G
1	新星食品厂2月份销售记录表						
2	产品代码	产品名称	单位	单价(¥)	销售量	折扣	销售额(¥)
3	T0001	XX豆腐干	袋	¥1.50	10000	0.80	¥12,000
4	T0002	XX薯片	袋	¥2.00	6789	0.85	¥11,541
5	T0003	XX薯条	袋	¥2.50	5609	0.85	¥11,919
6	T0004	XX话梅	袋	¥1.50	4500	0.78	¥5,265
7	T0005	XX山楂片	袋	¥1.70	3456	0.88	¥5,170
8	T0006	XX小米锅粑	袋	¥1.20	4567	0.92	¥5,042
9	T0007	XX通心卷	袋	¥3.00	6500	1.00	¥19,500
10	T0008	XX蚕豆	袋	¥2.50	5476	0.87	¥11,910
11	S0001	XX咸干花生	袋	¥2.20	15000	0.85	¥28,050
12	S0002	XX怪味胡豆	袋	¥2.20	9995	0.80	¥17,591
13	S0003	XX五香瓜子	袋	¥2.50	18000	0.85	¥38,250
14	S0004	XX红泥花生	桶	¥5.70	8654	0.88	¥43,408
15	S0005	XX鱼皮花生	袋	¥1.90	7540	0.88	¥12,607
16	XG001	XX酸溜溜糖	盒	¥2.75	3450	1.00	¥9,488
17	XG002	XX泡泡糖	盒	¥3.25	5000	0.65	¥10,563
18	XG003	XX水果口香糖	盒	¥4.50	6321	0.87	¥24,747
19	XG004	XX芝麻糖	袋	¥3.50	4131	0.90	¥13,013
20	ZJ001	XX沙琪玛	袋	¥6.50	3200	1.00	¥20,800
21	ZJ002	XX夹心饼干	袋	¥3.00	8424	0.67	¥16,932
22	ZJ003	XX蛋黄派	袋	¥7.00	2144	1.00	¥15,008
23							
24	产品平均销售额：	¥16,640	平均折扣率：	86.50%		2月份总销售额：	¥332,804

图6-1　产品销售记录表

6.1.2 Excel 2016 的启动

启动Excel的方法与启动其他Office组件类似，用户可以根据需要选择最适合、最快捷的方式。下面介绍启动Excel 2016的常用方法。

- 选择“开始”/“所有程序”/“Excel 2016”命令。
- 在任务栏中单击Excel 2016图标。
- 双击使用Excel 2016创建的工作簿，也可启动Excel 2016并打开该工作簿。

6.1.3 Excel 2016 的窗口组成

Excel 2016的操作界面与Office 2016其他组件的操作界面大致相似，都是由快速访问工具栏、标题栏、“文件”菜单、功能选项卡、功能区、编辑栏和工作表编辑区等部分组成，如图6-2所示。下面主要介绍编辑栏和工作表编辑区的作用。

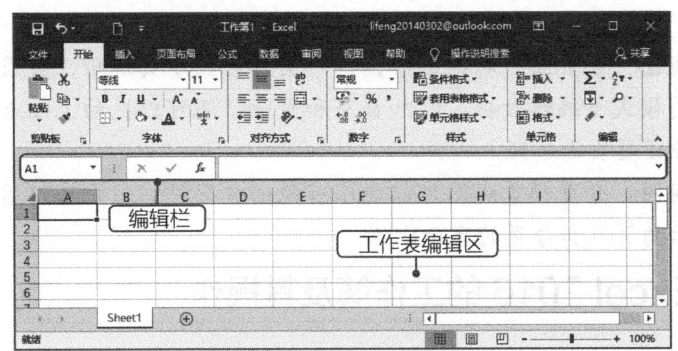

图6-2　Excel 2016操作界面

1. 编辑栏

编辑栏主要用于显示和编辑当前活动单元格中的数据或公式。在默认情况下，编辑栏中会显示名称框、"插入函数"按钮 fx 和编辑框等部分，具体介绍如下。

- 名称框：用来显示当前单元格的地址和函数名称，或定位单元格。例如，在名称框中输入"B5"后，按"Enter"键将直接定位并选择B5单元格。
- "取消"按钮 ×：单击该按钮表示取消输入的内容。
- "输入"按钮 ✓：单击该按钮表示确定并完成输入。
- "插入函数"按钮 fx：单击该按钮，将快速打开"插入函数"对话框，在其中可选择相应的函数插入到单元格中。
- 编辑框：显示单元格中输入或编辑的内容；用户也可以在选择单元格后，直接到编辑框中进行输入和编辑的操作。

2. 工作表编辑区

工作表编辑区是Excel编辑数据的主要场所，表格中的内容通常是显示在工作表编辑区中的，用户的大部分操作也需要通过工作表编辑区进行。工作表编辑区主要包括行号与列标、单元格和工作表标签等部分。

- 行号与列标：行号用"1，2，3，……"等阿拉伯数字标识，列标用"A，B，C，……"等大写英文字母标识。一般情况下，单元格地址由"列标+行号"的形式组成，如位于A列1行的单元格，则表示A1单元格。
- 工作表标签：用来显示工作表的名称，Excel 2016软件默认只包含一张工作表，单击"新工作表"按钮 ⊕，将新建一张工作表。当工作簿中包含多张工作表时，便可单击任意一个工作表标签进行工作表之间的切换操作。

6.1.4　Excel 2016 的视图方式

在Excel中，可通过在操作界面状态栏中单击视图按钮组中相应的按钮，或在"视图"/"工作簿视图"组中单击相应的按钮来切换视图，以方便用户在不同视图模式中查看和编辑表格。下面分别介绍每个工作簿视图的作用。

- 普通视图：普通视图是Excel中的默认视图，用于正常显示工作表，在其中可以执行数据输入、数据计算和图表制作等操作。
- 页面布局视图：在页面布局视图中，每一页都会显示页边距、页眉和页脚，用户可以在此视图模式下编辑数据、添加页眉和页脚，还可以拖动上方或左侧标尺中的浅蓝色控制条设置页面边距。
- 分页预览视图：分页预览视图可以显示蓝色的分页符，用户可以用鼠标拖动分页符以改变显示的页数和每页的显示比例。

6.1.5 Excel 2016 的工作簿及其操作

在使用Excel编辑和处理数据之前，首先应该新建工作簿，在工作簿中处理完数据后，需要保存工作簿。此外，常见的工作簿操作还包括打开和关闭工作簿等。

1. 新建工作簿

工作簿即Excel文件，也称电子表格。在默认情况下，新建的工作簿会以"工作簿1"命名，若继续新建工作簿则会以"工作簿2""工作簿3"……命名，名称一般会显示在Excel操作界面的标题栏中。新建工作簿的方法较多，下面主要对常用的几种方法进行介绍。

- 启动Excel 2016，此时Excel将自动新建一个名为"工作簿1"的空白工作簿。
- 在需新建工作簿的桌面或文件夹空白处单击鼠标右键，在弹出的快捷菜单中选择"新建"/"Microsoft Excel 工作表"命令，可新建一个名为"新建 Microsoft Excel 工作表"的空白工作簿。
- 启动Excel 2016，选择"文件"/"新建"命令，在打开的"新建"列表框中选择"空白工作簿"选项即可新建一个空白工作簿。

> **提示** 在"新建"列表框中选择其他选项，可创建带模板的工作簿，如选择"学生课程安排"选项，在打开的对话框中单击"新建"按钮，即可创建一个已设置好表格内容的工作簿。

2. 保存工作簿

编辑完工作簿后，需要对工作簿进行保存操作。重复编辑的工作簿，可根据需要直接进行保存，也可通过另存为操作将编辑过的工作簿保存为新的文件，下面分别介绍保存和另存为工作簿的方法。

- 直接保存：在快速访问工具栏中单击"保存"按钮，或按"Ctrl+S"组合键，或选择"文件"/"保存"命令，在打开的"另存为"列表框中选择不同的保存方式进行保存，如图6-3所示。如果是第一次进行保存操作，将打开"另存为"对话框，在该对话框中可设置文件的保存位置，在"文件名"下拉列表框中可输入工作簿名称，设置完成后单击"保存"按钮即可完成保存操作。若已保存过工作簿，则不再打开"另存为"对话框，直接完成保存操作。

图6-3 另存为工作簿

- 另存为：如果需要将编辑过的工作簿保存为新文件，可先选择"文件"/"另存为"命令，然后在打开的"另存为"列表框中选择所需的保存方式。

3. 打开工作簿

对工作簿进行查看和再次编辑时，需要先打开工作簿，下面对打开工作簿的常用方法进行介绍。

- 选择"文件"/"打开"命令或按"Ctrl+O"组合键，打开"打开"列表框，其中显示了最近编辑过的工作簿和打开过的文件夹，若是想打开最近使用过的工作簿，只需选择"工作簿"列表框中的相应文件即可；若是想打开计算机中保存的工作簿，则需单击"浏览"按钮，在打开的"打开"对话框中选择要打开的工作簿，单击"打开"按钮，即可打开所选择的Excel工作簿。
- 打开工作簿所在的文件夹，双击工作簿，可直接将其打开。

4. 保护工作簿

为了避免工作簿中的内容被人随意更改，用户可对工作簿设置保护。方法为：打开需要保护的工作簿，在"审阅"/"保护"组中，单击"保护工作簿"按钮，打开"保护结构和窗口"对话框，根据需要确定需要保护的对象，如图6-4所示。输入保护密码，单击"确定"按钮，打开"确认密码"对话框，在文本框中再次输入密码后单击"确定"按钮，此时工作簿将被保护。

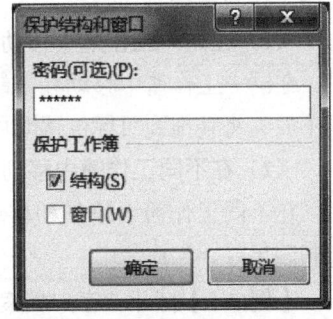

图6-4 "保护结构和窗口"对话框

5. 关闭工作簿

在Excel 2016中，常用的关闭工作簿的方式主要有以下两种。

- 选择"文件"/"关闭"命令。
- 按"Ctrl+W"组合键。

6.1.6 Excel 2016 的工作表及其操作

工作表是显示和分析数据的场所，主要用于组织和管理各种数据信息。工作表存储在工作簿中，在默认情况下，一张工作簿中只包含一张工作表，并以"Sheet1"进行命名，用户也可根据需要对工作表进行删除和添加。在编辑工作表的过程中，还需要进行新建、选择、重命名、插入、移动和复制，以及删除工作表等操作。下面分别对工作表的基本操作进行介绍。

1. 选择工作表

选择工作表是一项非常基础的操作，包括选择一张工作表、选择连续的多张工作表、选择不连续的多张工作表和选择所有工作表等。

- 选择一张工作表：单击相应的工作表标签，即可选择该工作表。
- 选择连续的多张工作表：在选择一张工作表后按住"Shift"键，再选择不相邻的另一张工作表，即可同时选择这两张工作表之间的所有工作表。被选择的工作表呈白底显示。
- 选择不连续的多张工作表：选择一张工作表后按住"Ctrl"键，再依次单击其他工作表标签，即可同时选择所有单击过的工作表。
- 选择所有工作表：在工作表标签的任意位置单击鼠标右键，在弹出的快捷菜单中选择"选定全部工作表"命令，可选择所有的工作表。

2. 重命名工作表

对工作表进行重命名，可以帮助用户快速了解工作表的内容，以便于查找和分类。重命名工作表的方法主要有以下两种。
- 双击工作表标签，此时工作表标签呈可编辑状态，输入新的名称后按"Enter"键。
- 在工作表标签上单击鼠标右键，在弹出的快捷菜单中选择"重命名"命令，工作表标签呈可编辑状态，输入新的名称后按"Enter"键。

3. 移动和复制工作表

移动和复制工作表主要包括在同一工作簿中移动和复制工作表、在不同的工作簿中移动和复制工作表两种方式。

（1）在同一工作簿中移动和复制工作表

在同一工作簿中移动和复制工作表的方法比较简单，在要移动的工作表标签上按住鼠标左键不放，将其拖到目标位置即可；如果要复制工作表，则应在拖动鼠标时按住"Ctrl"键。

（2）在不同工作簿中移动和复制工作表

在不同工作簿中复制和移动工作表就是指将一个工作簿中的内容移动或复制到另一个工作簿中。

【例6-1】打开"客户档案表"工作簿，将其中的"2021年"工作表复制到"2021年客户档案表"中。

视频教学
在不同工作簿
中移动和复制
工作表

步骤1　打开"客户档案表"工作簿和"2021年客户档案表"工作簿，选择"客户档案表"工作簿中的"2021年"工作表，单击鼠标右键，在弹出的快捷菜单中选择"移动或复制"命令，打开"移动或复制工作表"对话框。

步骤2　①在"工作簿"下拉列表框中选择"2021年客户档案表"工作簿；②在"下列选定工作表之前"列表框中选择要移动或复制到的位置，这里保持默认设置不变，即选择"Sheet1"选项；③单击选中"建立副本"复选框，如图6-5所示；④单击"确定"按钮，完成工作表的复制，如图6-6所示。

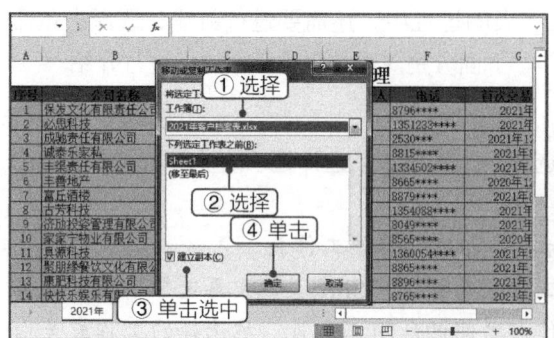

图6-5　复制工作表

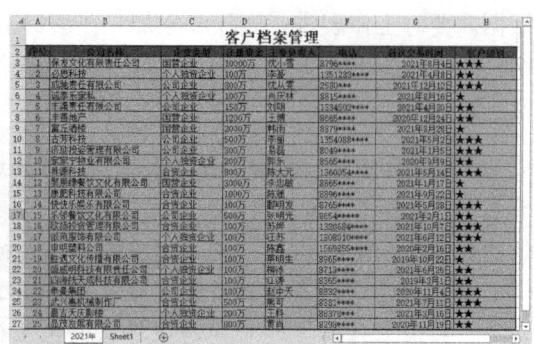

图6-6　完成复制操作

提示 在"移动或复制工作表"对话框中撤销选中"建立副本"复选框,则表示移动工作表到另一个工作簿中。

4. 新建工作表

根据实际需要,用户可在工作簿中新建工作表。新建工作表的方法有以下两种。

- 通过按钮新建:在打开工作簿的工作表标签中单击"新建工作表"按钮⊕,即可新建一张空白的工作表。
- 通过对话框插入:在工作表名称上单击鼠标右键,在弹出的快捷菜单中选择"插入"命令,打开"插入"对话框,在"常用"选项卡的列表框中选择"工作表"选项,表示插入一张空白工作表,也可以在"电子表格方案"选项卡中选择一种表格样式,单击"确定"按钮,新建一张带格式的工作表。

5. 删除工作表

当工作簿中的某张工作表作废或多余时,可以在其工作表标签上单击鼠标右键,在弹出的快捷菜单中选择"删除"命令将其删除。如果工作表中有数据,删除工作表时会打开提示对话框,单击"删除"按钮确认删除即可。

6. 隐藏和取消隐藏工作表

在工作表中若需要对单个工作表或是工作表中的某一行/列进行隐藏,避免他人查看,可在"开始"/"单元格"组中,选择"格式"/"隐藏和取消隐藏"/"隐藏工作表"命令,即可对当前工作表进行隐藏。要取消隐藏工作表,可选择"格式"/"隐藏和取消隐藏"/"取消隐藏工作表"命令,打开"取消隐藏"对话框,选择要取消隐藏的工作表后单击"确定"按钮,即可取消隐藏的工作表,如图6-7所示。

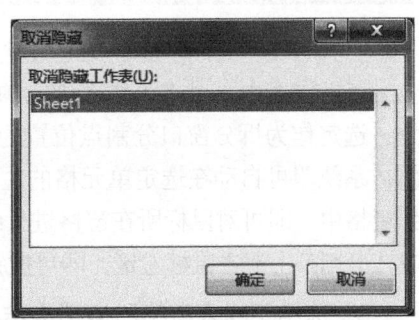

图6-7 取消隐藏

7. 保护工作表

Excel 2016不仅提供了编辑和存储数据的功能,还提供了密码保护功能,用以保护工作表。

视频教学
保护工作表

【例6-2】打开"客户档案管理"工作簿,为"2021年"工作表设置保护密码,然后将其撤销。

步骤1 打开"客户档案管理"工作簿,在"2021年"工作表标签上单击鼠标右键,在弹出的快捷菜单中选择"保护工作表"命令,打开"保护工作表"对话框。

步骤2 ①在"取消工作表保护时使用的密码"文本框中输入密码,如"123456",在"允许此工作表的所有用户进行"列表框中设置用户可以进行的操作;②单击"确定"按钮,如图6-8所示。

步骤3 打开"确认密码"对话框,在"重新输入密码"文本框中再次输入密码,单击"确定"按钮。

步骤4 ①在"2021年"工作表标签上单击鼠标右键,在弹出的快捷菜单中选择"撤销工作表保护"命令,打开"撤销工作表保护"对话框,在其中输入密码;②单击"确定"按钮,如图6-9所示。

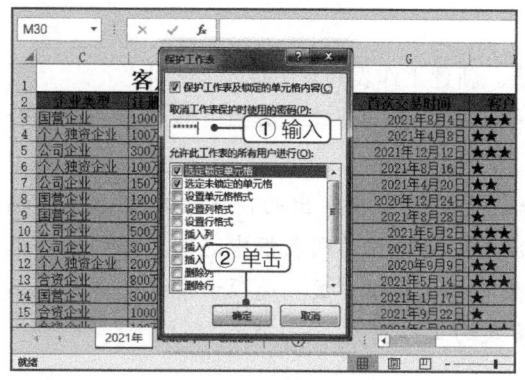
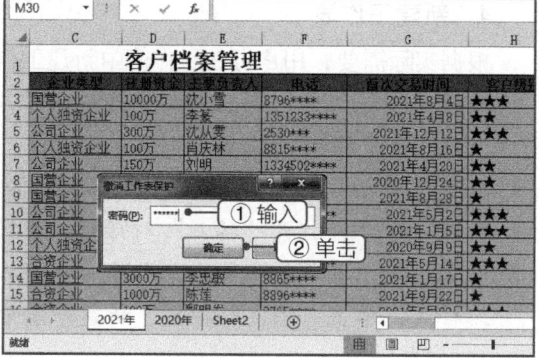

图6-8 保护工作表　　　　　　　　　　　图6-9 撤销工作表保护

 提示 在工作表标签上单击鼠标右键,在弹出的快捷菜单中选择"工作表标签颜色"命令,在其子菜单中选择所需的颜色,即可为工作表标签设置标识颜色。

8. 拆分工作表窗口和撤销拆分

在工作表中,可将工作表中的内容拆分为多个窗格以便于用户查看与编辑内容。其方法为:选定作为拆分窗口分割点位置的单元格,在"视图"/"窗口"组中,单击"拆分"按钮 ,系统即可自动在选定单元格的左上角处将工作表拆分为4个独立的窗格,只需将鼠标定位到窗格中,即可对鼠标所在窗格进行编辑。拆分工作表窗口以后,再次单击"拆分"按钮 ,或在分割条上双击鼠标左键,即可撤销对工作表窗口的拆分。

9. 冻结工作表窗格和撤销冻结

若是工作表内容过长,还可将需要长期显示的内容进行冻结,以便于编辑过程中查看工作表。其方法为:选择作为冻结点的单元格,在"视图"/"窗口"组中,单击"冻结窗格"按钮 ,在打开的下拉列表中有冻结窗格、冻结首行、冻结首列3个选项,用户根据需要选项相应的选项即可,如图6-10所示。若需要取消冻结,可再次单击"冻结窗格"按钮 ,在打开的下拉列表中选择"取消冻结窗格"命令即可。

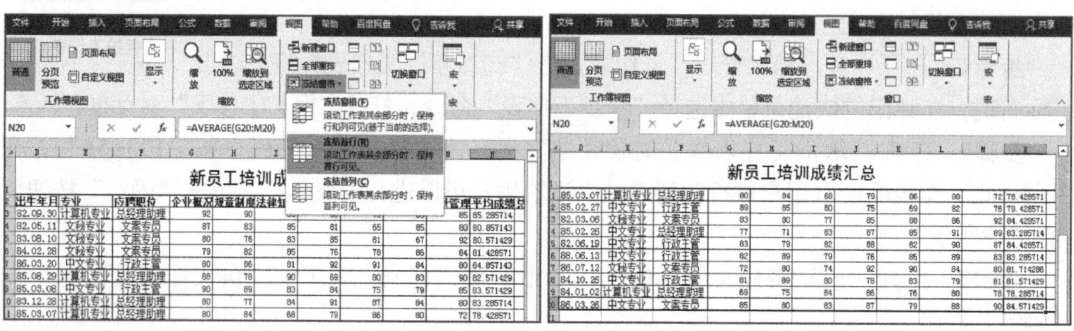

图6-10 冻结工作表窗格

6.1.7 Excel 2016 的单元格及其操作

单元格是Excel中最基本的存储数据单元,它通过对应的行号和列标进行命名和引用的。多个连续的单元格称为单元格区域,其地址表示为"单元格:单元格",比如A2单元格与C5单元格之间连续的单元格可表示为A2:C5单元格区域。用户在编辑电子表格的过程中,常常需要对单元格进行多项操作,包括选择、合并与拆分、插入与删除单元格等。

1. 选择单元格

在对单元格进行操作之前,首先应该选择需进行操作的单元格或单元格区域。在Excel中选择单元格主要有以下几种方法。

- 选择单个单元格:单击要选择的单元格。
- 选择多个连续的单元格:选择一个单元格,然后按住鼠标左键不放并拖动鼠标,可选择多个连续的单元格(即单元格区域)。
- 选择不连续的单元格:按住"Ctrl"键不放,分别单击要选择的单元格,可选择不连续的多个单元格。
- 选择整行:单击行号可选择整行单元格。
- 选择整列:单击列标可选择整列单元格。
- 选择整个工作表中的所有单元格:单击工作表编辑区左上角行号与列标交叉处的按钮即可选择整个工作表中的所有单元格。

2. 合并与拆分单元格

在实际编辑表格的过程中,常常需要对单元格或单元格区域进行合并与拆分操作,以满足表格样式的需要。

(1)合并单元格

在编辑表格的过程中,为了使表格结构看起来更美观、层次更清晰,有时需要对某些单元格区域进行合并操作。选择需要合并的多个单元格,然后在"开始"/"对齐方式"组中单击"合并后居中"按钮。单击"合并后居中"按钮右侧的下拉按钮,在打开的下拉列表中可以选择"跨越合并""合并单元格""取消单元格合并"等选项。

(2)拆分单元格

首先选择需合并的单元格,然后单击"合并后居中"按钮,或在"开始"/"对齐方式"组右下角单击按钮,打开"设置单元格格式"对话框,在"对齐方式"选项卡中撤销选中"合并单元格"复选框即可。

3. 插入与删除单元格

在编辑表格时,用户可根据需要插入或删除单个单元格,也可插入或删除一行/一列单元格。

(1)插入单元格

插入单元格是在表格编辑过程中常见的一项操作,其操作方法比较简单。打开工作簿,选择要编辑的工作表后,选择待插入单元格所显示的位置,比如,在A14单元格所在位置插入单元格,则需选择A14单元格,然后在"开始"/"单元格"组中单击"插入"下拉按钮,在打开的下拉列表中选择"插入单元格"选项。打开"插入"对话框，如图6-11所示，单击选中"整行"单选项，表示插入整行单元格；单击选中"整列"单选项，表示插入整列单元格；单击选中"活动单元格右移"单选项或"活动单元格下移"单选项，可在所选单元格的左侧或上方插入一个单元格，最后单击"确定"按钮即可。

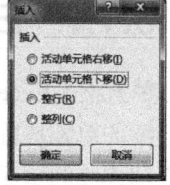

图6-11 "插入"对话框

（2）删除单元格

当不需要某单元格时，可将其删除。选择要删除的单元格，单击"开始"/"单元格"组中的"删除"按钮，在打开的下拉列表中选择"删除单元格"选项，会打开"删除"对话框，单击选中相应的单选项后，单击"确定"按钮即可删除所选单元格。

此外，单击"删除"按钮下方的下拉按钮，在打开的下拉列表中选择"删除工作表行"或"删除工作表列"选项，可以删除整行或整列单元格。

6.1.8 Excel 2016 的退出

退出Excel 2016主要有以下几种方法。
- 单击Excel 2016窗口右上角的"关闭"按钮 ×。
- 按"Alt+F4"组合键。
- 在标题栏的空白区域单击鼠标右键，在弹出的快捷菜单中选择"关闭"命令。

6.2 Excel 2016的数据与编辑

新建好工作表后，即可在单元格中输入表格数据，同时用户也可根据需要，对数据和数据格式进行编辑和设置。

6.2.1 数据输入与填充

输入数据是制作表格的基础，Excel支持各种类型数据的输入，包括文本和数字等一般格式数据，以及身份证、小数或货币等特殊格式的数据。对于编号等有规律的数据序列还可利用快速填充功能实现高效输入。

1. 输入普通数据

在Excel表格中输入一般数据主要有以下3种方式。
- **选择单元格输入**：选择单元格后，直接输入数据，然后按"Enter"键。
- **在单元格中输入**：双击要输入数据的单元格，将文本插入点定位到其中，输入所需数据后按"Enter"键。
- **在编辑栏中输入**：选择单元格，然后将鼠标指针移到编辑栏中并单击，将文本插入点定位到编辑栏中，输入数据并按"Enter"键。

2. 快速填充数据

在输入Excel表格数据的过程中，若单元格中数据多处相同或是有规律的数据序列，可以利用快速填充表格数据的方法来提高工作效率。

(1)通过"序列"对话框填充

对于有规律的数据,Excel 2016提供了快速填充功能,用户只需在表格中输入一个数据,便可在连续单元格中快速输入有规律的数据。

【例6-3】在单元格中输入数字,并对其快速进行填充。

视频教学
通过"序列"对话框填充

步骤1 在起始单元格中输入起始数据,如"20210401",然后选择需要填充规律数据的单元格区域,如A1:A10,在"开始"/"编辑"组中单击"填充"按钮右侧的下拉按钮,在打开的下拉列表中选择"序列"选项,打开"序列"对话框。

步骤2 ①在"序列产生在"栏中选择序列产生的位置,这里单击选中"列"单选项;②在"类型"栏中选择序列的特性,这里单击选中"等差序列"单选项;③在"步长值"文本框中输入序列的步长,这里输入"1",如图6-12所示;④单击"确定"按钮,便可填充序列数据,填充数据后的效果如图6-13所示。

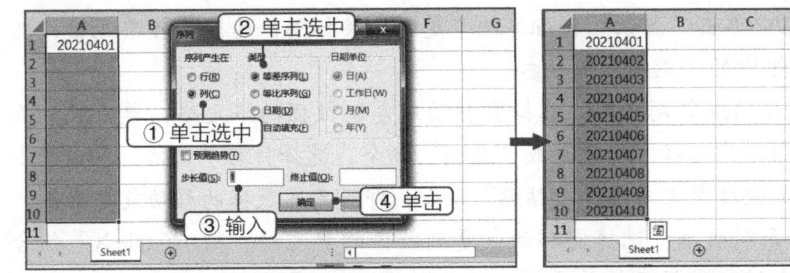

图6-12 "序列"对话框　　　　　　　图6-13 查看填充效果

(2)使用控制柄填充相同数据

在起始单元格中输入起始数据,将鼠标指针移至该单元格右下角的控制柄上,当其变为+形状时,按住鼠标左键不放并拖动至所需位置,释放鼠标,即可在选择的单元格区域中填充相同的数据。

 提示 在起始单元格中输入起始数据,按住"Ctrl"键拖动控制柄,默认按照等差为1的等差数列进行填充,如果已经设置了填充方式,则按照所设置的方式进行填充。

(3)使用控制柄填充有规律的数据

在单元格中输入起始数据,在相邻单元格中输入下一个数据,选择已输入数据的两个单元格,将鼠标指针移至选区右下角的控制柄上,当其变为+形状时,按住鼠标左键不放拖动至所需位置后释放鼠标,即可根据两个数据的特点自动填充有规律的数据,如图6-14所示。

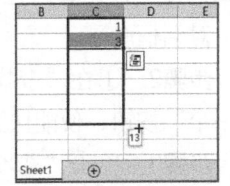

图6-14 填充有规律的数据

6.2.2 数据的编辑

在编辑表格的过程中,还可以对已有的数据进行修改、移动、复制、查找、替换和删除等编辑操作。

1. 修改和删除数据

在表格中修改和删除数据主要有以下3种方法。

- 在单元格中修改或删除：双击需修改或删除数据的单元格，在单元格中定位文本插入点，修改或删除数据后按"Enter"键完成操作。
- 选择单元格修改或删除：当需要对某个单元格中的全部数据进行修改或删除时，只需选择该单元格，然后重新输入正确的数据；也可在选择单元格后按"Delete"键删除所有数据，然后输入需要的数据，再按"Enter"键快速完成修改。
- 在编辑栏中修改或删除：选择单元格，将鼠标指针移到编辑栏中，单击鼠标将文本插入点定位到编辑栏中，修改或删除数据后按"Enter"键完成操作。

2. 移动和复制数据

在Excel 2016中移动和复制数据主要有以下3种方法。

- 通过"剪贴板"组移动或复制数据：选择需移动或复制数据的单元格，在"开始"/"剪贴板"组中单击"剪切"按钮 或"复制"按钮 ，选择目标单元格，然后单击"剪贴板"组中的"粘贴"按钮 。
- 通过右键快捷菜单移动或复制数据：选择需移动或复制数据的单元格，单击鼠标右键，在弹出的快捷菜单中选择"剪切"或"复制"命令，选择目标单元格，然后单击鼠标右键，在弹出的快捷菜单中选择"粘贴"命令，即可完成数据的移动或复制。
- 通过快捷键移动或复制数据：选择需移动或复制数据的单元格，按"Ctrl+X"组合键或"Ctrl+C"组合键，选择目标单元格，然后按"Ctrl+V"组合键。

3. 查找和替换数据

当Excel 2016工作表中的数据量很大时，在其中直接查找数据就会非常困难，此时可通过Excel提供的查找和替换功能来快速查找符合条件的单元格，还能快速对这些单元格进行统一替换，从而提高编辑的效率。

（1）查找数据

利用Excel提供的查找功能不仅可以查找普通数据，还可以查找公式、值和批注等。

【例6-4】在"客户档案表1"工作簿中查找"国营企业"。

视频教学
查找数据

步骤1 打开"客户档案表1"工作簿，在"开始"/"编辑"组中单击"查找和选择"按钮 ，在打开的下拉列表中选择"查找"选项，打开"查找和替换"对话框。

步骤2 ①在"查找内容"下拉列表框中输入"国营企业"；②单击"查找下一个"按钮，便能快速查找到匹配条件的单元格，如图6-15所示。

步骤3 单击"选项"按钮，可以展开更多的查找条件，包括查找范围、所查内容的格式等。单击"查找全部"按钮，可以在"查找和替换"对话框下方列表中显示所有包含所需查找文本的单元格的位置，如图6-16所示，最后单击"关闭"按钮关闭"查找和替换"对话框。

 提示 在工作表中直接按"Ctrl+F"组合键，可快速打开"查找"对话框。

图6-15 查找数据

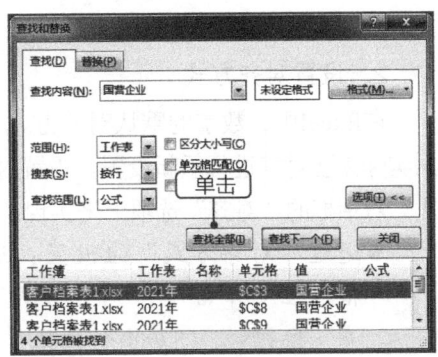
图6-16 查找全部

（2）替换数据

如果发现表格中有多处相同的错误，或需对某项数据进行统一修改，可通过Excel的替换功能来快速实现。其操作方法与查找数据相似，首先打开要编辑的工作簿，在"开始"/"编辑"组中单击"查找和选择"按钮，在打开的下拉列表中选择"替换"选项，打开"查找和替换"对话框。在"替换"选项卡中的"查找内容"下拉

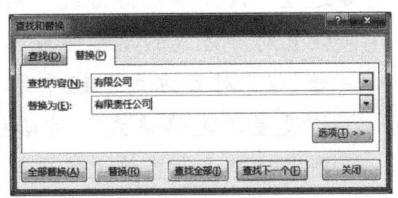
图6-17 替换数据

列表框中输入要查找的数据，如"有限公司"，在"替换为"下拉列表框中输入需要替换的内容，如"有限责任公司"，如图6-17所示，单击"替换"按钮可进行一次替换操作，单击"全部替换"按钮，则可将所有符合条件的数据全部替换，最后单击"关闭"按钮完成替换数据的操作。

6.2.3 数据格式设置

在输入并编辑好表格数据后，为了使工作表中的数据更加清晰明了、美观实用，通常需要对表格格式进行设置和调整。在Excel 2016中设置数据格式主要包括设置字体格式、设置对齐方式和设置数字格式3个方面的内容。

1. 设置字体格式

为表格中的数据设置不同的字体格式，不仅可以使表格更加美观，还可以方便用户对表格内容进行区分，便于查阅。设置字体格式主要可以通过"字体"组和"设置单元格格式"对话框的"字体"选项卡两种方法来实现。

- 通过"字体"组设置：选择要设置的单元格，在"开始"/"字体"组中的"字体"下拉列表框和"字号"下拉列表框中可设置表格数据的字体和字号，单击"加粗"按钮B、"倾斜"按钮I、"下画线"按钮U和"字体颜色"按钮A，可为表格中的数据设置加粗、倾斜、下画线和颜色效果。

- 通过"设置单元格格式"对话框设置：选择要设置的单元格，单击鼠标右键，在弹出的快捷菜单中选择"设置单元格格式"命令，打开"设置单元格格式"对话框，单击"字体"选项卡，在其中可以设置单元格中数据的字体、字形、字号、下画

线、特殊效果和颜色等。

2. 设置对齐方式

在Excel中，数字的默认对齐方式为右对齐，文本的默认对齐方式为左对齐，用户也可根据实际需要对其进行重新设置。设置对齐方式主要可以通过"对齐方式"组和"设置单元格格式"对话框的"对齐"选项卡来实现。

- 通过"对齐方式"组设置：选择要设置的单元格，在"开始"/"对齐方式"组中单击"左对齐"按钮≡、"居中"按钮≡、"右对齐"按钮≡等，可快速为选择的单元格设置相应的对齐方式。

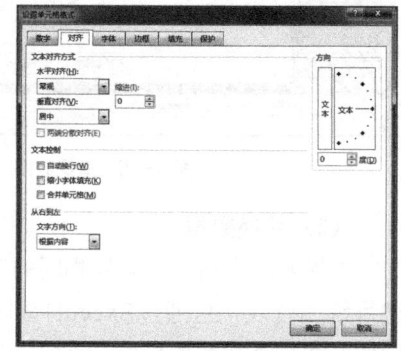

- 通过"设置单元格格式"对话框设置：选择需要设置对齐方式的单元格或单元格区域，单击"开始"/"对齐方式"组中右下角的 按钮，打开"设置单元格格式"对话框，单击"对齐"选

图6-18 "对齐"选项卡

项卡，可以设置单元格中数据的水平及垂直对齐方式、文字的排列方向和文本控制等，如图6-18所示。

3. 设置数字格式

设置数字格式是指修改数值类单元格格式，可以通过"数字"组或"设置单元格格式"对话框的"数字"选项卡实现。

- 通过"数字"组设置：选择要设置的单元格，在"开始"/"数字"组中单击下拉列表框右侧的下拉按钮·，在打开的下拉列表中可以选择一种数字格式。此外，单击"会计数字格式"按钮、"百分比样式"按钮%、"千位分隔样式"按钮，"增加小数位数"按钮和"减少小数位数"按钮等，可快速将数据转换为会计数字格式、百分比、千位分隔符等格式。

- 通过"设置单元格格式"对话框设置：选择需要设置数据格式的单元格，打开"设置单元格格式"对话框，单击"数字"选项卡，在其中可以设置单元格中的数据类型，如货币型、日期型等。

另外，如果用户需要在单元格中输入身份证号码、分数等特殊数据，也可通过设置数字格式功能来实现。

- 输入身份证号码：选择要输入的单元格区域，单击鼠标右键，在弹出的快捷菜单中选择"设置单元格格式"命令，打开"设置单元格格式"对话框，单击"数字"选项卡，在"分类"列表框中选择"文本"选项，或选择"自定义"选项后，在"类型"列表框中选择"@"选项，单击"确定"按钮。

- 输入分数：先输入一个英文状态下的单引号"'"，再输入分数即可；也可以选择要输入分数的单元格区域，打开"设置单元格格式"对话框，在"数字"选项卡中的"分类"列表框中选择"分数"选项，并在对话框右侧设置分数格式，单击"确定"按钮后进行输入。

6.3 Excel 2016的单元格格式设置

默认状态下，工作表中的单元格是没有格式的，用户可根据实际需要进行自定义设置，包括设置行高和列宽、设置单元格边框、设置单元格填充颜色、使用条件格式和套用表格格式等。

6.3.1 设置行高和列宽

在Excel表格中，单元格的行高与列宽可根据需要进行调整，一般情况下，将其调整为能够完全显示表格数据即可。设置行高和列宽的方法主要有以下两种。

- 通过拖动边框线调整：将鼠标指针移至单元格的行标或列标之间的分隔线上，按住鼠标左键不放，此时将出现一条灰色的实线，代表边框线移动的位置，拖动到适当位置后释放鼠标即可调整单元格的行高与列宽。
- 通过对话框设置：在"开始"/"单元格"组中单击"格式"下拉按钮，在打开的下拉列表中选择"行高"选项或"列宽"选项，然后在打开的"行高"对话框或"列宽"对话框中输入行高值或列宽值，并单击"确定"按钮。

6.3.2 设置单元格边框

Excel中的单元格边框是默认显示的，但是默认状态下的边框不能打印出来，为了满足打印需要，用户可为单元格设置边框效果。单元格边框效果可通过"字体"组和"设置单元格格式"对话框中的选项去设置。

- 通过"字体"组设置：选择要设置的单元格后，在"开始"/"字体"组中单击"下边框"按钮右侧的下拉按钮，在打开的下拉列表中选择所需的边框线样式，如图6-19所示，再在"绘制边框"栏的"线条颜色"和"线型"子选项中选择边框的线型及颜色。
- 通过"设置单元格格式"对话框设置：选择需要设置边框的单元格，打开"设置单元格格式"对话框，单击"边框"选项卡，在其中可设置各种粗细、样式或颜色的边框。

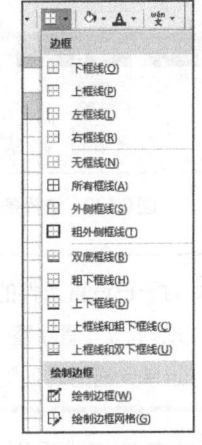

图6-19 通过"字体"组设置边框

6.3.3 设置单元格填充颜色

需要突出显示某个或某部分单元格时，可选择为单元格设置填充颜色。设置填充颜色可通过"字体"组和"设置单元格格式"对话框的"填充"选项卡实现。

- 通过"字体"组设置：选择需要设置的单元格后，在"开始"/"字体"组中单击"填充颜色"按钮右侧的下拉按钮，在打开的下拉列表中可选择所需的填充颜色。
- 通过"设置单元格格式"对话框设置：选择需要设置的单元格，打开"设置单元格格式"对话框，单击"填充"选项卡，在其中可设置填充的颜色和图案样式。

6.3.4 使用条件格式

通过Excel的条件格式功能，可以为表格设置不同的条件格式，并将满足条件的单元格数据突出显示，以方便查看表格内容。

1. 快速设置条件格式

Excel为用户提供了很多常用的条件格式，直接选择所需选项即可快速进行条件格式的设置。

【例6-5】在"固定资产表"工作簿中为"购置金额大于10 000元"的单元格设置条件格式。

步骤1 选择要设置条件格式的单元格区域，这里选择I3：I11单元格区域。

步骤2 ①在"开始"/"样式"组中单击"条件格式"按钮；②在打开的下拉列表中选择"突出显示单元格规则"/"大于"选项，如图6-20所示。

步骤3 ①打开"大于"对话框，在左侧文本框中输入"10 000"；②在"设置为"下拉列表框中选择所需的选项，即设置突出显示的颜色；③然后单击"确定"按钮，如图6-21所示。设置完成后，即可看到满足条件的数据被突出显示的效果。

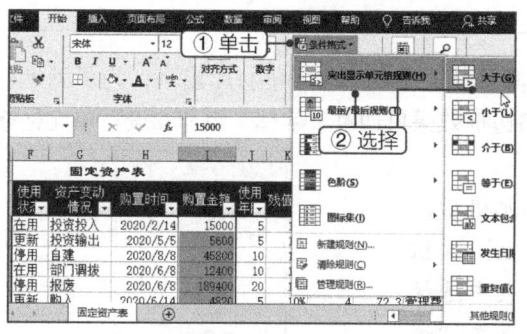

图6-20 选择条件格式

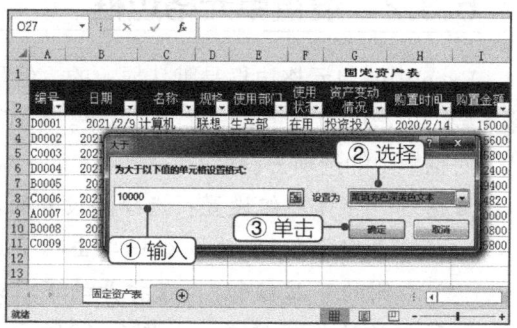

图6-21 设置条件格式

提示 对于已设置条件的单元格，如果需要清除条件，可在"条件格式"下拉列表中选择"清除规则"/"清除整个工作表的规则"选项，取消整个工作表中的条件格式，或选择"清除所选单元格的规则"选项，清除指定单元格的条件格式。

2. 新建条件格式规则

如果Excel提供的条件格式选项不能满足实际需要，用户也可通过新建格式规则的方式来创建适合的条件格式。用户选择需要设置的单元格区域后，在"开始"/"样式"组中单击"条件格式"按钮，在打开的下拉列表中选择"新建规则"选项，打开"新建格式规则"对话框，在其中可以选择规则类型并对应用条件格式的单元格格式进行编辑，如图6-22所示，设置完成后单击"确定"按钮即可。

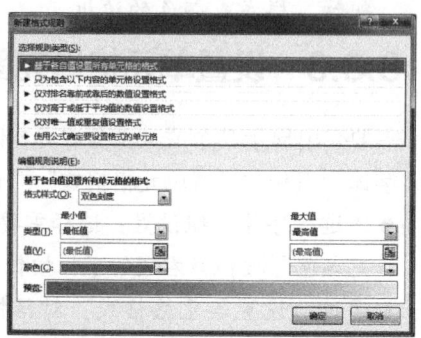

图6-22 "新建格式规则"对话框

6.3.5 套用表格格式

Excel 2016的自动套用格式功能可以快速设置单元格和表格的格式,以便对表格进行美化。
- 应用单元格样式:选择要设置样式的单元格,在"开始"/"样式"组中单击"单元格样式"按钮,在打开的下拉列表中可直接选择一种Excel预置的单元格样式,如图6-23所示。
- 套用表格格式:选择要套用格式的表格区域,在"开始"/"样式"组中单击"套用表格格式"按钮,在打开的下拉列表中可直接选择一种Excel预置的表格格式,如图6-24所示,打开"套用表格式"对话框,默认选择整个表格区域,用户也可在表格编辑区拖动鼠标重新选择数据区域,然后单击"确定"按钮应用表格格式。

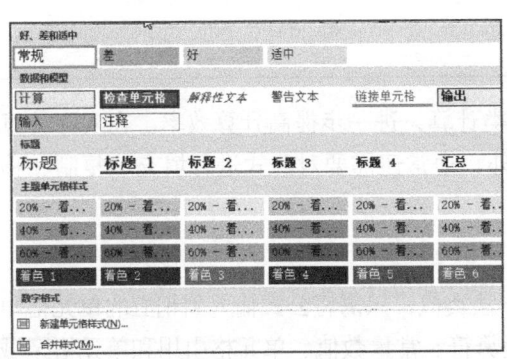

图6-23　应用单元格样式

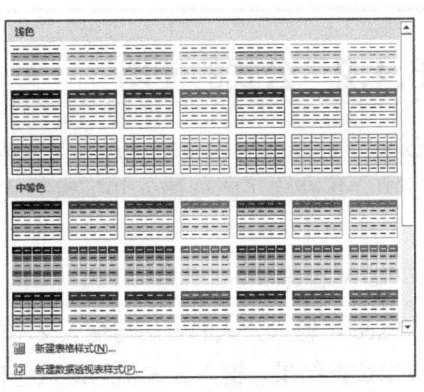

图6-24　套用表格样式

6.4　Excel 2016的公式与函数

Excel作为一款功能十分强大的数据处理软件,其功能强大性主要体现在数据计算和分析方面。Excel不仅可以通过公式对表格中的数据进行一般的加、减、乘、除运算,还可以利用函数进行一些高级的运算,极大地提高了办公人员的工作效率。

6.4.1 公式的概念

Excel中的公式即指对工作表中的数据进行计算的等式,以"=(等号)"开始,通过各种运算符号,将值或常量和单元格引用、函数返回值等组合起来,形成公式表达式。公式是计算表格数据非常有效的工具,Excel可以自动计算公式表达式的结果,并显示在相应的单元格中。
- 数据的类型:在Excel中,常用的数据类型主要包括数值型、文本型和逻辑型3种,其中数值型是表示大小的一个值,文本型表示一个名称或提示信息,逻辑型表示真或者假。
- 常量:Excel中的常量包括数字和文本等各类数据,主要可分为数值型常量、文本型常量和逻辑型常量。数值型常量可以是整数、小数或百分数,不能带千分位和货币符号。文本型常量是用英文双引号("")引起来的若干字符,但其中不能包含英文双引号。逻辑型常量只有两个值,true和false,表示真和假。

- 运算符：运算符是Excel公式中的基本元素，它能对公式中的元素进行特定类型的运算。Excel中的运算符主要包括算术运算符、比较运算符、逻辑运算符和文本连接符。
- 公式的构成：Excel中的公式由"="＋"运算式"构成，运算式是由运算符构成的计算式，也可以是函数，运算式中参与计算的可以是常量，可以是单元格地址，也可以是函数。

  提示　算术运算符包括加、减、乘、除、乘方等，运算结果是数值型。比较运算符包括等于、大于、小于、大于等于、小于等于和不等于等。逻辑运算符包括与（and）、或（or）、非（not），运算结果为逻辑型。文本连接符指"&"，可将两个文本连接成一个文本。例如，"计算机"&"应用"，其结果为"计算机应用"。

6.4.2　公式的使用

Excel中的公式可以帮助用户快速完成各类计算，进一步提高计算效率。在实际计算数据的过程中，用户除了需要输入和编辑公式之外，通常还需要对公式进行填充、复制和移动等操作。

1．输入公式

在Excel中输入公式的方法与输入文本的方法类似，只需将公式输入到相应的单元格中，即可计算出数据结果。输入公式指的是只包含运算符、常量数值、单元格引用和单元格区域引用的简单公式。

选择要输入公式的单元格，在单元格或编辑栏中输入"="，接着输入公式内容，如"=B3+C3+D3+E3"，完成后按"Enter"键或单击编辑栏上的"输入"按钮✓即可，如图6-25所示。

图6-25　在编辑栏中输入公式

2．编辑公式

选择含有公式的单元格，将文本插入点定位在编辑栏或单元格中需要修改的位置，按"Back Space"键删除多余或错误的内容，再输入正确的内容，完成后按"Enter"键确认即可完成公式的编辑。编辑完成后，Excel将自动对新公式进行计算。

3．填充公式

在输入公式完成计算后，如果该行或该列后的其他单元格皆需使用该公式进行计算，可直接通过填充公式的方式快速完成其他单元格的数据计算。

选择已添加公式的单元格，将鼠标指针移至该单元格右下角的控制柄上，当其变为✚形状时，按住鼠标左键不放并拖动至所需位置，释放鼠标，即可在选择的单元格区域中填充相同的公式并计算出结果，如图6-26所示。

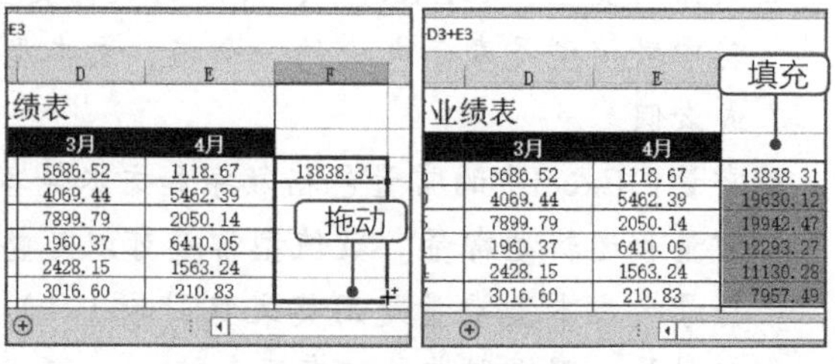

图6-26　拖动鼠标填充公式

> **提示** 在填充公式时，被填充的目标单元格中数据的计算方式会根据原始单元格的公式引用情况而有所不同，如果原始单元格为相对引用，则目标单元格的填充会根据位移情况自动调整所引用的单元；如果原始单元格为绝对引用，则目标单元格的公式不会发生改变。

4. 复制和移动公式

在Excel中复制和移动公式也可以快速完成单元格数据的计算。在复制公式的过程中，Excel会自动调整引用单元格的地址，避免了手动输入公式的麻烦，提高了工作效率。复制公式的操作方法与复制数据的操作方法一样。

移动公式即将原始单元格的公式移动到目标单元格中，公式在移动过程中不会根据单元格的位移情况发生改变。移动公式的方法与移动其他数据的方法相同。

6.4.3 单元格的引用

单元格引用是指引用数据的单元格区域所在的位置，在Excel中，用户可以根据实际计算需要引用当前工作表、当前工作簿或其他工作簿中的单元格数据。在引用单元格后，公式的运算值将随着被引用单元格的变化而变化，如"=193800+123140+146520+152300"，数据"193800"位于B3单元格，其他数据依次位于C3、D3和E3单元格中，通过单元格引用，可以将公式输入为"=B3+C3+D3+E3"。

1. 单元格引用类型

在计算数据表中的数据时，通常会通过复制或移动公式来实现快速计算，这就涉及单元格引用的知识。根据单元格地址是否改变，可将单元格引用分为相对引用、绝对引用和混合引用。

- 相对引用：相对引用是指输入公式时直接通过单元格地址来引用单元格。相对引用单元格后，如果复制或剪切公式到其他单元格，那么公式中引用的单元格地址会根据复制或剪切的位置而发生相应改变。
- 绝对引用：绝对引用是指无论引用单元格的公式位置如何改变，所引用的单元格均不会发生变化。绝对引用的形式是在单元格的行列号前加上符号"$"。
- 混合引用：混合引用包含了相对引用和绝对引用。混合引用有两种形式，一种是行绝对、列相对，如"B$2"，表示行不发生变化，但是列会随着新的位置发生变化；另一种是行相对、列绝对，如"$B2"，表示列保持不变，但是行会随着新的位置而发生变化。

2. 同一工作簿不同工作表的单元格引用

在同一工作簿中引用不同工作表中的内容，需要在单元格或单元格区域前标注工作表名称，表示引用该工作表中该单元格或单元格区域的值。

【例6-6】在"日用品销售业绩表"工作簿"Sheet2"工作表的B3单元格中引用"Sheet1"工作表中的数据，并计算出季度销售额。

视频教学
同一工作簿不同工作表的单元格引用

步骤1 打开"日用品销售业绩表"工作簿，选择"Sheet2"工作表中的B3单元格，由于该单元格中的数据为"白糖"的季度销售额，即需要对"Sheet1"中"白糖"4个月的销售额进行相加。因此需要在B3单元格中输入

"=SUM(Sheet1!B3：D3)"，或单击编辑栏中的"插入函数"按钮 f_x，打开"插入函数"对话框，在"选择函数"列表框中选择"SUM"选项，如图6-27所示，然后单击"确定"按钮。

步骤2 打开"函数参数"对话框，单击"Number1"文本框后的"收缩"按钮缩小对话框，返回工作表编辑区，选择"Sheet1"工作表，再选择B3：D3单元格区域，如图6-28所示。

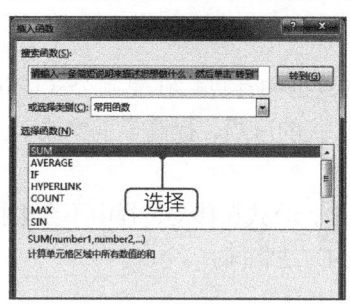
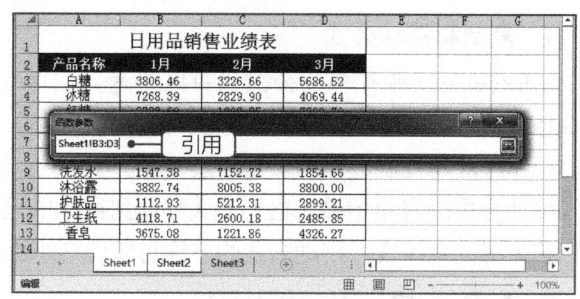

图6-27 "插入函数"对话框　　　　　　图6-28 选择引用区域

步骤3 选择完成后单击"展开"按钮还原"函数参数"对话框，可看到所引用单元格区域以及引用结果，单击"确定"按钮。

步骤4 返回"Sheet2"工作表，在B3单元格中显示了计算结果，将鼠标指针移至B3单元格右下角的控制柄上，当其变为+形状时，按住鼠标左键不放并拖动至B13单元格，释放鼠标，计算出其他产品的季度销售额，如图6-29所示。

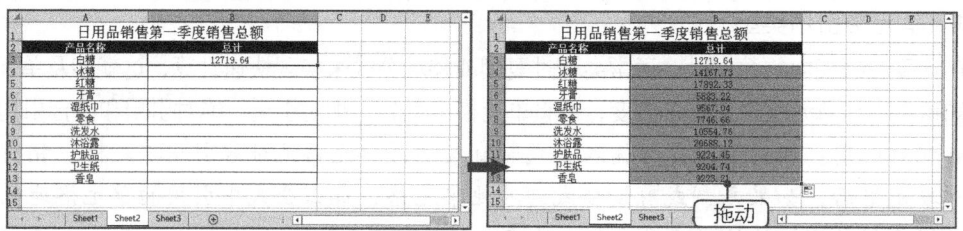

图6-29 填充数据

3. 不同工作簿不同工作表的单元格引用

在Excel中不仅可以引用同一工作簿中的内容，还可以引用不同工作簿中的内容，为了操作方便，可将引用工作簿和被引用工作簿同时打开。

【例6-7】 在"销售业绩评定表"工作簿中引用"销售业绩总额"工作簿中的数据。

步骤1 打开"销售业绩评定表"工作簿和"销售业绩总额"工作簿，选择"销售业绩评定表"工作簿的"Sheet1"工作表的D14单元格，输入"="，切换到"销售业绩总额"工作簿，选择B3单元格，如图6-30所示。

步骤2 此时，在编辑框中可查看当前引用公式，按"Ctrl+Enter"组合键确认引用，返回"销售业绩评定表"工作簿，即可查看D14单元格中已成功引用"销售业绩总额"工作簿中B3单元格的数据，如图6-31所示。

步骤3 按照相同的操作方法，计算D15、D16单元格中的数据。

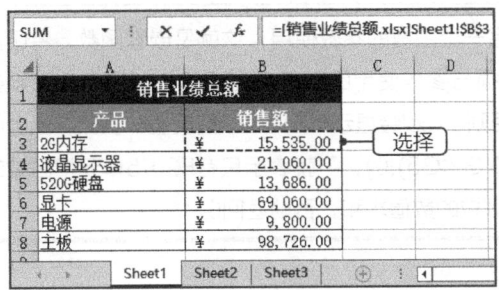

图6-30 输入"="并选择被引用单元格　　　图6-31 查看引用效果

6.4.4 函数的使用

函数相当于预设好的公式，通过这些函数可以简化公式输入过程，提高计算效率。Excel中的函数主要包括财务、统计、逻辑、文本、日期和时间、查找和引用、数学和三角函数、工程、多维数据集和信息等10种。函数一般包括等号、函数名称和函数参数3个部分，其中函数名称表示函数的功能，每个函数都具有唯一的函数名称。函数参数指函数运算对象，可以是数字、文本、逻辑值、表达式、引用或其他函数等。

1. Excel中的常用函数

Excel 2016为用户提供了多种函数，每个函数的功能、语法结构及其参数的含义都各不相同，下面对一些常用函数进行介绍。

- SUM函数：SUM函数是对选择的单元格或单元格区域进行求和计算的一种函数，语法结构为：SUM(number1,number2,…)，number1,number2,…表示若干个需要求和的参数。填写参数时，可以填写单元格地址（如E6,E7,E8），或单元格区域（如E6:E8），甚至混合输入（如E6,E7:E8）。
- AVERAGE函数：AVERAGE函数用于求平均值，计算方法是：将选择的单元格或单元格区域中的数据先相加再除以单元格个数，语法结构为：AVERAGE(number1,number2,…)，其中number1,number2,…表示需要计算的若干个参数的平均值。
- IF函数：IF函数是一种常用的条件函数，它能执行真假值判断，并根据逻辑计算的真假值返回不同结果，语法结构为：IF(logical_test,value_if_true,value_if_false)。其中，logical_test表示计算结果为true或false的任意值或表达式；value_if_true表示logical_test为true时要返回的值，可以是任意数据；value_if_false表示logical_test为false时要返回的值，也可以是任意数据。
- COUNT函数：COUNT函数用于返回包含数字及包含参数列表中的数字的单元格的个数，通常利用它来计算单元格区域或数字数组中数字字段的输入项个数，其语法结构为：COUNT(value1,value2,…)，value1,value2,…为包含或引用各种类型数据的参数（1~30个），但只有数字类型的数据才被计算。
- MAX/MIN函数：MAX函数用于返回所选单元格区域中所有数值的最大值，MIN函数则用来返回所选单元格区域中所有数值的最小值。其语法结构为MAX/MIN(number1,number2,…)，其中number1,number2,…表示要筛选的若干个数值或引用。

> **注意** 在某些情况下，可能需要将某函数作为另一个函数的参数使用，这就是嵌套函数。将函数作为参数使用时，它返回的数值类型必须与参数使用的数值类型相同。如果参数为整数值，那么嵌套函数也必须返回整数值，否则Excel会显示#VALUE!错误值。例如，嵌套函数"=IF(AVERAGE(F2:F5)>50,SUM(G2:G5),0)，"就表示只有F2:F5单元格区域的平均值大于50时，才会对G2:G5单元格区域的数值求和，否则返回0。

2. 插入函数

在Excel中可以通过以下3种方式来插入函数。

● 选择要插入函数的单元格后，单击编辑栏中的"插入函数"按钮 f_x，在打开的"插入函数"对话框中选择函数类型后，单击"确定"按钮即可插入。

● 选择要插入函数的单元格后，在"公式"/"函数库"组中单击"插入函数"按钮，在打开的"插入函数"对话框中选择函数类型后，单击"确定"按钮即可插入。

● 选择要插入函数的单元格后，按"Shift+F3"组合键，打开"插入函数"对话框，在其中选择所需函数类型后，单击"确定"按钮即可插入。

通过"插入函数"对话框在单元格中插入函数后，将打开"函数参数"对话框，在其中对参数值进行准确设置后，单击"确定"按钮，即可在所选单元格中显示计算结果。

6.4.5 快速计算与自动求和

Excel的计算功能非常人性化，用户既可以选择公式函数来进行计算，也可直接选择某个单元格区域查看其求和、求平均值等结果。

1. 快速计算

选择需要计算单元格之和或单元格平均值的区域，在Excel操作界面的状态栏中将可以直接查看计算结果，包括平均值、单元格个数、总和等。

2. 自动求和

求和函数主要用于计算某一单元格区域中所有数值之和。用户选择需要求和的单元格，在"公式"/"函数库"组中单击"自动求和"按钮 Σ，即可在当前单元格中插入求和函数"SUM"，同时Excel将自动识别函数参数，单击编辑栏中的"输入"按钮 ✓ 或按"Enter"键，完成求和计算。

> **提示** 单击"自动求和"按钮 Σ 下方的下拉按钮 ，在打开的下拉列表中还可以选择"平均值""最大值""最小值"等选项，计算所选区域的平均值、最大值和最小值等。

6.5 Excel 2016的数据管理

数据统计功能是Excel中常用的功能之一，在完成数据的计算后，如果需要更清楚、直观地分析数据，可对数据制作数据清单，或是进行排序、筛选、分类汇总和合并计算等操作。

6.5.1 数据清单

数据清单是用于记录数据的单据，可快速输入表格数据，在进行数据添加前，需要先在“Excel 选项”对话框中，添加记录单，然后在快速访问工具栏中使用记录单添加数据。

视频教学
数据清单

【例6-8】在“学生成绩单”工作簿中，使用记录单添加数据内容。

步骤1 打开“学生成绩单”工作簿，选择A3单元格，在快速访问工具栏中单击“记录单”按钮，打开“Sheet 1”对话框，其中罗列了“李丽”的所有信息。

步骤2 单击“新建”按钮，将打开新的“Sheet 1”对话框，在文本框中输入需要添加的信息，单击“关闭”按钮，如图6-32所示。

步骤3 返回工作表，可发现在文字的最下方已经添加了记录单中的内容，如图6-33所示。

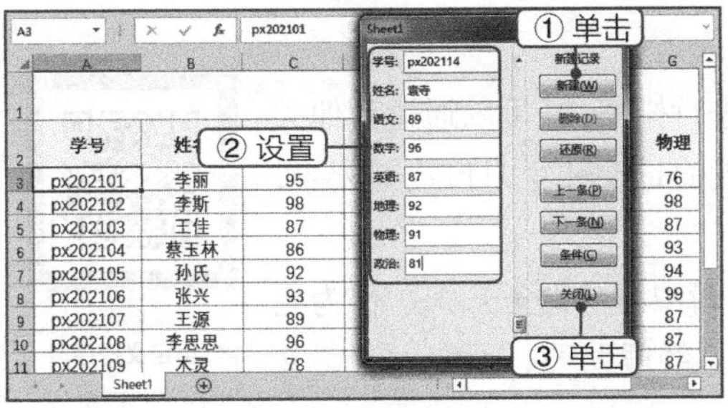

图6-32 添加记录单

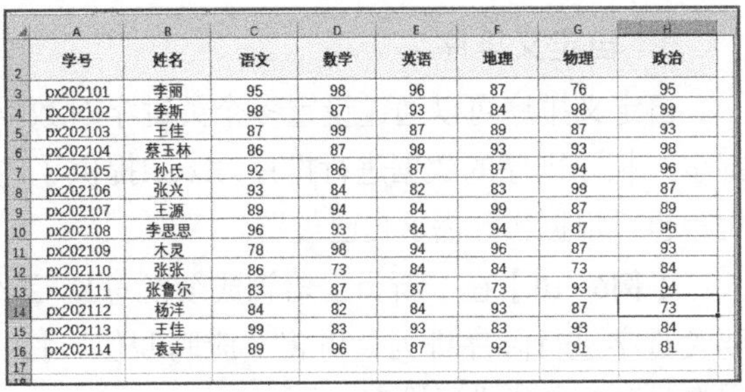

学号	姓名	语文	数学	英语	地理	物理	政治
px202101	李丽	95	98	96	87	76	95
px202102	李斯	98	87	93	84	98	99
px202103	王佳	87	99	87	89	87	93
px202104	蔡玉林	86	87	98	93	93	98
px202105	孙氏	92	86	87	87	94	96
px202106	张兴	93	84	82	83	99	87
px202107	王源	89	94	84	99	87	89
px202108	李思思	96	93	84	94	87	96
px202109	木灵	78	98	94	96	87	93
px202110	张张	86	73	84	84	73	84
px202111	张鲁尔	83	87	87	73	93	94
px202112	杨洋	84	82	84	93	87	73
px202113	王佳	99	83	93	83	93	84
px202114	袁寺	89	96	87	92	91	81

图6-33 查看添加结果

6.5.2 数据排序

数据排序是统计工作中的一项重要内容，在日常办公中，经常会遇到对表格进行排序的情况，比如按最高销量、学生成绩最高分等进行排序，此时可使用Excel 2016中的数据排序功能来实现。对数据进行排序有助于快速直观地显示数据并更好地理解数据、组织并查找所需数据。一般情况下，数据排序分为以下3种情况。

1. 快速排序

如果只对某一列进行简单排序，可以使用快速排序法来完成。选择待排序列中的任意单元格，单击“数据”/“排序和筛选”组中的“升序”按钮或“降序”按钮，即可实现数据的升序或降序操作。

2. 组合排序

在对某列数据进行排序时，如果遇到多个单元格数据值相同的情况，可以使用组合排序的方式来决定数据的排序规则。组合排序是指设置主、次关键字升序排序。

视频教学
组合排序

【例6-9】在“新员工培训成绩汇总”工作簿中将“总成绩”作为主要关键字降序排列，将“财务知识”作为次要关键字进行排序。

步骤1 打开"新员工培训成绩汇总"工作簿,选择"总成绩"列中的任意单元格,单击"数据"/"排序和筛选"组中的"排序"按钮,打开"排序"对话框。

步骤2 ①在"主要关键字"下拉列表框中选择"总成绩"选项,在"次序"下拉列表框中选择"降序"选项,单击"添加条件"按钮,添加"次要关键字"条件。然后在"次要关键字"下拉列表框中选择"财务知识"选项,在"次序"下拉列表框中选择"升序"选项;②设置完成后单击"确定"按钮,如图6-34所示。

步骤3 返回工作簿编辑区,即可看到单元格已完成排序。优先以"总成绩"进行降序排列,"总成绩"相同时,再以"财务知识"成绩进行升序排序。

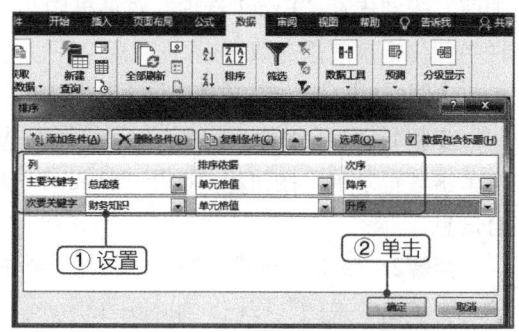

图6-34 组合排序

3. 自定义排序

自定义排序可以通过设置多个关键字对数据进行排序,并可以通过其他关键字对相同排序的数据进行排序。Excel提供了内置的日期和年月自定义列表,用户也可根据实际需求自己设置。

视频教学
自定义排序

【**例6-10**】在"新员工培训成绩汇总1"工作簿中将"财务知识"作为主要关键字进行降序排列,再将"应聘职位"按"总经理助理、行政主管、文案专员"的方式进行排序。

步骤1 打开"新员工培训成绩汇总1"工作簿,打开"排序"对话框,在"主要关键字"下拉列表中选择"财务知识"选项,在"次序"下拉列表中选1择"降序"选项。

步骤2 在"次要关键字"下拉列表中选择"应聘职位"选项,在"次序"下拉列表中选择"自定义序列"选项。

步骤3 打开"自定义序列"对话框,在"输入序列"文本框中输入排列顺序,如图6-35所示,然后单击"确定"按钮。

步骤4 返回"排序"对话框,单击"确定"按钮确认设置,此时工作表中"财务知识"成绩相同的单元格会按照"应聘职位"自定义条件进行排序,如图6-36所示。

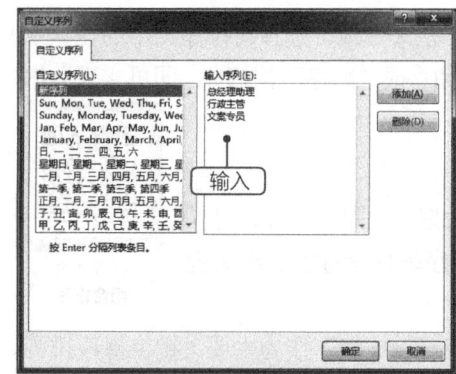

图6-35 添加自定义条件　　　　图6-36 查看自定义排序效果

6.5.3 数据筛选

在日常办公中，常常需要在大量数据中查看满足某一个条件或某几个条件的数据，这时通过Excel 2016中的数据筛选功能可以完成这项工作。数据筛选主要分为自动筛选、自定义筛选和高级筛选3种方式。

1. 自动筛选

自动筛选数据即根据用户设定的筛选条件，自动显示符合条件的数据，隐藏其他数据。自动筛选的操作很简单，在工作簿中选择需要进行自动筛选的单元格区域，单击"数据"/"排序和筛选"组中的"筛选"按钮，此时各列表头右侧将出现一个下拉按钮，单击下拉按钮，在打开的下拉列表中选择需要筛选的选项或取消选中不需要显示的数据，不满足条件的数据将被自动隐藏。若想取消筛选，再次单击"数据"/"排序和筛选"组中的"筛选"按钮即可。

2. 自定义筛选

自定义筛选建立在自动筛选的基础上，用户可自动设置筛选选项，以便更灵活地筛选出所需数据。

视频教学
自定义筛选

【例6-11】在"新员工培训成绩汇总"工作簿中，自定义筛选"电脑操作"大于85的结果。

步骤1 选择要自动筛选的单元格区域，单击"数据"/"排序和筛选"组中的"筛选"按钮。

步骤2 单击单元格表头右侧的下拉按钮，在打开的下拉列表中选择"数字筛选"/"自定义筛选"选项。

步骤3 ①打开"自定义自动筛选方式"对话框，在其中设置筛选条件，如图6-37所示；②设置完成后单击"确定"按钮，完成自定义筛选操作，效果如图6-38所示。

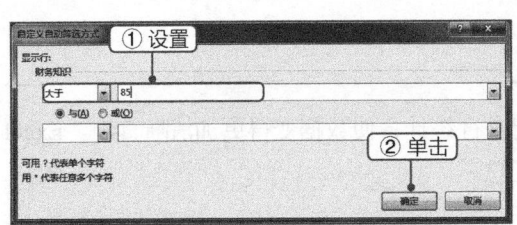

图6-37 设置自定义自动筛选条件

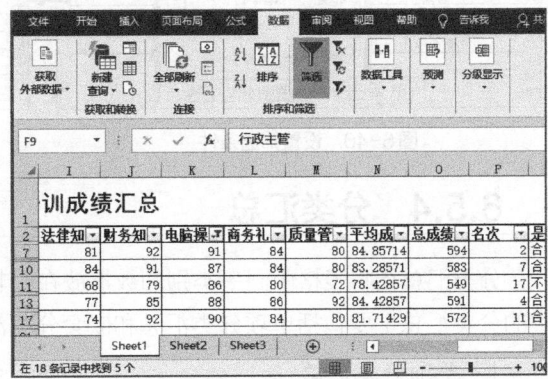

图6-38 查看筛选结果

 提示 "自定义自动筛选方式"对话框中包括两组判断条件，上面一组为必选项，下面一组为可选项。上下两组条件通过"与"单选项和"或"单选项两种运算进行关联，其中"与"单选项表示筛选上下两组条件都满足的数据，"或"单选项表示筛选两组条件中任意一组满足条件的数据。

3. 高级筛选

如果想要根据自己设置的筛选条件来筛选数据，则需要使用高级筛选功能。高级筛选功能可以筛选出同时满足两个或两个以上约束条件的数据。

【例6-12】在"新员工培训成绩汇总"工作簿中筛选"财务知识"和"质量管理"大于等于85的人员。

步骤1 打开"新员工培训成绩汇总"工作簿，复制"财务知识"和"质量管理"到新的单元格中，这里选择S2和T2单元格。

步骤2 分别在其下的单元格中输入">=85"，表示筛选条件为"财务知识"+"质量管理"大于等于"85"，如图6-39所示。

步骤3 选择筛选区域的任意单元格或者选择筛选区域，单击"数据"/"排序和筛选"组中的"高级"按钮，打开"高级筛选"对话框。

步骤4 ①单击选中"将筛选结果复制到其他位置"单选项，并设置需要进行筛选的列表区域和

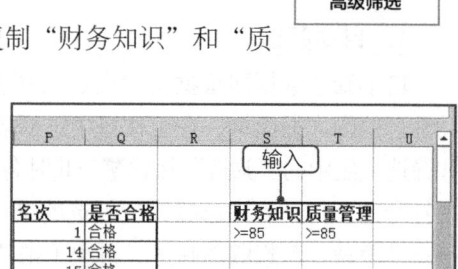

图6-39 输入筛选条件

条件区域；②这里将列表区域设置为整个表格区域，即A2:Q20单元格区域，条件区域则选择之前条件所在的单元格，即S2:T3单元格区域，在"复制到"条件框中选择筛选结果存放的位置，这里设置为A22单元格，如图6-40所示；③单击"确定"按钮完成筛选，筛选结果如图6-41所示。

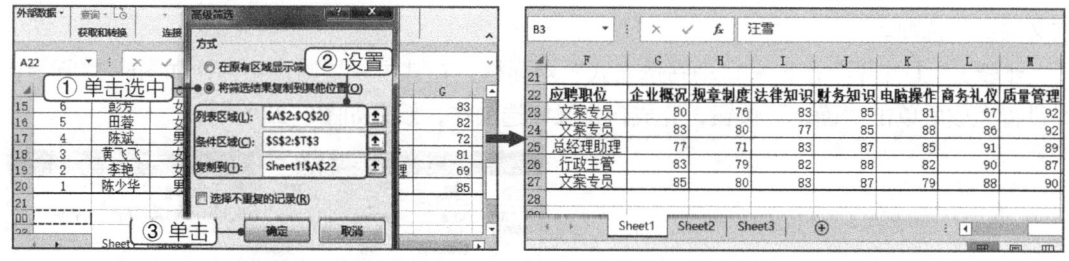

图6-40 设置筛选条件　　　　　　　图6-41 查看筛选结果

6.5.4 分类汇总

分类汇总指将表格中同一类别的数据放在一起进行统计，使数据变得更加清晰直观。Excel中的分类汇总主要包括单项分类汇总和嵌套分类汇总。

1. 单项分类汇总

在创建分类汇总之前，应先对需要分类汇总的数据进行排序，然后选择排序后的任意单元格，单击"数据"/"分级显示"组中的"分类汇总"按钮，打开"分类汇总"对话框，在其中对"分类字段""汇总方式""选定汇总项"等进行设置，设置完成后单击"确定"按钮。

2. 嵌套分类汇总

对已分类汇总的数据再次进行分类汇总，即嵌套分类汇总。

在完成基础分类汇总后,单击"数据"/"分级显示"组中的"分类汇总"按钮,打开"分类汇总"对话框,在"分类字段"下拉列表框中选择一个新的分类选项,再对汇总方式、汇总项进行设置,撤销选中"替换当前分类汇总"复选框,单击"确定"按钮,即可完成嵌套分类汇总的设置。图6-42所示为在"产品名称"的基础上对"销售店"嵌套分类汇总的效果。

图6-42 嵌套分类汇总

6.5.5 合并计算

如果需要将几张工作表中的数据合并到一张工作表中,可以使用Excel的合并计算功能。

【例6-13】使用合并计算求出"分店销量统计"工作簿的"总销售额"工作表中B3单元格的数据。

步骤1 打开"分店销量统计"工作簿,在"总销售额"工作表中选择显示合并计算结果的目标单元格,这里选择B3单元格,在"数据"/"数据工具"组中单击"合并计算"按钮,打开"合并计算"对话框。

步骤2 ①在"函数"下拉列表框中选择"求和"选项;②在"引用位置"参数框中输入或选择第1个被引用单元格;③然后单击"添加"按钮将其添加到"所有引用位置"列表框中。

步骤3 继续选择第2个被引用的单元格,将其添加到列表框中,选择完后单击"确定"按钮即可,效果如图6-43所示。

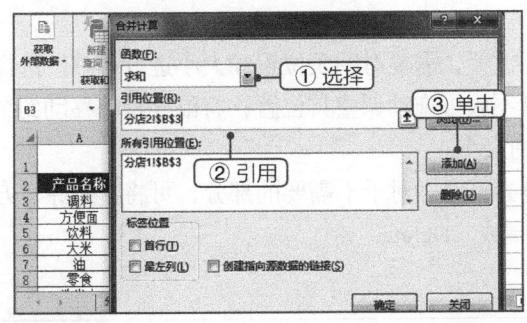
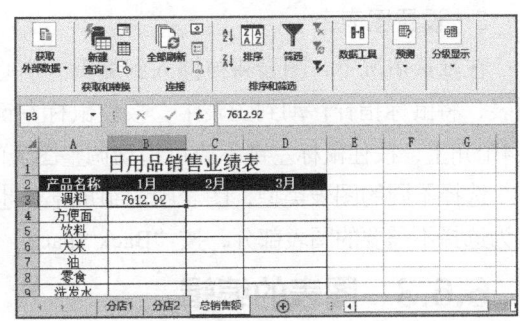

图6-43 合并计算

6.6 Excel 2016的图表

Excel中的图表是对数据的一种直观展示,根据表格中的数据生成图表,可以清楚地查看数据的情况，使重要的信息突出显示，让图表更具阅读性。

6.6.1 图表的概念

图表是Excel中非常重要的一种数据分析工具，Excel为用户提供了种类丰富的图表类型，包括柱形图、条形图、折线图和饼图等，不同类型的图表，其适用情况也有所不同。

一般来说，图表由图表区和绘图区构成，图表区指图表整个背景区域，绘图区则包括数据系列、坐标轴、图表标题、数据标签和图例等部分。

- 数据系列：图表中的相关数据点，代表着表格中的行、列。图表中每一个数据系列都具有不同的颜色和图案，且各个数据系列的含义都会通过图例体现出来。在图表中，可以绘制一个或多个数据系列。
- 坐标轴：度量参考线。横坐标轴通常表示分类，纵坐标轴通常表示数据。
- 图表标题：即图表名称，一般自动与坐标轴或图表顶部居中对齐。
- 数据标签：为数据标记附加信息的标签，通常代表表格中某单元格的数据点或值。
- 图例：表示图表的数据系列，通常有多少数据系列，就有多少图例色块，其颜色或图案与数据系列相对应。

6.6.2 图表的建立与设置

为了使表格中的数据看起来更直观，可以用图表的方式来展现数据。在Excel中，图表能清楚展示各个数据的大小和变化情况、数据的差异和走势，从而帮助用户更好地分析数据。

1. 创建图表

图表是根据Excel表格数据生成的，因此在插入图表前，需要先编辑Excel表格中的数据。然后选择数据区域，在"插入"/"图表"组中单击"推荐的图表"按钮，打开"插入图表"对话框，在"推荐的图表"选项卡中提供了适合当前数据的图表类型，在"所有图表"选项卡中显示的是可以使用的所有图表，选择所需的图表类型后，单击"确定"按钮，即可在工作表中创建图表。

2. 设置图表

在默认情况下，图表将被插入到编辑区中心位置，需要对图表位置和大小进行调整。选择图表，将鼠标指针移动到图表中，按住鼠标左键不放可拖动调整其位置；将鼠标指针移动到图表4个角上，按住鼠标左键不放可拖动调整图表的大小。

选择不同的图表类型，图表中的组成部分也会不同，对于不需要的部分，可将其删除，方法为选择不需要的图表部分，按"Back Space"键或"Delete"键。

6.6.3 图表的编辑

在完成图表的插入后，如果图表不够美观或数据有误，也可对其进行重新编辑，例如编辑图表数据、设置图表位置、更改图表类型、设置图表样式以及设置图表布局等。

1. 编辑图表数据

如果表格中的数据发生了变化，例如增加或修改了数据时，Excel就会自动更新图表。如果图表所选的数据区域有误,则需要用户手动进行更改。在"图表工具"/"设计"/"数据"组中单击"选择数据"按钮,打开"选择数据源"对话框,在其中可重新选择和设置数据。

2. 设置图表位置

在创建图表时,图表默认创建在当前工作表中,用户也可根据需要将其移动到新的工作表中。方法为,选择"图表工具"/"设计"/"位置"组,单击"移动图表"按钮,打开"移动图表"对话框,单击选中"新工作表"单选项,即可将图表移动到新工作表中。

3. 更改图表类型

如果所选的图表类型不适合表达当前数据,可以更改为另一种图表类型。方法为,选择图表,再选择"图表工具"/"设计"/"类型"组,单击"更改图表类型"按钮,然后在打开的"更改图表类型"对话框中重新选择所需图表类型。

4. 设置图表样式

创建图表后,为了使图表效果更美观,可以对其样式进行设置。Excel为用户提供了多种预设布局和样式,可以快速将其应用于图表中,方法为选择图表,选择"图表工具"/"设计"/"图表样式"组,在列表框中选择所需样式即可,如图6-44所示。

5. 设置图表布局

除了可以为图表应用样式外,还可以根据需要更改图表的布局,其方法为选择要更改布局的图表,在"图表工具"/"设计"/"图表布局"组中选择合适的图表布局即可,如图6-45所示。

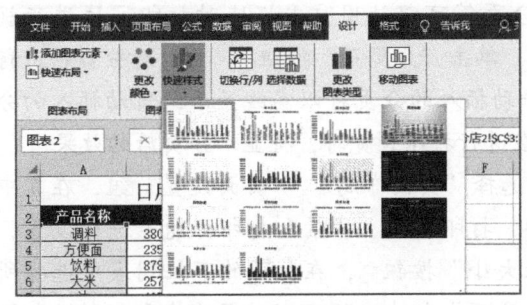

图6-44 快速应用样式

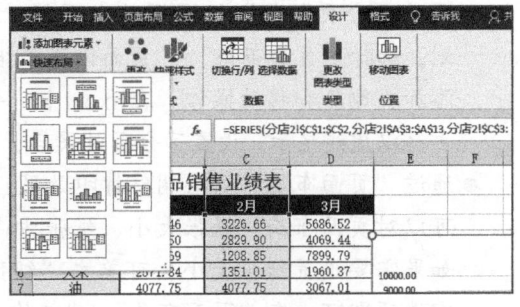

图6-45 快速布局

6. 编辑图表元素

在选择图表类型或应用图表布局后,图表中各元素的样式都会随之改变,如果对图表标题、坐标轴标题和图例等元素的位置、显示方式等不满意,可进行调整。方法为:选择"图表工具"/"设计"/"图表布局"组,单击"添加图表元素"按钮,在打开的下拉列表中选择需要调整的图表元素,并在子列表中选择相应的选项即可。

6.6.4 快速突显数据的迷你图

迷你图是工作表单元格中的一个微型图表,使用迷你图可以显示一系列数值的变化趋势。插入迷你图的方法为:①选择需要插入的一个或多个迷你图的空白单元格或一组空白单元格,在"插入"/"迷你图"组中选择要创建的迷你图类型,在打开的"创建迷你图"对话框的

"数据范围"数值框中输入或选择迷你图所基于的数据区域;②在"位置范围"数值框中选择迷你图放置的位置;③单击"确定"钮,即可创建迷你图,如图6-46所示。

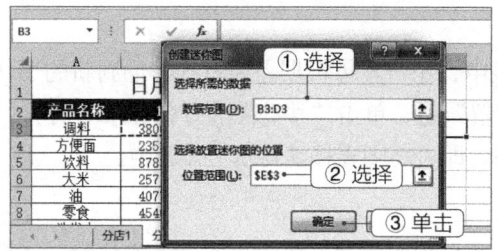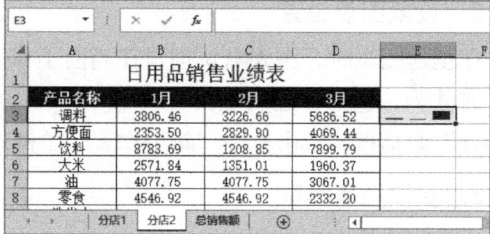

图6-46 创建迷你图

6.7 打印

用户在实际办公过程中,通常需要对存档的电子表格进行打印。Excel的打印功能不仅可以打印表格,还可以对电子表格的打印效果进行预览和设置。

6.7.1 页面布局设置

在打印之前,可根据需要对页面的布局进行设置,如调整分页符、调整页面布局等,下面分别进行介绍。

- 通过"分页预览"视图调整分页符:分页符可以让用户更好地对打印区域进行规划,选择"页面布局"/"页面设置"组,单击"分隔符"按钮,可以对分页符进行添加、删除和移动操作。在Excel中,手动插入的分页符以实线显示,自动插入的分页符以虚线显示。设置了分页效果后,在进行打印预览时,将显示分页后的效果。
- 通过"页面布局"视图调整打印效果:选择"页面布局"/"页面设置"组,在其中可以对页面布局、纸张大小、纸张方向、打印区域、背景和打印标题等进行设置,如果需要设置纸张大小,可单击"纸张大小"按钮,在打开的下拉列表中选择所需选项即可。在"页面布局"/"工作表选项"组中,还可以对网格线和标题进行设置。

6.7.2 打印预览

打印预览有助于及时避免打印过程中的错误,提高打印质量。在打印前预览工作表的方法为:选择"文件"/"打印"命令,打开"打印"页面,在该页面右侧即可预览打印效果。如果工作表中内容较多,可以单击页面下方的▶按钮或◀按钮,切换到下一页或上一页。单击"显示边距"按钮可以显示页边距,拖动边距线可以调整页边距。

6.7.3 打印设置

确认打印效果无误后,即可开始打印表格。选择"文件"/"打印"命令,打开"打印"页面,在"打印"栏的"份数"数值框中输入打印数量,在"打印机"下拉列表中选择当前可使用的打印机，在"设置"下拉列表中选择打印范围，在"单面打印""调整""纵向""自定义页面大小"下拉列表中可分别对打印方式、打印方向等进行设置，设置完成后单击"打印"按钮即可。

6.8 Excel 2016应用综合案例

本例将结合本章所学知识，制作一个完整的绩效考核表格，帮助读者进一步掌握和巩固Excel的相关内容。首先创建表格，对表格的内容、格式等进行设置，并计算表格数据，然后将多张表格中的数据合并计算到一张表格中。

视频教学
Excel 2016应用综合案例

步骤1 启动Excel 2016，将新建的工作簿保存为"公司年度绩效考核表"，将"Sheet1"工作表的名称更改为"销售部"，如图6-47所示。

步骤2 在工作表中输入表格标题和单元格内容，并进行美化，如图6-48所示。

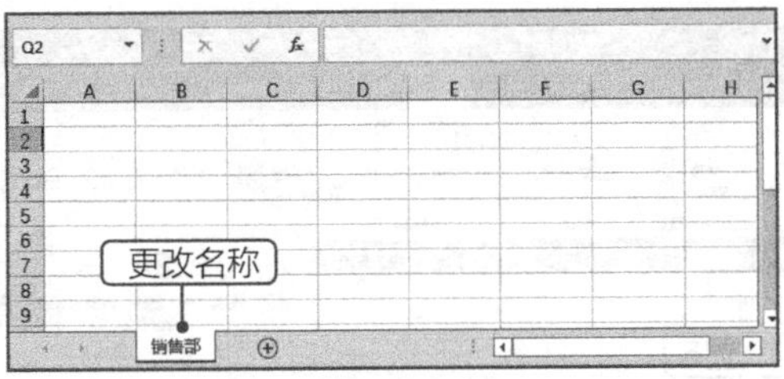

图6-47 重命名工作表 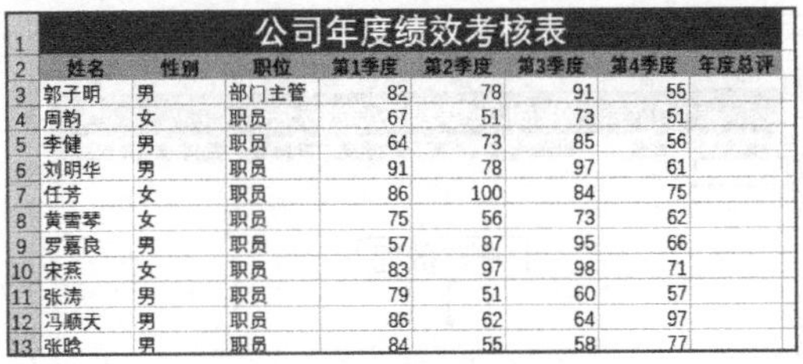　　　　图6-48 输入数据

步骤3 ①选择H3:H14单元格区域；②在"公式"/"函数库"组中单击"自动求和"按钮Σ右侧的下拉按钮 ；③在打开的下拉列表中选择"平均值"选项，自动计算平均值，如图6-49所示。

步骤4 选择"销售部"工作表标签，按住"Ctrl"键不放并拖动鼠标进行复制，如图6-50所示。

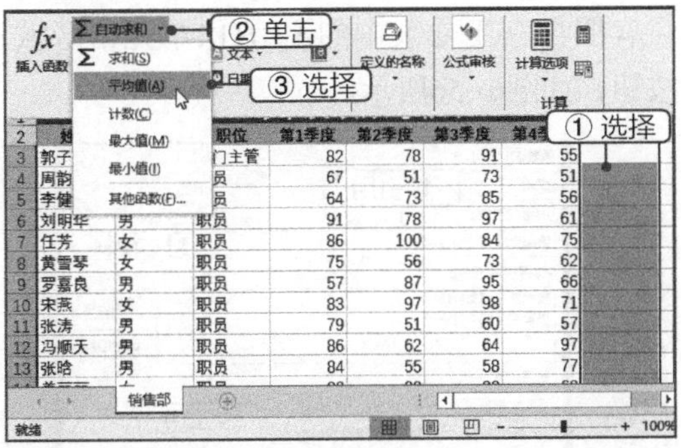

图6-49 计算平均值 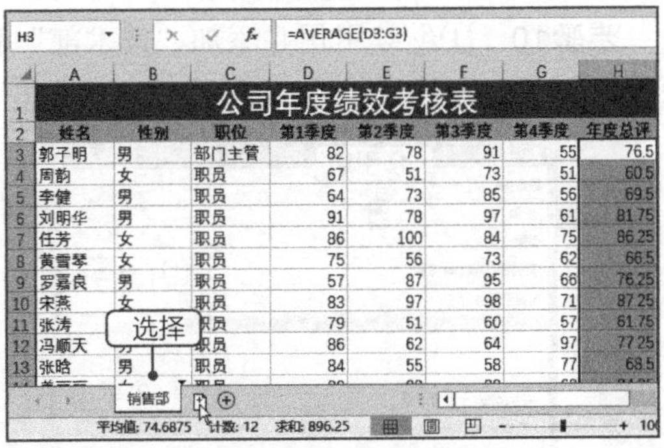　　　　图6-50 复制工作表

步骤5 更改复制后的工作表名称为"技术部"，并修改表格中的数据，如图6-51所示。

步骤6 按相同方法复制成"客服部"工作表，并修改表格中的数据，如图6-52所示。

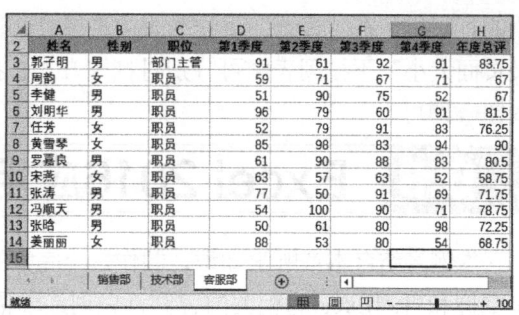

图6-51 复制工作表　　　　　　　　　图6-52 复制工作表

步骤7 复制"客服部"工作表,并命名为"所有部门",删除所有的员工信息,如图6-53所示。

步骤8 ①选择A3单元格;②在"数据"/"数据工具"组中单击"合并计算"按钮,如图6-54所示。

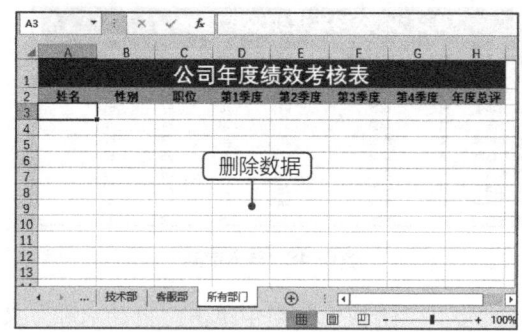
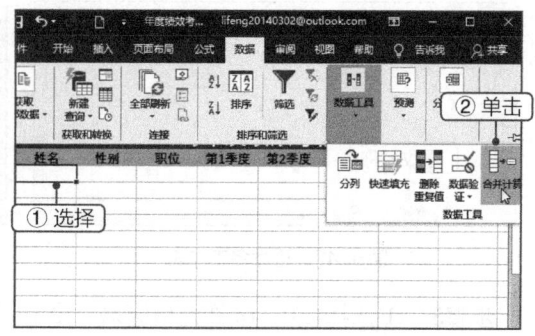

图6-53 复制工作表　　　　　　　　　图6-54 选择命令

步骤9 ①打开"合并计算"对话框,单击"引用位置"右侧的"收缩"按钮,引用"销售部"工作表中的A3:H14单元格区域;②单击"添加"按钮将引用的单元格区域添加到"所有引用位置"列表框中,如图6-55所示。

步骤10 ①继续引用并添加"技术部"和"客服部"工作表中的A3:H14单元格区域;②单击选中"最左列"复选框;③单击"确定"按钮,如图6-56所示。

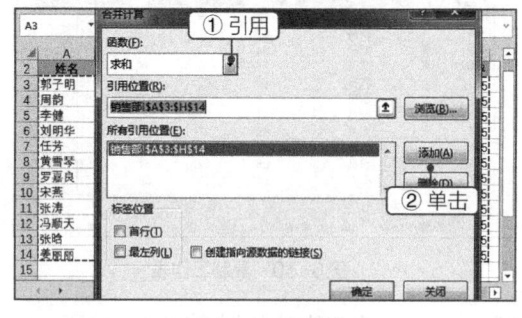
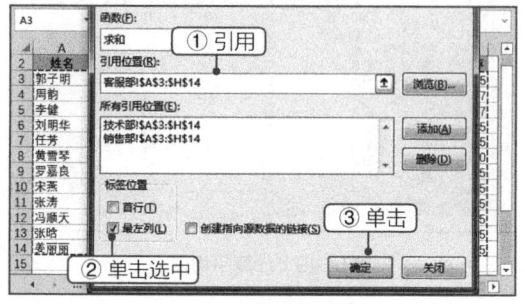

图6-55 引用数据　　　　　　　　　图6-56 继续引用数据

步骤11 选择合并计算后的A3:H14单元格区域,将字号设置为"12",对齐方式设置为"居中",并添加"所有框线"边框样式,如图6-57所示。

步骤12 ①选择B列和C列单元格,并在其上单击鼠标右键;②在弹出的快捷菜单中选择"删除"命令,如图6-58所示,将B列和C列删除。操作完成后保存工作簿。

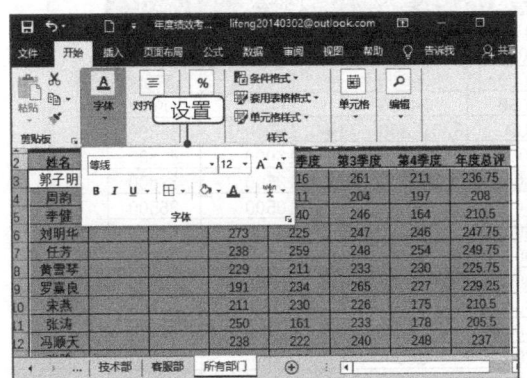

图6-57 设置格式

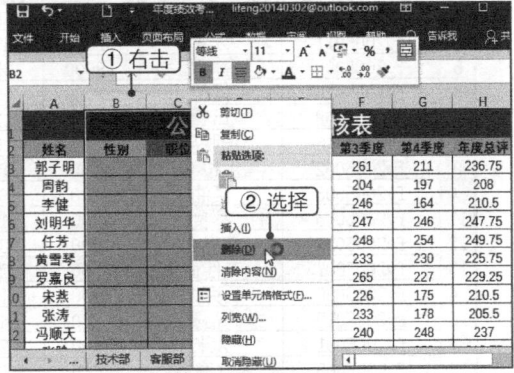

图6-58 删除整列

6.9 练习

1. 新建一个空白工作簿,以"出差登记表"为名进行保存,并按照下列要求对工作簿进行操作,最终效果如图6-59所示。

	A	B	C	D	E	F	G	H	I	J	K
1					出 差 登 记 表						
2						制表日期:					
3	姓名	部门	目的地	出差日期	返回日期	预计天数	实际天数	出差原因	联系电话	是否按时返回	备注
4	邓兴全	技术部	北京通县	21/7/4	21/7/19	15	15	维修设备	135624856***	是	
5	王宏	营销部	北京大兴	21/7/4	21/7/20	15	16	新产品宣传	135624857***	否	应酬客户而延迟
6	毛戈	技术部	上海松江	21/7/4	21/7/16	12	12	提供技术支持	135624858***	是	
7	王南	技术部	上海青浦	21/7/5	21/7/15	12	12	新产品开发研讨会	135624859***	是	
8	刘惠	营销部	山西太原	21/7/13	21/7/13	8	8	新产品宣传	135624860***	是	
9	孙祥礼	技术部	山西大同	21/7/13	21/7/13	7	8	维修设备	135624861***	否	设备故障严重
10	刘栋	技术部	山西临汾	21/7/13	21/7/13	8	8	维修设备	135624862***	是	
11	李健	技术部	四川青川	21/7/6	21/7/9	3	3	提供技术支持	135624863***	是	
12	周畅	技术部	四川自贡	21/7/6	21/7/10	4	4	维修设备	135624864***	是	
13	刘煌	营销部	河北石家庄	21/7/6	21/7/17	10	11	新产品宣传	135624865***	否	班机延误
14	钱嘉	技术部	河北承德	21/7/7	21/7/18	10	11	提供技术支持	135624866***	否	列车延误

图6-59 "出差登记表"工作簿

(1)选择"Sheet1"工作表标签,将其名称更改为"出差登记表",并在表格中输入相关文本和数据。

(2)合并A1:K1、F2:G2单元格区域。

(3)设置标题的字体效果为"宋体、26、加粗",表头的字体效果为"宋体、12、加粗",设置F2:G2单元格区域的字体效果为"宋体、10、红色"。

视频教学
6.9 练习1

(4)设置数据对齐方式为居中对齐。

(5)为A1:K1、A3:K3单元格区域设置单元格填充颜色。

(6)为A1:K1、A3:K14单元格区域添加外边框效果。

2. 打开"方宜超市销售额统计"工作簿,按照下列要求对其进行操作,最终效果如图6-60所示。

图6-60 "出差登记表"工作簿

(1) 设置表格标题的字体格式为"宋体、18"。
(2) 为表格的A2:G18单元格区域应用表格样式，并取消数据筛选。
(3) 使用求和函数计算G3:G18单元格区域的值。
(4) 对G列单元格数据进行"降序"排列。

视频教学
6.9 练习2

练习
查看具体操作

第7章 演示文稿软件PowerPoint 2016

PowerPoint 2016是Office 2016办公组件之一，它主要用于创建形象生动、图文并茂的幻灯片，在制作和演示公司简介、会议报告、产品说明、培训计划和教学课件等文档时非常适用。本章主要介绍PowerPoint 2016入门、创建演示文稿、编辑和设置演示文稿、动画效果设置、幻灯片放映与打印等内容。

课堂学习目标

- 了解PowerPoint 2016的入门知识
- 掌握演示文稿的编辑与设置方法
- 掌握 PowerPoint 2016幻灯片动画效果的设置方法
- 熟悉 PowerPoint 2016幻灯片的放映与打印方法

课堂案例展示

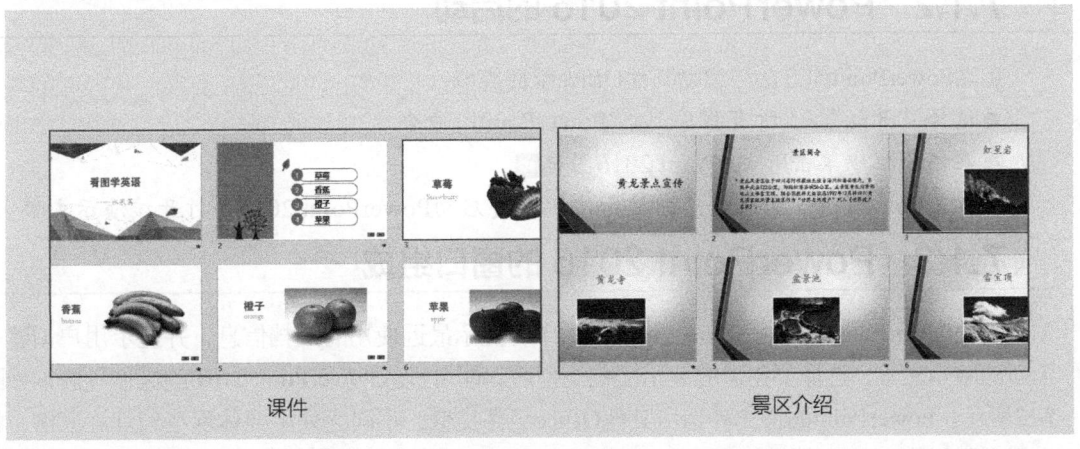

课件   景区介绍

7.1 PowerPoint 2016入门

PowerPoint是一款用于制作演示文稿的软件，在日常办公和教师教学中使用非常广泛。在PowerPoint中可以添加图片、动画、音频和视频等对象，从而制作出集文字、图形和多媒体于一体的演示文稿。

7.1.1 PowerPoint 2016 简介

PowerPoint主要用于制作和演示文档，使用PowerPoint制作的演示文稿可以通过投影仪或计算机进行演示，在会议召开、产品展示和教学课件等领域中十分常用。演示文稿一般由若干张幻灯片组成，每张幻灯片中都可以放置文字、图片、多媒体和动画等内容，从而独立表达主题。完成演示文稿的制作后，即可使用幻灯片放映功能对其内容进行展示，并可自主控制演示过程，图7-1所示为使用PowerPoint制作的教学课件演示文稿。

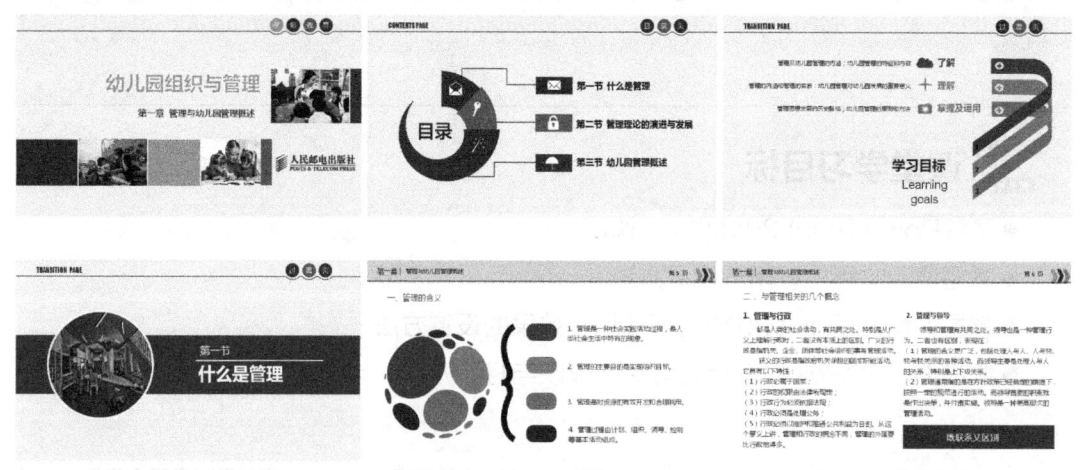

图7-1 教学课件演示文稿

7.1.2 PowerPoint 2016 的启动

启动PowerPoint的方法与启动其他Office组件类似。
- 选择"开始"/"所有程序"/"PowerPoint"命令。
- 在任务栏中单击PowerPoint 2016图标 。
- 双击PowerPoint 2016创建的演示文稿，可启动PowerPoint 2016并打开该演示文稿。

7.1.3 PowerPoint 2016 的窗口组成

启动PowerPoint 2016后，在打开的界面中将显示最近使用的文档信息，并提示用户创建一个新的演示文稿，选择要创建的演示文稿类型后，即可进入PowerPoint 2016的操作界面，如图7-2所示。PowerPoint的操作界面与其他Office组件类似，不同之处主要体现在幻灯片窗格、状态栏和幻灯片编辑区等部分，下面主要对PowerPoint特有的组成部分进行介绍。

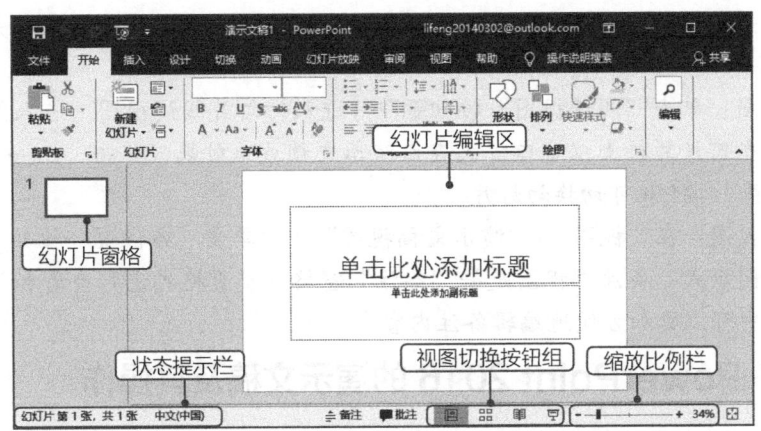

图7-2　PowerPoint 2016的操作界面

- 幻灯片编辑区：位于演示文稿编辑区的中心，用于显示和编辑幻灯片的内容。在默认情况下，标题幻灯片中包含一个正标题占位符，一个副标题占位符，内容幻灯片中包含一个标题占位符和一个内容占位符。
- 幻灯片窗格：位于幻灯片编辑区的左侧，主要显示当前演示文稿中所有幻灯片的缩略图，单击某张幻灯片的缩略图，即可跳转到该幻灯片并在右侧的幻灯片编辑区中显示该幻灯片的内容。
- 状态栏：位于操作界面的底端，用于显示当前幻灯片的页面信息，它主要由状态提示栏、"备注"按钮、"批注"按钮、视图切换按钮组、缩放比例栏5部分组成。其中，单击"备注"按钮和"批注"按钮，可以为幻灯片添加备注和批注内容，对演示者的演示内容进行提醒说明；用鼠标拖动缩放比例栏中的缩放比例滑块，可以调节幻灯片的显示比例；单击状态栏最右侧的按钮，可以使幻灯片的显示比例自动适应当前窗口的大小。

7.1.4　PowerPoint 2016 的视图方式

PowerPoint 2016为用户提供了普通视图、幻灯片浏览视图、幻灯片放映视图、阅读视图和备注页视图5种视图模式，在操作界面下方的状态栏中单击相应的视图切换按钮或在"视图"/"演示文稿视图"组中单击相应的视图切换按钮即可进入相应的视图。各视图的功能分别如下。

- 普通视图：普通视图是PowerPoint 2016默认的视图模式，打开演示文稿即可进入普通视图，单击"普通视图"按钮也可切换到普通视图。在普通视图模式下，可以对幻灯片的总体结构进行调整，也可以对单张幻灯片进行编辑，是编辑幻灯片最常用的视图模式。
- 幻灯片浏览视图：单击"幻灯片浏览"按钮即可进入幻灯片浏览视图。在该视图中可以浏览演示文稿中所有幻灯片的整体效果，并且可以对其整体结构进行调整，如调整演示文稿的背景、移动或复制幻灯片等，但是不能编辑幻灯片中的内容。
- 幻灯片放映视图：单击"幻灯片放映"按钮即可进入幻灯片放映视图。进入放映视图后，演示文稿中的幻灯片将按放映设置进行全屏放映，在放映视图中，可以浏览每张幻灯片的放映情况，测试幻灯片中插入的动画和声音效果，并可控制放映过程。
- 阅读视图：单击"阅读视图"按钮即可进入幻灯片阅读视图。进入阅读视图后，可以在当前计算机上以窗口方式查看演示文稿放映效果，单击"上一张"按钮和"下一张"按钮可切换幻灯片。
- 备注页视图：在"视图"/"演示文稿视图"组中单击"备注页"按钮，可进入备注页视图模式。备注页视图是将"备注"窗格以整页格式进行查看和使用，在备注页视图中可以更加方便地编辑备注内容。

7.1.5 PowerPoint 2016 的演示文稿及其操作

在编辑演示文稿时，首先需要新建一个演示文稿，在制作完成后，还需对演示文稿的内容进行保存。下面分别介绍新建、保存和打开演示文稿的方法。

1. 新建演示文稿

新建演示文稿的方法有很多，如新建空白演示文稿、利用模板新建演示文稿、根据现有内容新建演示文稿等，用户可根据实际需求进行选择。

（1）新建空白演示文稿

启动 PowerPoint 2016 后，在打开的界面中选择"空白演示文稿"选项，即可新建一个名为"演示文稿1"的空白演示文稿。此外也可通过其他方法完成演示文稿的新建，主要有以下两种方法。

- 选择"文件"/"新建"命令，在打开的"新建"列表框中显示了多种演示文稿类型，此时选择"空白演示文稿"选项，即可新建一个空白演示文稿。
- 按"Ctrl+N"组合键。

（2）利用模板新建演示文稿

PowerPoint 2016 提供了20多种模板，用户可在预设模板的基础上快速新建带有内容的演示文稿。方法为：选择"文件"/"新建"命令，在打开的"新建"对话框中选择所需的模板选项，然后单击"新建"按钮，便可新建该模板样式的演示文稿。

（3）根据现有内容新建演示文稿

如果需要新建的演示文稿与现有的某个演示文稿内容类似，可直接根据现有演示文稿的内容进行新建，以减少工作量。方法为：选择"文件"/"新建"命令，在打开的"新建"列表框中单击"个人"选项卡，如图7-3所示，在其中选择所需的演示文稿后，单击"新建"按钮即可新建一个与现有演示文稿内容相同的演示文稿。

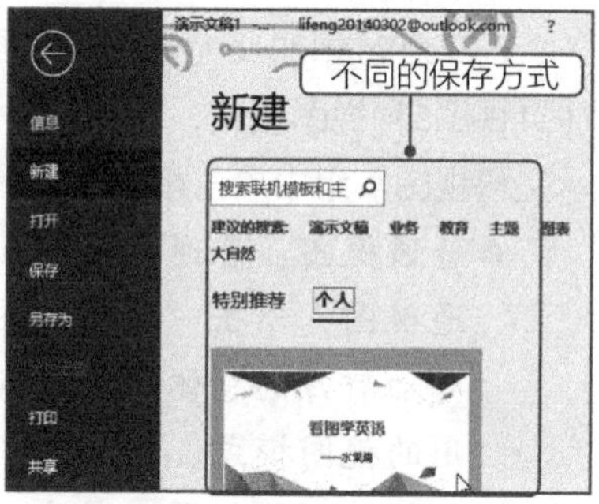

图7-3 根据现有内容新建演示文稿

2. 保存演示文稿

保存演示文稿的方式与其他Office组件类似。方法为：选择"文件"/"保存"命令或单击快速访问工具栏中的"保存"按钮，打开"另存为"对话框，在其中选择所需的保存方式后，再在对话框中重新指定新的文件名称及保存位置，单击"保存"按钮。

3. 打开演示文稿

当需要对演示文稿进行编辑、查看或放映操作时,首先应将其打开。打开演示文稿的方法主要有以下4种。

- 打开演示文稿:启动PowerPoint 2016后,选择"文件"/"打开"命令或按"Ctrl+O"组合键,打开"打开"界面,在其中选择打开方式后,打开"打开"对话框,在其中选择需要打开的演示文稿,单击"打开"按钮。
- 打开最近使用的演示文稿:PowerPoint 2016提供了记录最近打开的演示文稿的功能,如果想打开最近打开过的演示文稿,可选择"文件"/"打开"命令,在"打开"界面的"最近"列表中查看最近打开过的演示文稿名称,选择需打开的演示文稿即可将其打开。
- 以只读方式打开演示文稿:以只读方式打开的演示文稿只能进行浏览,不能进行编辑。方法为,打开"打开"对话框,在其中选择需要打开的演示文稿,单击"打开"按钮右侧的下拉按钮,在打开的下拉列表中选择"以只读方式打开"选项。此时,打开的演示文稿标题栏中将显示"只读"字样,在以只读方式打开的演示文稿中进行编辑后,不能直接进行保存操作。
- 以副本方式打开演示文稿:以副本方式打开演示文稿是指将演示文稿作为副本打开,在副本中进行编辑后,不会影响源文件的内容。在打开的"打开"对话框中选择需打开的演示文稿后,单击"打开"按钮右侧的下拉按钮,在打开的下拉列表中选择"以副本方式打开"选项,此时演示文稿的标题栏中将会显示"副本"字样。

7.1.6 PowerPoint 2016 的幻灯片及其操作

一个演示文稿通常由多张幻灯片组成,在制作演示文稿的过程中往往需要对多张幻灯片进行操作,如新建幻灯片、应用幻灯片版式、选择幻灯片、移动和复制幻灯片,以及删除幻灯片等,下面分别进行介绍。

1. 新建幻灯片

在新建空白演示文稿或根据模板新建演示文稿时,默认只有一张幻灯片,不能满足实际的编辑需要,因此需要用户手动新建幻灯片。新建幻灯片的方法主要有以下两种。

- 在幻灯片窗格中新建:在幻灯片窗格中的空白区域或是已有的幻灯片上单击鼠标右键,在弹出的快捷菜单中选择"新建幻灯片"命令。
- 通过"幻灯片"组新建:在普通视图或幻灯片浏览视图中选择一张幻灯片,在"开始"/"幻灯片"组中单击"新建幻灯片"按钮下方的下拉按钮,在打开的下拉列表中选择一种幻灯片版式即可。

2. 应用幻灯片版式

如果对新建的幻灯片版式不满意,可以对其进行更改。方法为:在"开始"/"幻灯片"组中单击"版式"按钮右侧的下拉按钮,在打开的下拉列表中选择一种幻灯片版式,即可将其应用于当前幻灯片。

3. 选择幻灯片

选择幻灯片是编辑幻灯片的前提，选择幻灯片主要有以下3种方法。

- 选择单张幻灯片：在幻灯片窗格中单击幻灯片缩略图即可选中当前幻灯片。
- 选择多张幻灯片：在幻灯片浏览视图或幻灯片窗格中，选中一张幻灯片，按住"Shift"键并单击另一张幻灯片，可选中其间多张连续的幻灯片；按住"Ctrl"键并单击可选中多张不连续的幻灯片。
- 选择全部幻灯片：在幻灯片浏览视图或幻灯片窗格中按"Ctrl+A"组合键。

4. 移动和复制幻灯片

当需要调整某张幻灯片的顺序时，就需要对其进行移动操作。当需要使用某张幻灯片中已有的版式或内容时，可直接复制该幻灯片进行更改，以提高工作效率。移动和复制幻灯片的方法主要有以下3种。

- 通过拖动鼠标：选择需要移动的幻灯片，按住鼠标左键不放，将之拖动到目标位置后释放鼠标，完成幻灯片的移动操作；选择幻灯片，按住"Ctrl"键并拖动到目标位置，完成幻灯片的复制操作。
- 通过菜单命令：选择需要移动或复制的幻灯片，在其上单击鼠标右键，在弹出的快捷菜单中选择"剪切"或"复制"命令。定位到目标位置，单击鼠标右键，在弹出的快捷菜单中选择"粘贴"命令，完成幻灯片的移动或复制操作。
- 通过快捷键：选择需要移动或复制的幻灯片，按"Ctrl+X"组合键（移动）或"Ctrl+C"组合键（复制），然后在目标位置按"Ctrl+V"组合键进行粘贴，完成幻灯片的移动或复制操作。

> **提示** 在幻灯片窗格或幻灯片浏览视图中选择幻灯片，按"Ctrl+X"组合键剪切幻灯片，按"Ctrl+C"组合键复制幻灯片，然后在目标位置按"Ctrl+V"组合键进行粘贴，均可完成幻灯片的移动或复制操作。

5. 删除幻灯片

在幻灯片窗格或幻灯片浏览视图中均可删除幻灯片，具体方法如下。

- 选择要删除的幻灯片，然后单击鼠标右键，在弹出的快捷菜单中选择"删除幻灯片"命令。
- 选择要删除的幻灯片，按"Delete"键。

7.1.7 PowerPoint 2016 的退出

当不再需要对演示文稿进行操作后，可将其关闭，关闭演示文稿的常用方法有以下3种。

- 通过单击按钮关闭：单击PowerPoint 2016操作界面标题栏右上角的"关闭"按钮，关闭演示文稿并退出PowerPoint程序。
- 通过快捷菜单关闭：在PowerPoint 2016操作界面标题栏上单击鼠标右键，在弹出的快捷菜单中选择"关闭"命令。
- 通过快捷键关闭：按"Alt+F4"组合键。

7.2 演示文稿的编辑与设置

演示文稿是一种用于展示和放映的文档,经常用于公司或产品宣传,为了使展示效果更好,通常需要在幻灯片中添加一些对象,如文本、艺术字、图片、表格、图表、音频和视频等。此外,为了幻灯片的整体效果,还需对其母版、主题等进行设置。

7.2.1 编辑幻灯片

编辑幻灯片是制作演示文稿的第一步,下面主要对添加和编辑文本、添加和编辑艺术字、添加和编辑表格与图表、添加和编辑SmartArt图形、添加和编辑图片,以及添加和编辑多媒体文件等常用编辑操作进行介绍。

1. 插入文本

文本是幻灯片的重要组成部分,无论是演讲类、报告类还是形象展示类的演讲文稿,都离不开文本的输入与编辑。

（1）输入文本

在幻灯片中主要可以通过占位符和文本框两种方法输入文本。

● 在占位符中输入文本：新建演示文稿或插入新幻灯片后,幻灯片中会包含两个或多个虚线文本框,即占位符。占位符可分为文本占位符和项目占位符两种形式,如图7-4所示,其中文本占位符用于放置标题和正文等文本内容,单击占位符,即可输入文本内容。项目占位符中通常包含"插入表格""插入图表""插入SmartArt图形"等项目,单击相应的图标,可插入相应的对象。

● 通过文本框输入文本：幻灯片中除了可在占位符中输入文本外,还可以在空白位置绘制文本框来添加文本。在"插入"/"文本"组单击"文本框"按钮下方的下拉按钮,在打开的下拉列表中选择"绘制横排文本框"选项或"竖排文本框"选项,当鼠标指针变为↓形状时,单击需要添加文本的空白位置就会出现一个文本框,在其中输入文本即可。

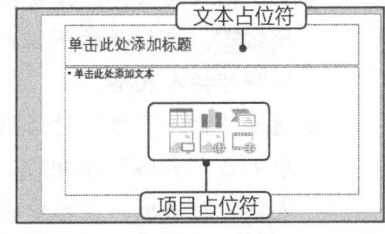

图7-4 占位符

（2）编辑文本格式

为了使幻灯片的文本效果更加美观,通常需要对字体、字号、颜色及特殊效果等进行设置。在PowerPoint中主要可以通过"字体"组和"字体"对话框设置文本格式。

● 选择文本或文本占位符,在"开始"/"字体"组可以对字体、字号、颜色等进行设置,还能单击"加粗" B 、"倾斜" I 、"下画线" U 、"文字阴影" S 等按钮为文本添加相应的效果。

● 选择文本或文本占位符,在"开始"/"字体"组右下角单击"展开"按钮,在打开的"字体"对话框中也可对文本的字体、字号、颜色等效果进行设置。

2. 插入并编辑艺术字

艺术字是一种具有美化效果的文本,在幻灯片中主要起到醒目、美观的作用。为了使演示文稿能达到良好的放映和宣传效果,一般只需在重点标题文本中应用艺术字效果。

(1) 插入艺术字

在"插入"/"文本"组中单击"艺术字"按钮 ，在打开的下拉列表中选择所需的艺术字样式选项,然后在显示的提示文本框中输入艺术字文本即可。

(2) 编辑艺术字

在幻灯片中插入了艺术字文本后,将自动激活"绘图工具"/"格式"选项卡,如图7-5所示,在其中可以通过不同的组对插入的艺术字进行编辑。例如,若要修改艺术字的样式,可以在"艺术字样式"组中进行设置;若想为艺术字添加边框效果,则需在"形状样式"组中进行设置。

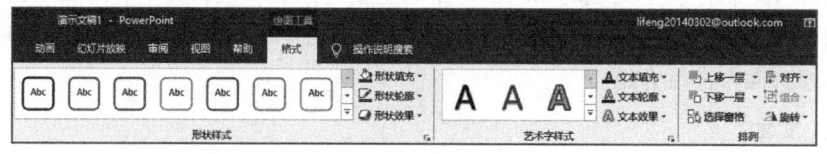

图7-5 "绘图工具"/"格式"选项卡

3. 插入表格

表格可直观形象地表达数据情况,在PowerPoint中不仅可以在幻灯片中插入表格,还能根据幻灯片的主题风格对表格进行编辑和美化。

(1) 插入表格

在幻灯片中插入表格主要有以下两种方法。

- 自动插入表格:选择要插入表格的幻灯片,在"插入"/"表格"组中单击"表格"按钮 ,在打开的下拉列表中拖动鼠标指针选择表格行列数,到合适位置后单击鼠标即可插入表格。
- 通过"插入表格"对话框插入:选择要插入表格的幻灯片,在"插入"/"表格"组中单击"表格"按钮 ,在打开的下拉列表中选择"插入表格"选项,打开"插入表格"对话框,在其中输入表格所需的行数和列数,单击"确定"按钮完成插入。

(2) 输入表格内容并编辑表格

插入表格后即可在其中输入文本和数据,并可根据需要对表格和单元格进行编辑操作。

- 调整表格大小:选择表格,此时表格四周将出现8个控制点,将鼠标指针移到表格边框上的控制点上,当鼠标指针变为 、 、 、 形状时,按住鼠标左键不放并拖动鼠标,可调整表格大小。
- 调整表格位置:将鼠标指针移动到表格上,当鼠标指针变为 形状时,按住鼠标左键不放进行拖动,移至合适位置后释放鼠标,可调整表格位置。
- 输入文本和数据:将文本插入点定位到单元格中即可输入文本和数据。
- 选择行/列:将鼠标指针移至表格左侧,当鼠标指针变为 形状时,单击鼠标左键可选择该行。将鼠标指针移至表格上方,当鼠标指针变为 形状时,单击鼠标左键可选择该列。
- 插入行/列:将鼠标指针定位到表格的任意单元格中,通过"表格工具"/"布局"/"行和列"组,可以在表格所选单元格的上方、下方、左侧或右侧插入行或列。

- 删除行/列：选择多余的行，在"表格工具"/"布局"/"行和列"组中单击"删除"按钮，在打开的下拉列表中选择相应选项即可。
- 合并单元格：选择要合并的单元格，在"表格工具"/"布局"/"合并"组中单击"合并单元格"按钮。

> **提示** 将鼠标指针移到表格中需要调整列宽或行高的单元格分隔线上，当鼠标指针变为✢形状时，按住鼠标左键不放，向左右或上下拖动至合适位置时释放鼠标，即可完成列宽或行高的调整。如果想精确调整表格行高或列宽的值，可在"表格工具"/"布局"/"单元格大小"组中的"高度"和"宽度"数值框中输入具体的数值。

（3）美化表格

为了使表格样式与幻灯片的整体风格更搭配，可以为表格添加样式，PowerPoint 2016提供了很多预设的表格样式供用户使用。

在"表格工具"/"设计"/"表格样式"组中单击右下角的下拉按钮，打开表格样式列表，在其中选择需要的样式即可，如图7-6所示。同时，在该组中单击"底纹"下拉按钮、"边框"下拉按钮、"效果"下拉按钮，在打开的下拉列表中还可为表格设置底纹、边框和三维立体效果。

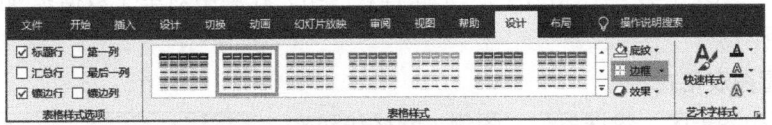

图7-6 选择表格样式

> **提示** 为了幻灯片的美观，表格的样式应该与幻灯片的整体风格相适应，例如颜色最好与演示文稿主体颜色保持相似或一致，此外艺术字、图表等对象都需遵循这个原则。

4. 插入图表

演示文稿作为一种元素十分多样化的文档，通常不需要添加太多的文本，而主要通过图片、图表等形式来展示内容。图表可以直接将数据的说明和对比清晰直观地表现出来，增强幻灯片的说服力。

（1）创建图表

在"插入"/"插图"组中单击"图表"按钮或在项目占位符中单击"插入图表"按钮，打开"插入图表"对话框，在对话框左侧选择图表类型，如选择"柱状图"选项，在对话框右侧的列表框中选择柱状图类型下的图表样式，然后单击"确定"按钮，此时将打开"Microsoft PowerPoint中的图表"电子表格，如图7-7所示，在其中输入表格数据，然后关闭电子表格，即可完成图表的插入。

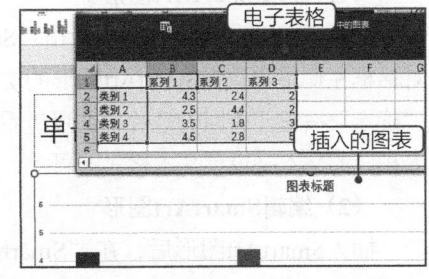

图7-7 在幻灯片中插入图表

（2）编辑图表

在PowerPoint中直接插入的图表，其大小、样式、位置等都是默认的，用户可根据需要进行调整和更改。
- 调整图表大小：选择图表，将鼠标指针移到图表边框上，待鼠标指针变为双箭头形状时，按住鼠标左键不放并拖动鼠标，可调整图表大小。
- 调整图表位置：将鼠标指针移动到图表上，待鼠标指针变为形状时，按住鼠标左键不放进行拖动，移至合适位置后释放鼠标，可调整图表位置。
- 修改图表数据：在"图表工具"/"设计"/"数据"组中单击"编辑数据"按钮，打开"Microsoft PowerPoint中的图表"窗口，修改单元格中的数据，修改完成后关闭窗口即可。
- 更改图表类型：在"图表工具"/"设计"/"类型"组中单击"更改图表类型"按钮，在打开的"更改图表类型"对话框中进行选择，然后单击"确定"按钮。

（3）美化图表

与表格一样，PowerPoint为图表也提供了很多预设样式，帮助用户快速美化图表。选择图表，在"图表工具"/"设计"/"图表样式"组单击右下角的下拉按钮，打开样式列表，在其中选择需要的样式即可。此外，也可选择图表中的某个数据系列，选择"图表工具"/"格式"/"形状样式"组，在其中对单个数据系列的样式进行设置，如图7-8所示。

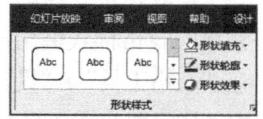

图7-8 设置单个数据系列的样式

（4）设置图表格式

图表主要由图表区、数据系列、图例、网格线和坐标轴等组成，可以通过"图表工具"/"设计"/"图表布局"组中"添加图表元素"按钮进行设置，即单击"添加图表元素"按钮，在打开的下拉列表中选择需要设置的图表元素后，再在打开的子列表中选择相应的选项进行设置，如图7-9所示。

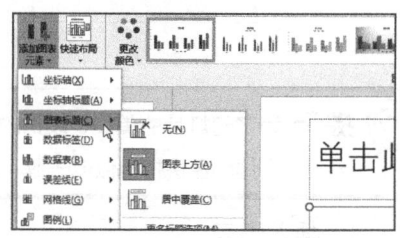

图7-9 设置图表元素的格式

5. 插入SmartArt图形

PowerPoint 2016中的SmartArt图形可以直观地说明图形内各个部分的关系，包括列表、流程、循环、层次结构、关系和矩阵等类型，不同的类型分别适用于不同的场合。

（1）插入SmartArt图形

在"插入"/"插图"组中单击"SmartArt"按钮，打开"选择 SmartArt 图形"对话框。在对话框左侧单击选择SmartArt图形的类型，在对话框右侧的列表框中选择所需的样式，然后单击"确定"按钮。返回幻灯片，即可查看插入的SmartArt图形，最后在SmartArt图形的形状中分别输入相应的文本并设置文本格式即可。

（2）编辑SmartArt图形

插入SmartArt图形后，在"SmartArt工具"/"设计"选项卡中可以对SmartArt的样式进行设置。

- "创建图形"组：该组主要用于编辑SmartArt图形中的形状，如果默认的SmartArt图形中的形状不够，可单击"添加形状"按钮右侧的下拉按钮，在打开的下拉列表中选择相应选项添加形状。如果形状的等级有误，可单击"升级"按钮、

"降级"按钮,对形状的级别进行调整,也可单击"上移"按钮、"下移"按钮调整形状的顺序。
- "版式"组:主要用于更换SmartArt图形的布局,在其列表框中可选择要更换的布局。
- "SmartArt样式"组:该组主要用于设置SmartArt图形的样式,在其列表框中选择所需样式即可。单击"更改颜色"按钮,在打开的下拉列表中还可以设置SmartArt图形的颜色。

6. 插入图片

图片是PowerPoint中非常重要的一种元素,不仅可以提高幻灯片的美观度,还可以更好地衬托文字,达到图文并茂的效果。在幻灯片中可以插入计算机中保存的图片,也可以插入PowerPoint自带的剪贴画。

（1）插入图片

选择需要插入图片的幻灯片,选择"插入"/"图像"组,单击"图片"按钮,在打开的"插入图片"对话框中选择所需图片的保存位置,然后选择需要插入的图片,单击"插入"按钮。

提示 在"图像"组中单击"联机图片"按钮,打开"插入图片"对话框,通过其中的搜索框可以插入在线图片,但需注意图片的版权问题。

（2）编辑图片

选择图片后,在"图片工具"/"格式"选项卡的"调整"组、"图片样式"组、"排列"组和"大小"组中,可以对图片样式进行设置,如图7-10所示。

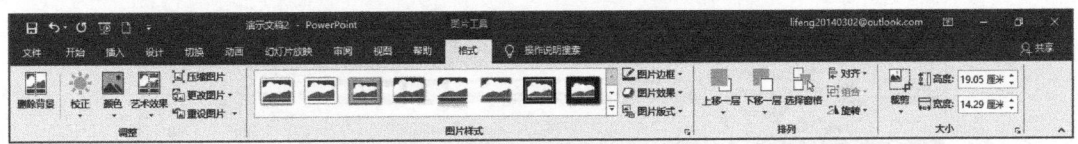

图7-10 编辑图片

（3）插入并编辑相册

PowerPoint 2016为用户提供了批量插入图片和制作相册的功能,通过该功能可以在幻灯片中创建电子相册并对其进行设置。

视频教学
插入并编辑相册

【例7-1】在演示文稿中插入图片,并应用"Facet"主题。

步骤1 在"插入"/"图像"组中单击"相册"按钮。

步骤2 在打开的"相册"对话框中单击"相册内容"栏下的"文件/磁盘"按钮,打开"插入新图片"对话框,选择要插入的多张图片,单击"插入"按钮。

步骤3 ①返回"相册"对话框,在"图片版式"下拉列表框中可以设置每页幻灯片的版式;②在"相框形状"下拉列表框中选择相框样式,如图7-11所示。

步骤4 单击"主题"文本框后的"浏览"按钮,在打开的对话框中选择"Facet.thmx"主题,如图7-12所示。返回"相册"对话框,单击"创建"按钮,系统会自动创建一个应用所选择主题的相册演示文稿。

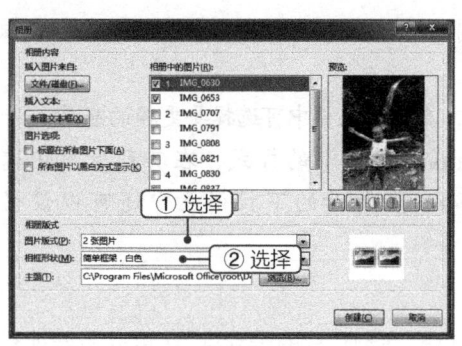
图7-11 选择图片版式和相框形状

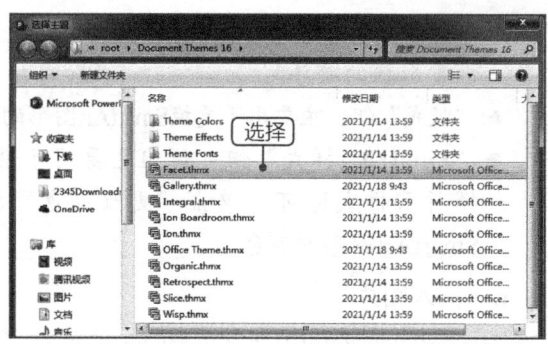
图7-12 选择相册主题

7. 插入媒体文件

媒体文件是演示文稿中比较常用的一种多媒体元素,在很多演讲场合都需要通过插入音频或视频来烘托气氛或辅助讲解。在PowerPoint中可以插入计算机中的音频和视频文件。

(1)插入音频文件

选择幻灯片,在"插入"/"媒体"组中单击"音频"按钮,在打开的下拉列表中提供了"PC上的音频"和"录制音频"两种插入方式,用户可根据需要进行选择,若选择"PC上的音频"选项,将打开"插入音频"对话框,在其中选择需要插入幻灯片中的音频文件,单击"插入"按钮,即可将该音频文件插入幻灯片中。

在幻灯片中插入音频文件后,将自动激活"音频工具"/"格式"选项卡和"音频工具"/"播放"选项卡,通过这两个选项卡,可以对音频文件的外观样式和播放方式进行设置,如图7-13所示。

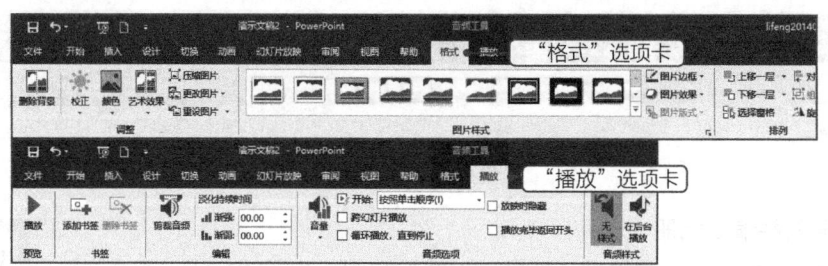
图7-13 激活音频文件选项卡

(2)插入视频文件

跟音频文件一样,视频也是演示文稿中非常常见的一种多媒体元素,常用于宣传类演示文稿中。在PowerPoint中主要可以插入文件中的视频和来自网站的视频。

选择幻灯片,在"插入"/"媒体"组中单击"视频"按钮,在打开的下拉列表中选择"PC上的视频"选项,在打开的"插入视频文件"对话框中选择要插入的视频文件,单击"插入"按钮即可。

7.2.2 应用幻灯片主题

幻灯片版式中的各个元素并不是独立存在的,而是由背景、文本、图形、表格和图片等元素组合搭配而成的。为了使演示文稿的整体效果更加美观,通常需要对其主题和版式进行设置。PowerPoint为用户提供了很多预设了颜色、字体、背景、效果样式的主题样式,用户在选择了主题样式后,还可以自定义幻灯片的颜色方案和字体方案等。

1. 应用幻灯片主题

PowerPoint 2016的主题样式已经对颜色、字体和效果等进行了合理的配置,用户只需选择一种固定的主题效果,就可以为演示文稿中各幻灯片的内容应用相同的效果,从而达到统一幻灯片风格的目的。在"设计"/"主题"组中单击右下角的下拉按钮,在打开的下拉列表中选择一种主题选项即可。

2. 更改主题颜色方案

PowerPoint 2016为预设的主题样式提供了多种主题的颜色方案,用户可以直接选择所需的颜色方案,以对幻灯片主题的颜色搭配效果进行调整。

在"设计"/"变体"组中单击右下角的下拉按钮,在打开的下拉列表中选择"颜色"选项,再在打开的子列表中选择一种主题颜色,如图7-14所示,即可将颜色方案应用于所有幻灯片。在打开的下拉列表中选择"自定义颜色"选项,在打开的对话框中可对幻灯片主题颜色的搭配进行自定义设置,如图7-15所示。

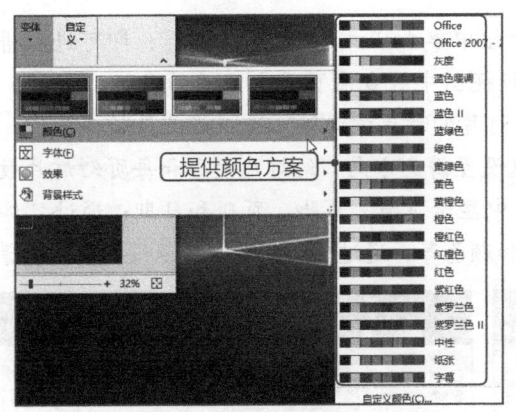
图7-14 更改主题颜色

图7-15 自定义主题颜色

3. 更改字体方案

PowerPoint 2016为不同的主题样式提供了多种字体搭配方案。在"设计"/"变体"组中单击右下角的下拉按钮,在打开的下拉列表中选择"字体"选项,再在打开的子列表中选择一种选项,即可将字体方案应用于所有幻灯片。在打开的下拉列表中选择"自定义字体"选项,在打开的"新建主题字体"对话框中可对幻灯片中的标题和正文字体进行自定义设置。

4. 更改效果方案

在"设计"/"变体"组中单击右下角的下拉按钮,在打开的下拉列表中选择"效果"选项,在打开的下拉列表中选择一种效果,可以快速更改图表、SmartArt图形、形状、图片、表格和艺术字等幻灯片对象的外观,如图7-16所示。

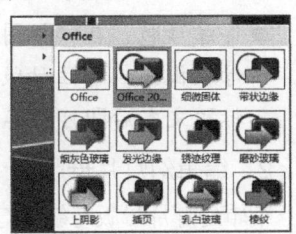
图7-16 效果列表

7.2.3 应用幻灯片母版

PowerPoint中预设的主题可以统一幻灯片的风格，此外通过对母版进行自定义，也可以设置和统一幻灯片的风格。幻灯片母版可以统一和存储幻灯片的模板信息，在完成母版的编辑后，即可对母版样式进行快速应用，减少重复输入，提高工作效率。通常情况下，如果想为幻灯片应用统一的背景、标志、标题文本及文本格式，就需要使用PowerPoint 2016的幻灯片母版功能。

1. 认识母版的类型

PowerPoint 2016中的母版包括幻灯片母版、讲义母版和备注母版3种类型，其作用和视图模式各不相同，下面分别进行介绍。

- 幻灯片母版：在"视图"/"母版视图"组中单击"幻灯片母版"按钮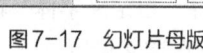，即可进入幻灯片母版视图，如图7-17所示。幻灯片母版视图是编辑幻灯片母版样式的主要场所，在幻灯片母版视图中，左侧为"幻灯片版式选择"窗格，右侧为"幻灯片母版编辑"窗口。选择相应的幻灯片版式后，便可在右侧对幻灯片的标题、文本样式、背景效果、页面效果等进行设置，在母版中更改和设置的内容将应用于同一演示文稿中所有应用了该版式的幻灯片。

- 讲义母版：在"视图"/"母版视图"组中单击"讲义母版"按钮，即可进入讲义母版视图，如图7-18所示。在讲义母版视图中可查看页面上显示的多张幻灯片，也可设置页眉和页脚的内容，以及改变幻灯片的放置方向等。进入讲义母版视图后，通过"讲义母版"/"页面设置"组，可以设置讲义方向、幻灯片大小和每页幻灯片数量；通过"占位符"组可设置是否在讲义中显示页眉、页脚、页码和日期；通过"编辑主题"组，可以修改讲义幻灯片的主题和颜色等；通过"背景"组可以设置讲义背景。

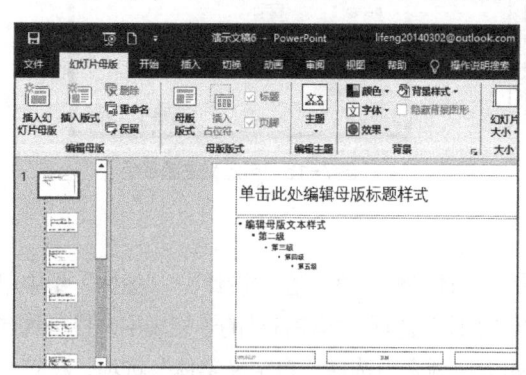

图7-17 幻灯片母版

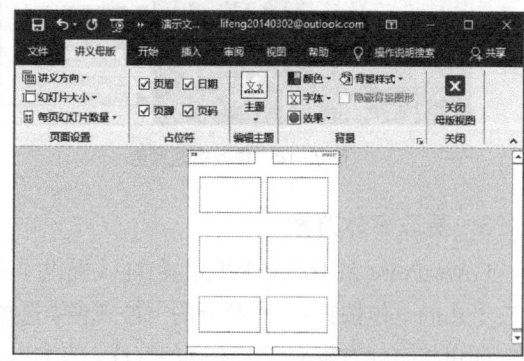

图7-18 讲义母版

- 备注母版：在"视图"/"母版视图"组中单击"备注母版"按钮，即可进入备注母版视图。备注母版主要用于对幻灯片备注窗格中的内容格式进行设置，选择各级标题文本后即可对其字体格式等进行设置。

2. 编辑幻灯片母版

编辑幻灯片母版与编辑幻灯片的方法非常类似，幻灯片母版中也可以添加图片、声音、文本等对象，但通常只添加通用对象，即只添加在大部分幻灯片中都需要使用的对象。完成母版样式的编辑后单击"关闭母版视图"按钮×即可退出母版。

【例7-2】新建演示文稿，并设置幻灯片母版的主题、文本格式、形状样式、页脚以及图片等内容。

步骤1 新建一个空白演示文稿，并以"母版幻灯片"为名进行保存，然后单击"视图"/"母版视图"组中的"幻灯片母版"按钮，进入幻灯片母版视图。

步骤2 在"幻灯片母版"/"编辑主题"组中单击"主题"按钮，在打开的下拉列表中选择"环保"选项，如图7-19所示。

步骤3 在幻灯片母版视图左侧的"幻灯片版式选择"窗格中选择第1张幻灯片版式，然后选择"单击此处编辑母版标题样式"占位符，在"开始"/"字体"组中设置占位符的文本格式为"方正大黑简体、44"。继续选择正文占位符，并设置占位符的文本格式为"黑体"，如图7-20所示。

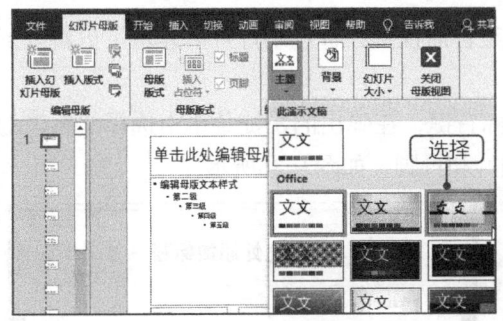

图7-19 应用母版主题

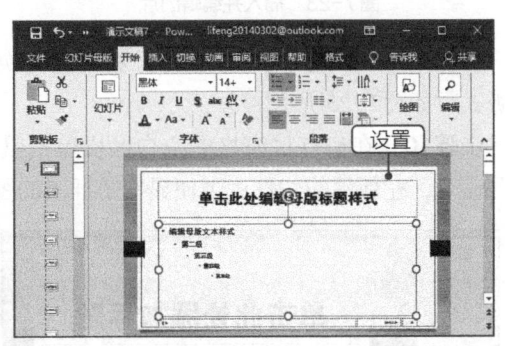

图7-20 设置文本格式

步骤4 ①选择幻灯片中的绿色边框；②在"绘图工具"/"格式"/"形状样式"组中选择"彩色轮廓-橙色，强调颜色5"选项，如图7-21所示。

步骤5 ①在"插入"/"文本"组中单击"页眉和页脚"按钮，打开"页眉和页脚"对话框，在"幻灯片"选项卡中单击选中"页脚"复选框；②在复选框下的文本框中输入"企业资源分析"文本；③单击选中"标题幻灯片中不显示"复选框；④单击"全部应用"按钮，如图7-22所示。

图7-21 选择形状样式

图7-22 在幻灯片中统一添加页脚

步骤6　打开"插入图片"对话框,选择所需图片后,单击"插入"按钮。

步骤7　①返回幻灯片母版视图,在"图片工具"/"格式"/"大小"组中,将图片的高度和宽度分别设置为"1.05厘米"和"1.33厘米";②然后利用鼠标拖动图片至幻灯片的左上角,如图7-23所示。

步骤8　按"Ctrl+C"和"Ctrl+V"组合键,复制一个图片,并将其拖动至幻灯片的右上角,效果如图7-24所示。

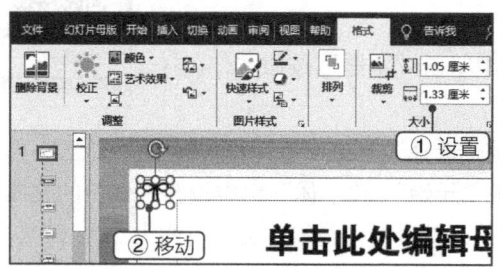
图7-23　插入并编辑图片

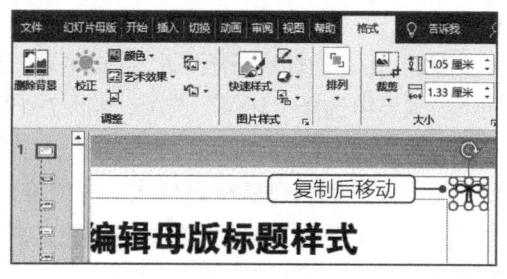
图7-24　复制和移动图片

步骤9　单击"关闭母版视图"按钮▇切换至普通视图,标题幻灯片中显示了更新设置后的版式,如图7-25所示。

步骤10　在幻灯片窗格的空白区域单击鼠标右键,在弹出的快捷菜单中选择"新建幻灯片"命令,在新建的幻灯片中便显示了插入的图片和页脚,如图7-26所示。

图7-25　设置后的标题幻灯片

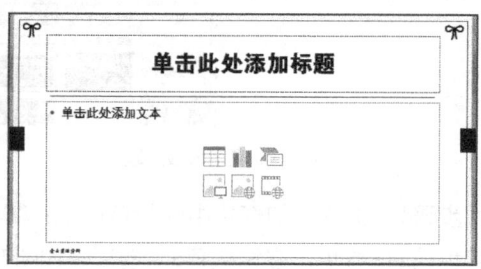
图7-26　设置后的标题和内容幻灯片

提示　在幻灯片母版视图中,对第1张幻灯片设置后,后面所有幻灯片都会应用相同的样式,若想单独对其他版式的幻灯片进行设置,就需要选择除第1张幻灯片外的其他幻灯片。

7.3　PowerPoint幻灯片动画效果的设置

动画效果是演示文稿中非常独特的一种元素,动画效果直接关系着演示文稿的放映效果。在演示文稿的制作过程中,可以为幻灯片中的文本、图片等对象设置动画效果,还可以设置幻灯片之间的切换动画效果等,幻灯片在放映时将更加生动。

7.3.1　添加动画效果

在PowerPoint中可以为每张幻灯片中的不同对象添加动画效果,PowerPoint动画效果的类型主要包括进入动画、退出动画、强调动画和动作路径动画4种。
- 进入：反映文本或其他对象在幻灯片放映时进入放映界面的动画效果。
- 退出：反映文本或其他对象在幻灯片放映时退出放映界面的动画效果。
- 强调：反映文本或其他对象在幻灯片放映过程中需要强调的动画效果。
- 动作路径：指定某个对象在幻灯片放映过程中的运动轨迹。

1. 添加单一动画

为对象添加单一动画效果是指为某个对象或多个对象快速添加进入、退出、强调或动作路径动画。

在幻灯片编辑区中选择要设置动画的对象，然后在"动画"/"动画"组中单击右下角的下拉按钮，在打开的下拉列表中选择某一类型动画下的动画选项即可。为幻灯片对象添加动画效果后，系统将自动在幻灯片编辑窗口中对设置了动画效果的对象进行预览放映，且该对象旁会出现数字标识，数字顺序代表着播放动画的顺序。

2. 添加组合动画

组合动画是指为同一个对象同时添加进入、退出、强调和动作路径动画4种类型中的任意动画组合，例如同时添加进入和退出动画等。

选择需要添加组合动画效果的幻灯片对象，然后在"动画"/"高级动画"组中单击"添加动画"按钮，在打开的下拉列表中选择某一类型的动画后，再次单击"添加动画"按钮，继续选择其他类型的动画效果即可，添加组合动画后，该对象的左侧将同时出现多个数字标识，如图7-27所示。

图7-27 添加多个动画效果

7.3.2 设置动画效果

为幻灯片中的对象添加动画效果后，还可以通过"动画"选项卡中的"动画""高级动画""计时"组，对添加的动画效果进行设置，如图7-28所示，这些动画效果在播放时更具条理性，例如设置动画播放参数、调整动画的播放顺序和删除动画等。

图7-28 "动画"选项卡

- "动画"组：主要设置动画的效果选项，包括"序列""方向""形状"等，也可以在动画列表中重新选择动画效果。
- "高级动画"组：主要对同一对象的多个动画进行设置，包括多个动画的添加、触发动画的设置等。此外，单击"动画窗格"按钮，在打开的窗格中还可以对动画的播放顺序和播放效果进行预览。
- "计时"组：在该组中，可以对添加动画的播放时间、播放速度和播放顺序进行设置。

7.3.3 设置幻灯片切换动画效果

设置幻灯片切换动画即设置当前幻灯片与下一张幻灯片的过渡动画效果，切换动画可使幻灯片之间的衔接更加自然。

视频教学
设置幻灯片切换
动画效果

【例7-3】打开"企业资源分析"演示文稿，为幻灯片设置切换动画。

步骤1 打开"企业资源分析"演示文稿，选择要设置切换效果的幻灯片，在"切换"/"切换到此幻灯片"组中单击右下角的下拉按钮，在打开的下拉列表中选择一种切换效果，如图7-29所示，此时在幻灯片编辑区中将显示切换动画效果。

步骤2 用同样的方法为其他幻灯片设置各种切换效果，如果需要为整个演示文稿设置统一的切换效果，在"切换"/"计时"组中单击"应用到全部"按钮即可。

步骤3 在"切换"/"计时"组中单击"声音"右侧的下拉按钮，在打开的下拉列表中可以选择幻灯片切换时的音效，在"持续时间"数值框中输入切换动画的持续时间。

步骤4 在"换片方式"栏中单击选中"单击鼠标时"复选框，如图7-30所示，表示单击鼠标时播放切换动画；若单击选中"设置自动换片时间"复选框并设置了时间，则可在放映幻灯片时根据所设置的间隔时间自动播放切换动画并切换幻灯片。

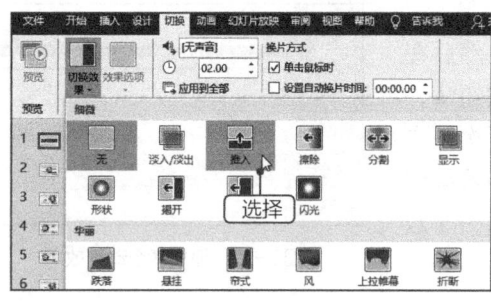
图7-29 选择切换动画效果

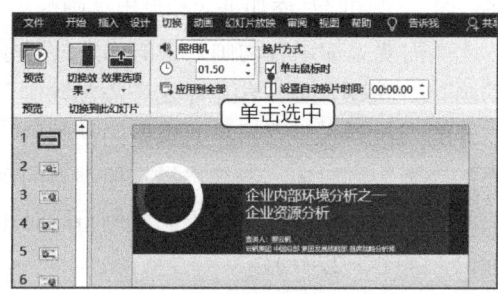
图7-30 设置切换方式

7.3.4 添加动作按钮

动作按钮的功能与超链接比较类似，在幻灯片中创建动作按钮后，可将其设置为单击或经过该动作按钮时，快速切换到上一张幻灯片、下一张幻灯片或第一张幻灯片。

在幻灯片中添加动作按钮的方法为：选择要添加动作按钮的幻灯片，在"插入"/"插图"组中单击"形状"按钮，在打开的下拉列表中的"动作按钮"栏中选择要绘制的动作按钮，此时鼠标指针将变为+形状，将其移至幻灯片右下角，按住鼠标左键不放并向右下角拖动绘制一个动作按钮，此时将自动打开"操作设置"对话框，如图7-31所示。根据需要单击"单击鼠标"或"鼠标悬停"选项卡，在其中可以设置单击鼠标或悬停鼠标时要执行的操作，如链接到其他幻灯片或演示文稿、运行程序等。

图7-31 "操作设置"对话框

7.3.5 创建超链接

除了使用动作按钮链接到指定幻灯片外，还可以为幻灯片中的文本或者图片等对象创建超链接，创建超链接后在放映幻灯片时单击该对象便可将页面跳转到链接所指向的幻灯片。

为幻灯片中的对象创建超链接的方法为：在幻灯片编辑区中选择要添加超链接的对象，然后在"插入"/"链接"组中单击"超链接"按钮 或按"Ctrl+K"组合键，打开"插入超链接"对话框，如图7-32所示。在左侧的"链接到"列表中提供了4种不同的链接方式，选择所需链接方式后，在中间列表框中按实际链接要求进行设置，完成后单击"确定"按钮，即可为选择的对象添加超链接效果。在放映幻灯片时，单击添加链接的对象，即可快速跳转至所链接的页面或程序。

图7-32 "插入超链接"对话框

 提示　在"插入超链接"对话框中单击右上角的"屏幕提示"按钮，在打开的"设置超链接屏幕提示"对话框中的"屏幕提示文字"文本框中可输入鼠标指向链接对象时的提示文字。此外，如果直接选择文本为其设置超链接效果，设置完成后文本颜色将发生改变，且文本下方将添加下画线；如果选择文本框为其设置超链接效果，则不会改变文本的效果。

7.4　PowerPoint 2016幻灯片的放映与打印

使用PowerPoint制作演示文稿的最终目的就是要将幻灯片效果展示给观众，即放映幻灯片。同时，幻灯片的音频效果、视频效果、动画效果都需要通过放映功能进行展示。除了可以放映之外，PowerPoint 2016也提供了打印功能，用户可对幻灯片进行打印并留档保存。

7.4.1　放映设置

在PowerPoint中，放映幻灯片时可以设置不同的放映方式，例如演讲者控制放映、观众自行浏览或演示文稿自动循环放映，还可以隐藏不需要放映的幻灯片和录制旁白等，从而满足不同场合的放映需求。

1. 设置放映方式

设置幻灯片的放映方式主要包括设置放映类型、放映幻灯片的数量和换片方式等，在"幻灯片放映"/"设置"组中单击"设置幻灯片放映"按钮，打开"设置放映方式"对话框，其中各主要设置功能介绍如下。

● 设置放映类型：在"放映类型"栏中单击选中相应的单选项，即可为幻灯片设置相应的放映类型。其中，"演讲者放映"方式是PowerPoint默认的放映类型，放映时幻灯片全屏显示，在放映过程中，演讲者具有完全的控制权；"观众自行浏览"方式是一种让观众自行观看幻灯片的交互式放映类型，观众可以通过快捷菜单翻页、打印和浏览，但不能单击鼠标进行放映；"在展台浏览"方式同样会全屏显示幻灯片，与"演讲者放映"方式不同的是除了保留鼠标指针用于选择屏幕对象进行放映外，不能进行其他放映控制，要终止放映只能按"Esc"键。
- 设置放映选项：在"放映选项"栏中单击选中4个复选框可分别设置循环放映、不添加旁白、不播放动画效果和禁用图形加速效果，还可设置绘图笔和激光笔的颜色等，在"绘图笔颜色"和"激光笔颜色"下拉列表框中可以选择一种颜色，在放映幻灯片时，可使用该颜色的绘图笔在幻灯片上写字或做标记。
- 设置放映幻灯片的数量：在"放映幻灯片"栏中可设置需要进行放映的幻灯片数量，可以选择放映演示文稿中所有的幻灯片，或手动输入放映开始和结束的幻灯片页数。
- 设置换片方式：在"推进幻灯片"栏中可设置幻灯片的切换方式，单击选中"手动"单选项，表示在演示过程中将手动切换幻灯片及演示动画效果；单击选中"如果出现计时，则使用它"单选项，表示演示文稿将按照幻灯片的排练时间自动切换幻灯片和动画，但是如果没有已保存的排练计时，即使单击选中该单选项，放映时还是以手动方式进行控制。

2. 自定义幻灯片放映

自定义幻灯片放映是指选择性地放映部分幻灯片，它可以将需要放映的幻灯片另存为一个放映组合并命名，再进行放映，这类放映主要适用于内容较多的演示文稿。

视频教学
自定义幻灯片放映

【例7-4】打开"企业资源分析1"演示文稿，在其中新建自定义放映方案。

步骤1 打开"企业资源分析1"演示文稿，在"幻灯片放映"/"开始放映幻灯片"组中单击"自定义幻灯片放映"按钮，在打开的下拉列表中选择"自定义放映"选项，打开"自定义放映"对话框，单击"新建"按钮。

步骤2 ①在打开的"定义自定义放映"对话框的"幻灯片放映名称"文本框中输入本次放映名称；②然后在"在演示文稿中的幻灯片"列表中单击选中要放映的幻灯片前的复选框；③单击"添加"按钮，如图7-33所示。

步骤3 添加后单击右侧的 ↑ 或 ↓ 按钮，可以调整播放顺序，单击"确定"按钮，返回"自定义放映"对话框，单击"放映"按钮即可进入幻灯片放映状态进行观看，如图7-34所示。

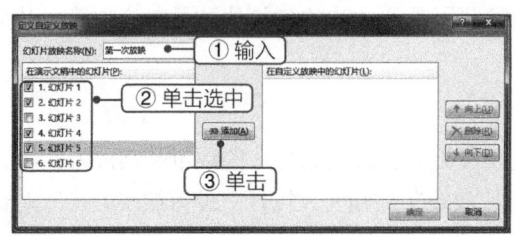
图7-33 选择需放映的幻灯片

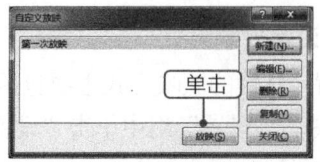
图7-34 放映幻灯片

3. 隐藏幻灯片

放映幻灯片时，如果只需要放映其中的几张幻灯片，除了可以通过自定义放映来选择幻灯片之外，还可将不需要放映的幻灯片隐藏起来，需要放映时再将其重新显示。

在幻灯片窗格中选择需要隐藏的幻灯片，在"幻灯片放映"/"设置"组中单击"隐藏幻灯片"按钮，即可隐藏幻灯片，再次单击该按钮便可将其重新显示。被隐藏的幻灯片上将出现标志。

4. 录制旁白

在没有解说员或演讲者的情况下，可事先为演示文稿录制好旁白。在"幻灯片放映"/"设置"组中单击"录制幻灯片演示"按钮，打开"录制幻灯片演示"对话框，如图7-35所示，在其中选择要录制的内容后单击"开始录制"按钮，此时幻灯片开始放映并开始计时录音。只要安装了音频输入设备就可直接录制旁白。放映结束的同时将完成旁白的录制，并返回幻灯片浏览视图，每张幻灯片右下角会出现一个喇叭图标，表示添加了旁白。

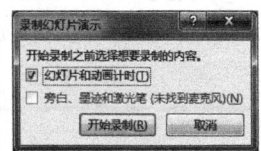

图7-35　选择录制内容

5. 设置排练计时

在正式放映幻灯片之前，可预先统计出放映整个演示文稿和放映每张幻灯片所需的时间。通过排练计时可以使演示文稿自动按照设置好的时间和顺序进行播放，放映过程不需要人工操作。

在"幻灯片放映"/"设置"组中单击"排练计时"按钮，进入放映排练状态，并在放映左上角打开"录制"工具栏。开始放映幻灯片，幻灯片在人工控制下不断进行切换，同时在"录制"工具栏中进行计时，完成后弹出提示框确认是否保留排练计时，单击"是"按钮完成排练计时操作。

7.4.2　放映幻灯片

对幻灯片进行放映设置后，即可开始放映幻灯片，在放映过程中演讲者可以进行标记和定位等控制操作。

1. 放映幻灯片

幻灯片的放映包含开始放映和切换放映操作，下面分别进行介绍。

（1）开始放映

开始放映幻灯片的方法有以下3种。

- 在"幻灯片放映"/"开始放映幻灯片"组中单击"从头开始"按钮或按"F5"键，将从第1张幻灯片开始放映。
- 在"幻灯片放映"/"开始放映幻灯片"组中单击"从当前幻灯片开始"按钮或按"Shift+F5"组合键，将从当前选择的幻灯片开始放映。
- 单击状态栏上的"幻灯片放映"按钮，将从当前幻灯片开始放映。

（2）切换放映

在放映需要讲解和介绍的演示文稿时，如课件类、会议类演示文稿，经常需要切换到上一张或切换到下一张幻灯片，此时就需要使用幻灯片放映的切换功能。

- 切换到上一张幻灯片：按"Page Up"键、按"←"键或按"Back Space"键。
- 切换到下一张幻灯片：单击鼠标左键、按空格键、按"Enter"键或按"→"键。

2. 放映过程中的控制

在幻灯片的放映过程中有时需要对某一幻灯片进行更多的说明和讲解，此时可以暂停该幻灯片的放映,暂停放映可以直接按"S"键或"+"键,也可以在需要暂停的幻灯片中单击鼠标右键,在弹出的快捷菜单中选择"暂停"命令。此外,在右键快捷菜单中还可以选择"指针选项"命令,并在其子菜单中选择"笔"或"荧光笔"命令,以方便对幻灯片中的重要内容做标记。

 提示 在放映演示文稿时,无论当前放映的是哪一张幻灯片,都可以通过幻灯片的快速定位功能快速定位到指定的幻灯片进行放映。方法为:在放映的幻灯片中单击鼠标右键,在弹出的快捷菜单中选择"定位至幻灯片"命令,在弹出的子菜单中选择切换至的目标幻灯片即可。

7.4.3 演示文稿的打包与发送

为了避免编辑的PowerPoint幻灯片在其他计算机上无法演示的尴尬,在制作好演示文稿后可以对其进行打包操作。所谓打包,指的是将独立的已综合起来共同使用的单个或多个文件,集合在一起,生成一种独立于运行环境的文件。下面将分别介绍打包和发送演示文稿的方法。

1. 打包演示文稿

将演示文稿打包能解决运行环境的限制和文件损坏或无法调用等不可预料的问题,比如打包文件能在没有安装PowerPoint软件的计算机上进行播放。对演示文稿进行打包的方法为:选择"文件"/"导出"命令,打开"导出"界面,选择"将演示文稿打包成CD"选项,在打开的列表中单击"打包成CD"按钮,打开图7-36所示的对话框,在其中可以选择添加多个演示文稿进行打包,同时还可以选择打包文件的存放方

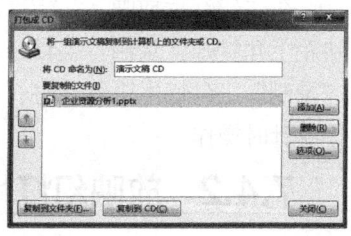

图7-36 "打包成CD"对话框

式,如文件夹或CD;若单击"复制到文件夹"按钮,在打开的对话框中设置好文件夹名称和存放的位置后,单击"确定"按钮即可进行打包操作。

2. 发送演示文稿

在PowerPoint 2016中,用户可以将演示文稿作为附件的形式发送给他人查阅。方法为选择"文件"/"共享"命令,在打开的"共享"界面中选择"电子邮件"选项,然后在打升的列表中单击"作为附件发送"按钮,在打开的提示对话框中成功添加Outlook邮件后,便可进行邮件的编辑与发送操作。

 提示 通过邮件方式发送演示文稿时,有的演示文稿过大会导致传送慢或失败的情况,此时用户可利用压缩工具WinRAR对演示文稿进行压缩,缩小文件后再发送。

7.5 PowerPoint 2016应用综合案例

本例将结合本章所学知识制作一个演示文稿,帮助用户进一步掌握和巩固PowerPoint的相关操作。首先打开演示文稿,在其中添加文本、形状、图片和图表等对象,并对这些对象进行设置和美化,然后为幻灯片添加切换动画。

视频教学
PowerPoint 2016 应用综合案例

步骤1 新建一个空白演示文稿,将其保存为"年度总结报告",在"设计"/"自定义"组中单击"幻灯片大小"按钮,在打开的下拉列表中选择"宽屏(16:9)"选项。

步骤2 在"视图"/"母版视图"组中单击"幻灯片母版"按钮,进入幻灯片母版视图,删除不需要的幻灯片版式,选择第3张幻灯片,在"插入"/"插图"组中单击"形状"按钮,在幻灯片中绘制大小不等的两个矩形形状,然后通过"绘图工具"/"格式"/"形状样式"组中将形状轮廓设置为"无轮廓",形状颜色设置为"深红"。

步骤3 按住"Ctrl"键的同时选择标题和文本占位符,向右拖动占位符左侧边框上的控制点以缩小占位符的宽度。然后选择标题占位符,在"字体"组中的"字体"下拉列表中选择"思源黑体CN Light"选项,如图7-37所示。

步骤4 ①退出幻灯片母版视图,单击"设计"/"自定义"组中的"设置背景格式"按钮,打开"设置背景格式"窗格,单击选中"图片或纹理填充"单选项;②然后单击"文件"按钮,如图7-38所示。

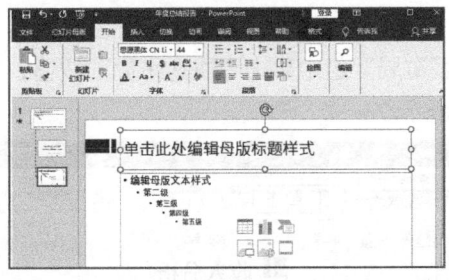

图7-37 编辑母版幻灯片

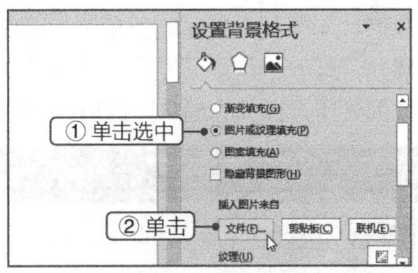

图7-38 设置背景格式

步骤5 打开"插入图片"对话框,在其中选择"背景"选项,单击"插入"按钮。返回第1张幻灯片,在其中输入文本,并设置文本格式,效果如图7-39所示。

步骤6 在幻灯片窗格的空白区域单击鼠标右键,在弹出的快捷菜单中选择"新建幻灯片"命令,在新建幻灯片中输入标题"目录",然后单击占位符中的"图片"按钮,在打开的"插入图片"对话框中选择"图片1"选项,单击"插入"按钮。

步骤7 绘制圆形形状和直线,分别为其设置填充色为"黑色,文字1,淡色25%",取消圆形的形状轮廓,并调整其位置。然后在幻灯片中插入文本框,并输入和设置文本格式,效果如图7-40所示。

图7-39 编辑第1张幻灯片

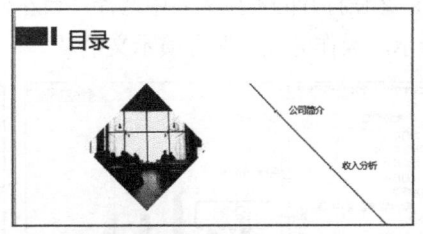

图7-40 编辑第2张幻灯片

步骤8 继续新建一张幻灯片,分别输入标题和正文内容。

步骤9 ①将文本插入点定位到正文占位符中;②在"开始"/"段落"组中单击"项目符

号"按钮≡右侧的下拉按钮·；③在打开的下拉列表中选择"无"选项，如图7-41所示。

步骤10 ①单击"段落"组中的"展开"按钮，打开"段落"对话框，单击"缩进和间距"选项卡，在"缩进"栏中的"特殊"下拉列表框中选择"首行"选项；②在右侧的"度量值"数值框中输入"2厘米"；③然后单击"确定"按钮，如图7-42所示。

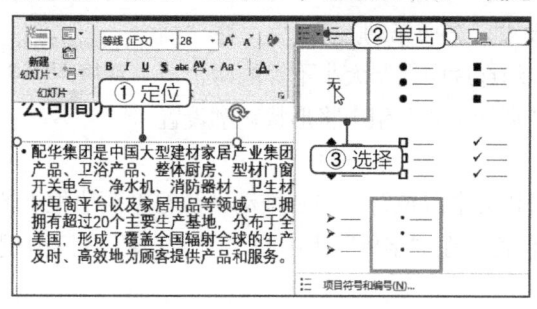

图7-41 取消占位符中的项目符号样式

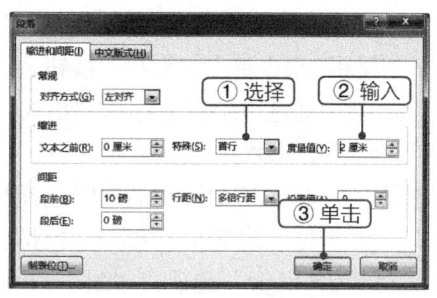

图7-42 设置文本的缩进效果

步骤11 新建幻灯片，输入标题文本后，单击占位符中的"插入图表"按钮。打开"插入图表"对话框，选择"柱形图"选项，打开"Microsoft PowerPoint中的图表"工作簿，在其中输入数据，如图7-43所示，完成图表的创建。

步骤12 ①在"图表工具"/"设计"/"图表布局"组中单击"快速布局"按钮；②在打开的下拉列表中选择"布局11"选项，如图7-44所示。

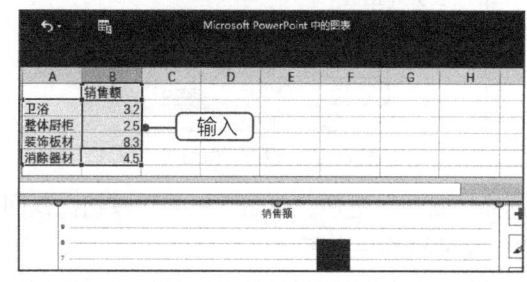

图7-43 输入图表数据

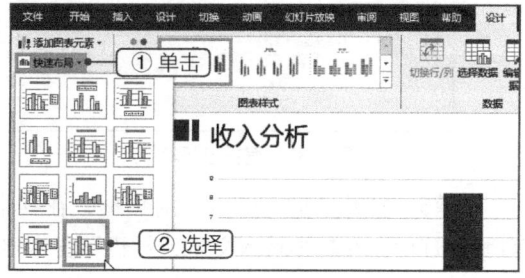

图7-44 更改图表布局

步骤13 选择第2张幻灯片中的文本"收入分析"，在"插入"/"链接"组中单击"超链接"按钮，打开"插入超链接"对话框，按图7-45所示的内容进行设置，然后单击"确定"按钮。

步骤14 ①在"切换"/"切换到此幻灯片"组中选择"推入"选项，然后单击"效果选项"按钮；②在打开的下拉列表中选择"自左侧"选项；③最后单击"应用到全部"按钮，如图7-46所示。操作完成后保存演示文稿。

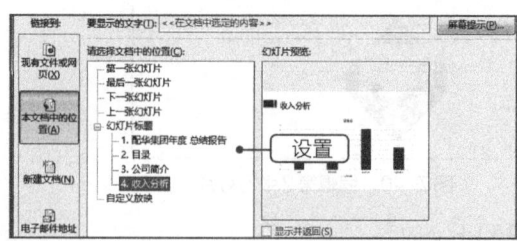

图7-45 插入超链接

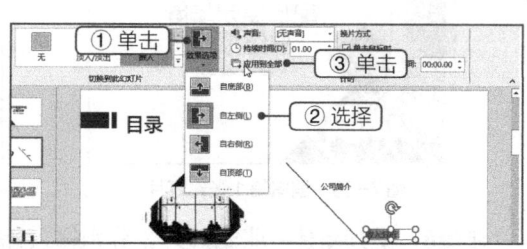

图7-46 添加切换动画

7.6 练习

1. 新建一个空白演示文稿,并将其以"景区简介"为名进行保存,按照下列要求进行操作,最终效果如图7-47所示。

(1)为幻灯片应用"视差"的主题样式。

(2)在第1张幻灯片中输入标题内容,删除副标题占位符。

(3)新建5张幻灯片,在第2张幻灯片中输入景区简介,设置正文文本格式为"楷体、28、蓝色,个性色1,深色50%"。

(4)将第3~6张幻灯片中的标题占位符删除,插入艺术字,并设置样式为"填充:蓝色;主题色1;阴影"。

(5)通过占位符中的"图片"按钮,插入提供的图片文件,并将图片样式设置为"简单框架,白色"效果,然后为插入的图片添加"浮入"的动画效果,同时将动画的开始时间设置为"与上一动画同时"。

视频教学
7.6 练习1

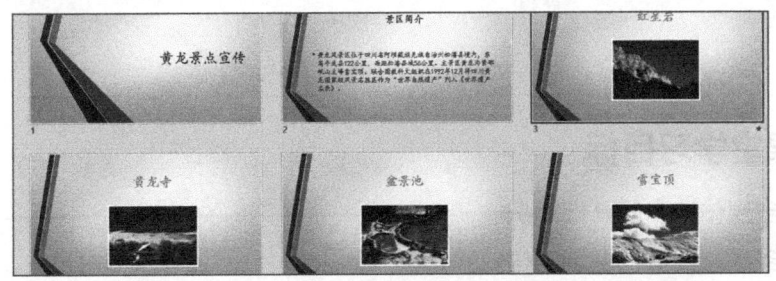

图7-47 "景区简介"演示文稿

2. 打开"英语课件"演示文稿,对其母版进行设置,按照下列要求进行操作,最终效果如图7-48所示。

(1)进入幻灯片母版编辑状态,设置标题幻灯片版式的主标题文本格式为"方正大黑简体、绿色、阴影",副标题文本格式为"方正楷体简体、橙色、阴影(内部:左上)"。

视频教学
7.6 练习2

(2)退出幻灯片母版,为第2张幻灯片各标题设置超链接,使其链接到对应的幻灯片。

(3)在第2张幻灯片的右下角插入"前一项""后一项"两个动作按钮,并为其应用"彩色填充-橄榄色,强调颜色3"样式,复制制作好的动作按钮至第3~6张幻灯片中。

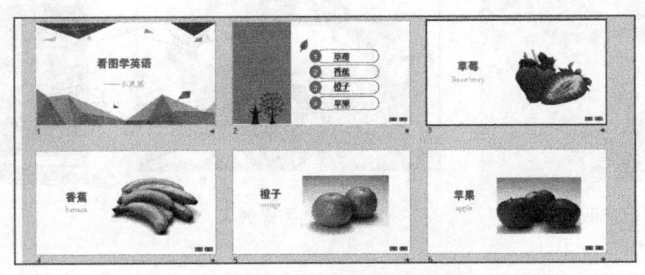

练习
查看具体操作

图7-48 "英文课件"演示文稿

CHAPTER 8

第 8 章
多媒体技术及应用

近年来，多媒体技术迅猛发展，逐渐渗透到人们生活、工作的各个领域。许多商家和企业也纷纷将多媒体技术应用在企业形象宣传、产品推广营销及通信售后等方面。本章将介绍多媒体技术的基础知识和应用，包括多媒体计算机系统的构成、多媒体信息在计算机中的表示、Photoshop和Flash的简单应用等。

📡 课堂学习目标

- 了解多媒体技术的基础知识
- 熟悉多媒体计算机系统的构成
- 熟悉多媒体信息在计算机中的表示
- 掌握Photoshop和Flash的基本操作

▶ 课堂案例展示

利用魔棒工具选取选区

裁剪后的图像效果

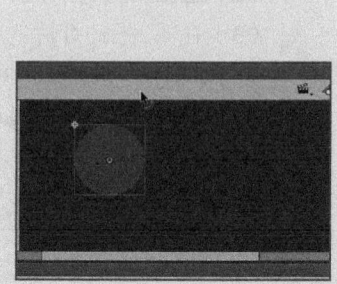

调整动画路径

第8章 多媒体技术及应用

8.1 多媒体技术的概述

多媒体技术就是将图像、音频和视频等多种媒体数据信息,通过计算机进行数字化采集、获取、压缩或解压缩、编辑、存储等加工处理,使它们建立一种逻辑连接,并集成为一个具有交互性的系统的技术。真正的多媒体技术所涉及的对象是计算机数据,而电视、电影等,不属于多媒体技术的范畴。

8.1.1 多媒体技术的定义和特点

多媒体译自英文的Multimedia一词。媒体在计算机领域中有两种含义,一种是指用来存储信息的实体,如软盘、硬盘和光盘等;另一种是指信息的载体,如文本、图形、图像、动画、音频和视频等媒体信息。多媒体技术中的媒体主要是指后者,即利用计算机把文字、图形、影像、声音、动画和视频等媒体信息数字化,并将其整合在一定的交互式界面中,使计算机具有交互展示不同媒体形态的能力。

多媒体技术的内容涵盖丰富,具有多样性、集成性、交互性、智能性和易扩展性等特点。这些特点决定了多媒体适用于电子商务、教学和通信等众多领域。

- 多样性是指多媒体技术能综合处理多种媒体信息,包括文本、图形、图像、动画和音/视频等。
- 集成性是指多媒体技术能将不同的媒体信息有机地组合在一起,形成一个整体,并可以用与这些媒体相关的设备进行集成。
- 交互性是指用户可以介入到各种媒体加工、处理的过程中,从而使用户更有效地控制和应用各种媒体信息。与传统信息交流媒体只能单向、被动的传播信息不同,多媒体技术方便了人们对信息的主动选择和控制。
- 智能性是指多媒体技术提供了易于操作、十分友好的界面,并使操作更直观、方便,以及人性化。
- 易扩展性是指计算机可以方便地与各种外部设备相连接,实现数据交换、监视控制等。

8.1.2 多媒体的关键技术

在研制多媒体计算机的过程中,需要解决很多关键技术,如数据压缩与编码技术、数字图像技术、数字音频技术、数字视频技术等。初步了解这些技术,能够帮助我们具体地理解多媒体技术,为多媒体技术在电子商务、教学等方面的应用提供理论基础。

1. 数据压缩与编码技术

一幅像素(pixel)是352×240的近似真彩色图像(15bit/pixel)在数字化后的数据量为$352 \times 240 \times 15 = 1267200$bit。在动态视频中,采用NTSC制式的帧率为30fps,那么要求视频信息的传输率为$1267200 \times 30 = (3.8016E+07)$bit/s。因此,在一张容量为700MB的光盘上存放视频信息,所存储的动态视频数字信号所能播放的时间最多也只有193.077s,即3.218min。由此可知,如果不采用压缩技术,一张700MB的光盘所存放的动态视频数字信号只能播放3.218min。

提示 计算机以150bit/s的传输率,在没压缩的前提下,是无法处理(3.8016E+07)bit/s的大数据量的,因此必须采用数据压缩与编码技术。如果采用MPEG-1标准,其压缩比为50:1,则700MB的VCD光盘,在同时存放视频和音频信号的情况下,最大可播放时间能达到96min。

2. 数字图像技术

在图像、文字和声音这3种形式的媒体中,图像所包含的信息量是最大的。图像的特点是只能通过人的视觉感受,并且非常依赖于人的视觉器官。数字图像技术就是对图像进行计算机处理,使其中的信息更适合人眼或仪器的分辨和获取。

数字图像处理的过程包括输入、处理和输出。输入即图像的采集和数字化,就是对模拟图像信号进行抽样和量化处理后得到数字图像信号,并将其存储到计算机中以待进一步处理。处理是按一定的要求对数字图像进行诸如滤波、锐化、复原、重现及矫正等一系列操作,以提取图像的主要信息。输出则是将处理后的图像通过打印等方式表现出来。

3. 数字音频技术

多媒体技术中的数字音频技术包括声音采集及回放技术、声音识别技术和声音合成技术,这3个方面的技术在计算机的硬件上都是通过"声卡"来实现的。声卡具有将模拟的声音信号数字化的功能,而数字声音处理、声音识别和声音合成则是通过计算机软件来实现的。

4. 数字视频技术

数字视频技术与数字音频技术相似,只是视频的带宽为6MHz,大于声频带宽的20kHz。数字视频技术一般包括视频采集及回放、视频编辑和三维动画视频制作。视频采集及回放与音频采集及回放类似,需要有图像采集卡和相应软件的支持。

5. 多媒体专用芯片技术

专用芯片是多媒体计算机硬件体系结构的关键。为了实现音频和视频信号的快速压缩、解压缩和播放处理,需要大量的快速计算,只有采用专用芯片,才能取得满意的效果。多媒体计算机专用芯片可归纳为两种类型:一种是固定功能的芯片,另一种是可编程的数字信号处理器芯片。

6. 多媒体输入与输出技术

多媒体输入与输出技术包括媒体变换技术、媒体识别技术、媒体理解技术和媒体综合技术4种。

- 媒体变换技术可改变媒体的表现形式,当前广泛使用的视频卡和音频卡(声卡)都属于媒体变换设备。
- 媒体识别技术可对信息进行一对一的映像,如语音识别技术和触摸屏技术等。
- 媒体理解技术可对信息进行进一步的分析处理,以便使信息内容更容易被理解,如自然语言理解、图像理解和模式识别等技术。
- 媒体综合技术可把低维的信息表示形式映像成高维的模式空间。例如,语音合成器就可以把语音的内部表示综合为声音输出。

7. 多媒体软件技术

多媒体软件技术主要包括多媒体操作系统、多媒体素材采集与制作技术、多媒体数据库技术、超文本和超媒体技术4个方面的内容。

- 多媒体操作系统：该系统是多媒体软件的核心，负责多媒体环境下的多任务调度，保证音频、视频同步控制以及信息处理的实时性，提供多媒体信息的各种基本操作和管理，具有设备的相对独立性与可扩展性。
- 多媒体素材采集与制作技术：素材的采集与制作主要包括采集并编辑多种媒体数据。例如，声音信号的录制、图像扫描及预处理、全动态视频采集及编辑、音/视频信号的混合和同步等。
- 多媒体数据库技术：该技术是一种可处理包括文本、图形、图像、动画、声音、视频等多种媒体信息的数据库技术。
- 超文本和超媒体技术：该技术允许以事物的自然联系来组织信息，实现多媒体信息之间的连接，从而构造出能真正表达客观世界的多媒体应用系统。超文本和超媒体由节点、链和网络3个要素组成，节点是表达信息的单位，链将节点连接起来，网络是由节点和链构成的有向图。

8.1.3 多媒体技术的发展趋势

随着多媒体技术在各个领域的深入应用，计算机多媒体技术迅速发展起来，向着网络化、多元化和智能化的方向推进。

1. 网络化

随着网络的普及应用，多媒体技术也朝着网络化的方向发展，其中最显著的一个技术就是流媒体技术，流媒体技术促进了多媒体在网络上的应用。

流媒体是指用户通过网络或者特定数字信道边下载边播放多媒体数据的一种方式。通过流媒体，不需要下载完整的文件就可以在向终端传输的过程中边下载边播放，使人们在不同的带宽环境下都可以在线欣赏高品质的音频、视频节目。

2. 多元化

多媒体技术的多元化发展趋势，一方面是指多媒体技术从单机到多机的过渡，从单机系统向以网络为中心的多媒体应用过渡；另一方面是指多媒体技术应用领域的多元化，不仅可应用在电子商务、教学、通信、医疗诊断等方面，同时以消费者为中心，根据消费者的个性化需求提供专业的服务。

3. 智能化

计算机软硬件的不断更新，使计算机的性能指标进一步提高。多媒体网络环境要求的不断增强，促使多媒体朝着智能化方向发展，提升文字、声音和图像等信息的处理能力，利用交互式处理以及云计算弥补计算机智能不足的缺陷。智能多媒体技术包括文字、语音的识别和输入，图形的识别和理解以及人工智能等。例如，现在的网络电视、智能移动手机等产品，都实现了视频的智能控制、信息的智能搜索及筛选等。

8.1.4 多媒体文件格式的转换

常见的多媒体文件格式包括图像、音频和视频3种，用户在学习或工作中，可能会遇到不同格式的多媒体文件之间的转换问题，此时，就需要借助专业的转换软件——"格式工厂"了。格式工厂是比较全能的免费媒体转换软件，其中文版支持视频、音频和图像等主流媒体格式。

图8-1所示为格式工厂的操作界面，它提供了"音频""视频""图片""文档"等不同格式文件的转换。若想转换视频文件，只需单击"视频"按钮，在打开的列表框中选择所需的视频文件格式，再在打开的对话框中添加要转换的文件，然后单击"确定"按钮，返回操作界面后，单击右上角的"开始"按钮，即可执行转换操作。

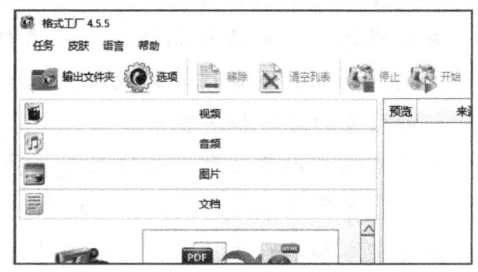

图8-1 格式工厂的操作界面

8.1.5 多媒体技术的应用

多媒体技术的迅猛发展，使多媒体系统的应用以极强的渗透力进入人类生活的各个领域，其中它在电子商务领域的应用尤为突出，此外，它在教育、医疗、远程监控领域也有所渗透。下面主要介绍多媒体技术在电子商务领域的应用。

1. 多媒体技术在电子商务领域的应用形式

运用多媒体技术可以在网页中提供大量关于产品的文字、图像、视频等信息，用更精美、优质的页面来展示产品，吸引浏览用户。多媒体技术在电子商务中的应用形式比较多样，包括视觉媒体、听觉媒体、视听媒体和交互媒体等。

- 视觉媒体：视觉媒体是电子商务最基本的媒体元素和应用形式，包括文字、图形和图像等。视觉媒体的数据量较小，可以简洁明了地向用户传递产品信息，用户可以用极少的时间及较快的速度进行信息的阅读和理解。
- 听觉媒体：听觉媒体具有丰富的直觉感、浓厚的感情色彩和艺术魅力，容易引起用户的兴趣。电子商务中常用的音频文件格式有MID、WAV、WMA和MP3等。
- 视听媒体：视听媒体集视觉媒体和听觉媒体的功能于一身，通过有声、活动的视觉图像，形象逼真地传递企业品牌和产品信息，因此这种媒体最常应用于电子商务商品的展示、宣传。电子商务网页中，常用的视频文件格式主要有AVI、MOV、ASF、RMVB、RM、SWF及MP4等。
- 交互媒体：交互媒体实现了受众与媒体或者受众与受众间的互动。传统的展示方式往往只能单向、被动地传播信息，受空间、时间所限只能在特定范围内进行，用户不能自主地了解内容。而在交互媒体下，电子商务活动中的用户将以一个主动参与者的身份加入到信息的加工处理和发布之中。交互媒体技术以超链接为代表，用户可以通过超链接按照自己的兴趣和需求了解、使用信息。

2. 电子商务与多媒体营销

随着移动互联网和多媒体技术的发展，多媒体营销逐渐成为企业进行网络营销的主流方式。多媒体营销对产品和品牌内容的表现更加直观，能快速吸引消费者的眼球，给消费者带来强烈的冲击力和可视化的感受。

多媒体营销包括图片营销、视频营销和直播营销等主流方式。在互联网上，几乎所有的媒体都可以通过图片进行分享互动。与文字相比，图片更具美感，图片传达的信息内容更加直观，让人一目了然，如图8-2所示。视频广告以"图、文、声、像"的形式传送多感官的信息，比其他单纯的文字或图片广告更能体现出差异化。一个内容价值高、观赏性强的视频，让消费者在全面了解企业产品的同时，还能够缩短对产品产生信任的过程。而直播营销强有力的双向互动模式，可以在主播直播内容的同时，接收观众的反馈信息，如弹幕、评论等。这些反馈中不仅包含产品信息的反馈，还有直播观众的现场表现，这也为企业下一次开展直播营销提供了改进的空间。

图8-2 图片营销广告

8.2 多媒体计算机系统的构成

多媒体计算机系统是指支持多媒体数据，并使数据之间建立逻辑连接，进而集成为一个具有交互性能的计算机系统。通常所说的多媒体计算机是指具有多媒体处理功能的个人计算机，简称MPC，它与一般的个人计算机并无太大的差别。从系统组成上来说，MPC与普通的个人计算机一样，也是由硬件和软件两大部分组成。

8.2.1 多媒体计算机系统的硬件系统

多媒体计算机系统除了包括较高配置的计算机主机外，还包括表示、捕获、存储、传递和处理多媒体信息所需要的硬件设备，如图8-3所示。

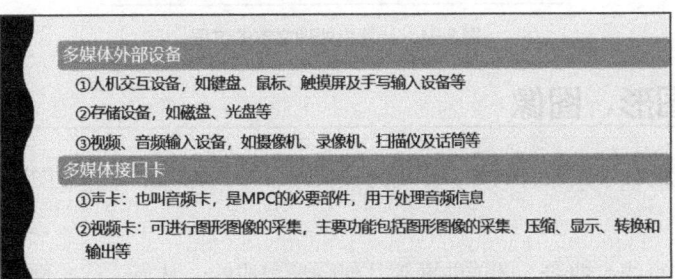

图8-3 多媒体计算机的硬件设备

8.2.2 多媒体计算机系统的软件系统

多媒体计算机的软件系统主要分为系统软件和应用软件两类。

1. 系统软件

多媒体计算机系统的系统软件有以下4种。
- 多媒体驱动软件是最底层硬件的软件支撑环境,它直接与计算机硬件相关,可完成设备初始化、基于硬件的压缩/解压等功能。
- 驱动器接口程序是高层软件与驱动程序之间的接口软件。
- 多媒体创作工具、开发环境主要用来编辑生成特定领域的多媒体应用软件。
- 多媒体操作系统可实现多媒体环境下的实时、多任务调度,保证音频、视频同步控制及信息处理的实时性,提供多媒体信息的各种基本操作和管理。多媒体的各种软件主要运行在多媒体操作系统(如Windows)上,因此,操作系统是多媒体软件的核心。

2. 应用软件

多媒体应用软件是在多媒体创作平台上,设计开发的面向特定应用领域的软件系统,包括文字处理软件、绘图软件、图像处理软件、动画制作软件以及视频软件等。

8.3 多媒体信息在计算机中的表示

常见的多媒体信息有文本、图形、图像、声音、动画、视频等,各种媒体在计算机中的储存形式都是二进制代码,也就是一连串的0和1。需要调用时,计算机通过译码将二进制代码转换为相应的代码和信息。

8.3.1 文本

文本是指各种文字,包括数字、字母、符号、汉字等,文本是最常见的一种媒体形式,也是人和计算机进行交互的主要方式。计算机处理文本的过程如图8-4所示。

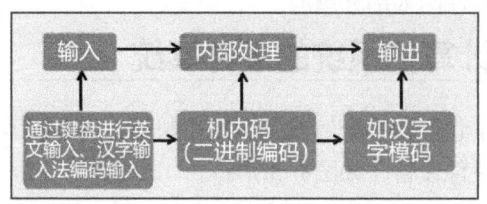

图8-4 计算机处理文本的过程

8.3.2 图形、图像

计算机能接受的数字图像有两种,分别为矢量图形(简称图形)和位图图像(简称图像)。

1. 图形

图形是由诸如直线、曲线、圆或曲面等几何图形组成的,从点、线、面到三维空间的,黑白或者彩色的几何图形。常用格式包括CDR、AI、WMF、EPS、SVG等。图形放大后不会失真。

2. 图像

图像是由像素构成的,适用于逼真照片或者要求精细细节的图像。图像的分辨率越大就越清晰,而图像的量化位数越大,图像就越接近于真实。但是,图像放大后会丢失其中的细节并呈锯齿状。图像文件的常用格式有BMP、GIF、JPEG、TIFF等。
- 图像分辨率是指图像水平方向和垂直方向的像素个数。
- 量化位数是指图像中每个像素点记录颜色所用二进制数的位数,它决定了彩色图像中可以出现的最多颜色数。例如,若每个像素有8个颜色位,则它可支持256种不同颜色。

8.3.3 声音

声音属于听觉类媒体,多媒体计算机中的声音文件只有经过数字化处理后才能播放和处理。数字化处理指的是将连续的模拟音频信号转化为离散的数字音频信号,主要包括信号采样、量化、编码3个过程。
- 采样:当把模拟声音变成数字声音时,需要在时间轴上每隔一个固定时间间隔就对波形曲线的振幅进行一次取值,这个操作称为采样。常用的采样频率有5种,分别为48kHz、44.1kHz、24kHz、22.05kHz、11.025kHz,最常用的采样频率为44.1kHz。
- 量化:用数字表示音频幅度时,无穷多个幅度只能用有限个数字表示。把某一范围内的幅度用一个数字表示,称为量化。量化过后的样本是用二进制表示的,此时可以理解为已经完成了模拟信号到二进制的转换。
- 编码:把抽样、量化后的音频信号转换成数据编码脉冲的过程就称为编码。实质上,量化之后音频信号已经变成了数字形式,但是为了方便计算机的储存和处理,需要对其进行编码,以减少数据量。

 提示 在多媒体技术中,存储音频信息的文件格式主要有WAV、VOC和MP3等。

8.3.4 动画

动画是一种活动图像,多张图形或图像按一定顺序组成时间序列就是动画,它包括帧动画和造型动画。
- 帧动画是多幅连续的图像或图形序列,在需要动作的地方作微小变化,这是产生各种动画的基本方法。
- 造型动画是一种矢量动画,它由计算机实时生成并演播,也叫实时动画。分别设计每一个活动对象,并构造每一对象的特征,然后分别对这些对象进行时序状态设计,最后在演播时组成完整的画面,并实时变换,从而实时生成视觉动画。

8.3.5 视频

视频也称动态图像,由一系列的位图图像组成。多媒体计算机上的数字视频主要来自录像带、摄像机等模拟视频信号源,经过数字化处理,最后制作成数字视频文件。视频文件的常用格式包括AVI、MPG、FLC等。

视频文件格式除和单帧文件格式有关外,还和帧与帧之间的组织方式有关,而且视频文件一般都需要进行数据压缩,因此文件格式与压缩的方式也有关。

8.4 图像处理软件Photoshop

Photoshop是一款专业的图形图像处理软件，其功能强大，能够实现图形图像更细致、更复杂的处理。在电子商务中，常用于网页主图、产品宣传海报的设计等，下面将从Photoshop的操作界面开始，介绍一些图像处理的基本操作，包括裁剪工具、修补工具、魔棒工具的使用等。

8.4.1 Photoshop操作界面

在计算机中成功安装Photoshop CC 2019后，通过"开始"菜单启动该软件，进入欢迎界面后，单击左上角的 图标，进入图8-5所示的Photoshop操作界面，界面中包括菜单栏、属性栏、工具栏、图像编辑区和面板5个部分。各部分的含义如下。

- 菜单栏：该栏显示了11个菜单项，每一个菜单项中又包含了与此相关的所有操作命令。
- 属性栏：该栏中显示的是当前所选工具的属性，默认显示的是"矩形选框工具"的属性参数，包括羽化值、高度、宽度等参数。
- 工具栏：该栏中显示了常用的工具按钮，通过这些按钮可进行图像的编辑操作。单击该栏

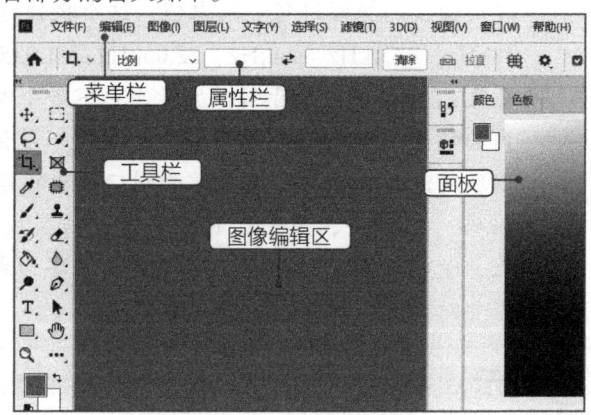

图8-5 Photoshop操作界面

左上角的 按钮，可以使工具栏呈单列或双列显示。
- 图像编辑区：所有打开的图像都将呈现在该区域，如果同时打开多个图像，则这些文件将以选项卡的形式进行呈现，单击选项卡便可在不同的图像间切换。
- 面板：面板可方便使用者对当前的某一项命令进行直观的操作，例如在"颜色"面板中，拖动颜色条上的滑块就可以直观地选取所需的颜色。

8.4.2 Photoshop工具栏

Photoshop CC 2019的工具栏包含60多个工具，每一种工具都有具体的作用和使用方法。下面对常用工具的作用进行汇总，如表8-1所示，方便用户在实际应用时能够快速且准确地选择恰当的工具来处理相应的问题。

表8-1 常用工具的作用

工具名称	作用
选框工具	选框工具包括矩形选框工具、椭圆选框工具、单行选框工具和单列选框工具4种。选择选框工具后，按住鼠标左键不放拖动鼠标，即可在图像中选出要选取的范围
移动工具	通过移动工具可以进行图像的复制、移动、替换等一系列操作

续表

工具名称	作用
套索工具	套索工具包括套索工具、多边形套索工具、磁性套索工具3种，该工具可以实现快速抠图效果
魔棒工具	魔棒工具是一种可以快速形成选区的工具，适用于颜色边界十分明显的图像，能够一键形成选区
修复工具	修复工具包括污点修复画笔工具、修复画笔工具、修补工具、内容感知移动工具、红眼工具5种，通过这些工具，可以快速完成对图像瑕疵的矫正
裁剪工具	裁剪工具可用来裁剪掉图像中的多余部分，即按照选区或裁剪工具选择的范围，将选区裁剪出来，并将多余部分删除

8.4.3 裁剪工具的使用

在工具栏中选择"裁剪工具"，或在英文输入法状态下按"C"键，此时图像编辑区中的图像会显示一个裁剪框。在图像右侧的中心点控制处按住鼠标左键不放，向左拖动裁剪框，确认裁剪区域，使用相同的方法在左侧、上方依次向右和向下拖动，确认裁剪区域后按"Enter"键完成裁剪操作，裁剪后的效果如图8-6所示。

图8-6 图像裁剪前后的对比效果

提示 选择"裁剪工具"，单击属性栏中的 按钮，在打开的下拉列表中选择"宽×高×分辨率"选项，此时工具栏右侧将显示"宽""高""分辨率"所对应的文本框，在其中分别输入固定值，可按尺寸裁剪图片。

8.4.4 修补工具的使用

使用Photoshop进行修图时，修补工具是必不可少的。简单地说，修补工具就是通过图像中某一块画面的效果，去修正另一块有瑕疵的画面，达到修复图像的目的。

【例8-1】使用修补工具来去除皮肤上的黑点。

步骤1 启动Photoshop后，打开要修补的图像，在工具栏中的"污点修复画笔工具"按钮 上按住鼠标左键不放，在展开的列表中选择"修补工具"选项。

步骤2 将鼠标指针移至图像编辑区中，当其变为 形状时，按住鼠标左键，为人像皮肤上的黑点创建选区，如图8-7所示。

视频教学
修补工具的使用

步骤3 向左拖动选区去除黑点，修补完成后按"Ctrl+D"组合键完成操作，处理后的效果如图8-8所示。

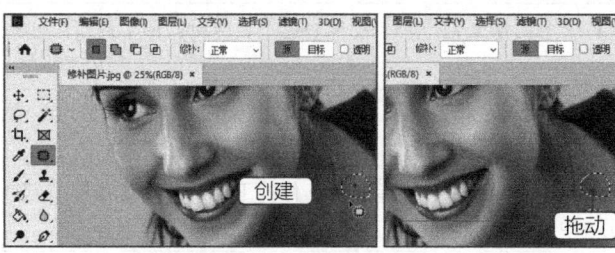

图8-7 使用修补工具创建选区　　　　　　　　图8-8 处理后的效果

8.4.5 魔棒工具的使用

魔棒工具通过指定单击处的原始颜色的选定色彩范围或容差来选择颜色一致的区域，该工具适用于产品与背景的边界分明的图像。魔棒工具的使用方法很简单，在Photoshop软件中打开需要抠取的图片后，选择"魔棒工具" ，在图8-9所示的属性栏中设置属性值后，单击需要抠取的颜色即可，属性栏中主要参数的含义如下。

图8-9 "魔棒工具"属性栏

- 选项区 用于进行魔棒工具的选区选择状态设置， 从左至右依次为"新选区""添加到选区""从选区减去""与选区交叉"。默认状态下选中"新选区"，当需要执行其他操作时，可在已有选区的基础上单击不同的按钮进行切换。图8-10所示为先创建新选区，并通过"添加到选区"增加选区内容的效果。

图8-10 利用魔棒工具选择选区

- "容差"数值框用于确定所选像素的色彩范围，其值介于0～255。如果值较低，则会选择与所单击像素非常相似的少数几种颜色；反之，选择范围更广的颜色。
- "消除锯齿"复选框用于创建较平滑的选区边缘。
- "连续"复选框用于限定只选择颜色相同的相邻区域。在选中"连续"复选框的状态下，在图片中单击要选择的颜色，则容差范围内的所有相邻像素都被选中；否则，将选中容差范围内的所有像素。
- "对所有图层取样"复选框是指使用所有可见图层中的数据选择颜色，否则，魔棒工具将只从现用图层中选择颜色。

8.4.6 Photoshop 图像处理综合案例

本例将使用Photoshop软件进行图像的合成操作。首先打开图像，并对图像进行抠取和移动，然后将抠取的图像移动到另一张图像中进行保存。

步骤1 启动Photoshop软件后，打开素材文件"背景.jpg"和"高跟鞋.jpg"。

步骤2 切换到"高跟鞋.jpg"图像文件中，选择右侧工具栏中的"魔棒工具" ，然后将鼠标指针移至图像空白区域并单击鼠标，此时将自动选择颜色一致的区域。

视频教学
Photoshop 图像处理综合案例

步骤3 在"魔棒工具"属性栏中的选项区中单击"添加到选区"按钮 ，然后在"容差"数值框中输入"32"，再次利用鼠标单击需要添加的区域（可单击已选选区，利用容差控制选取范围），让选区尽量准确地包围高跟鞋所在位置，如图8-11所示。

步骤4 按"Ctrl+Shift+I"组合键，反选选区，然后选择"编辑"/"拷贝"命令或直接按"Ctrl+C"组合键复制选区，如图8-12所示。

图8-11 精确选择高跟鞋所在选区

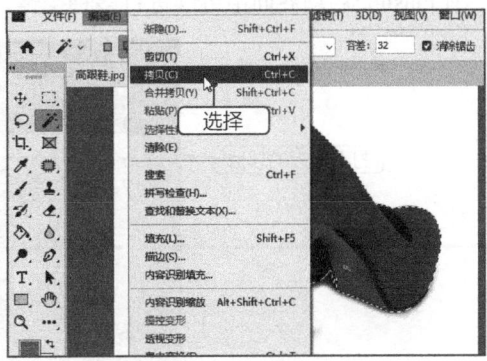
图8-12 复制选区

步骤5 切换到"背景.jpg"图像文件中，选择"编辑"/"粘贴"命令或直接按"Ctrl+V"组合键，粘贴选区，如图8-13所示。

步骤6 选择工具箱中的"移动工具" ，将粘贴后的选区移至背景图中的左侧位置，然后按"Ctrl+T"组合键，进入图像自由变换状态，在按住"Shift"键的同时，拖动图像右上角的控制点等比例缩小图像，如图8-14所示。

图8-13 粘贴选区

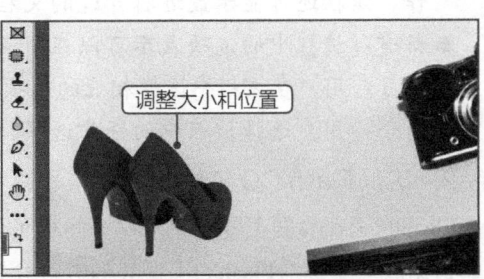
图8-14 等比例缩小图像

步骤7 选择"文件"/"存储为"命令，打开"另存为"对话框，在其中设置图像的存储位置和名称，单击"保存"按钮，完成图像的合成与保存操作。

8.5 平面矢量动画软件Flash

Flash是一款由美国Macromedia公司（已被Adobe公司收购）设计的矢量二维动画制作软件，主要用于网页设计和多媒体的创作，它和Fireworks以及Dreamweaver并称为网页三剑客。Flash具有简单易学、效果流畅、风格多变等特点，结合图像和声音等其他素材可创作出精美的二维动画，因此深受Flash制作人员和动画爱好者的青睐。

8.5.1 Flash 动画相关概念

安装Flash后，用户可以直接双击存储在计算机中的Flash源文件（扩展名为.fla），启动Flash并开始动画制作。在进行动画制作前，需要熟悉Flash的工作界面，只有熟悉了工作界面，才能快速找到相应的命令和操作工具。下面将介绍Flash启动界面与工作界面的相关知识。

1. 认识 Flash 启动界面

在Flash的启动界面中可以进行多种操作，如图8-15所示。

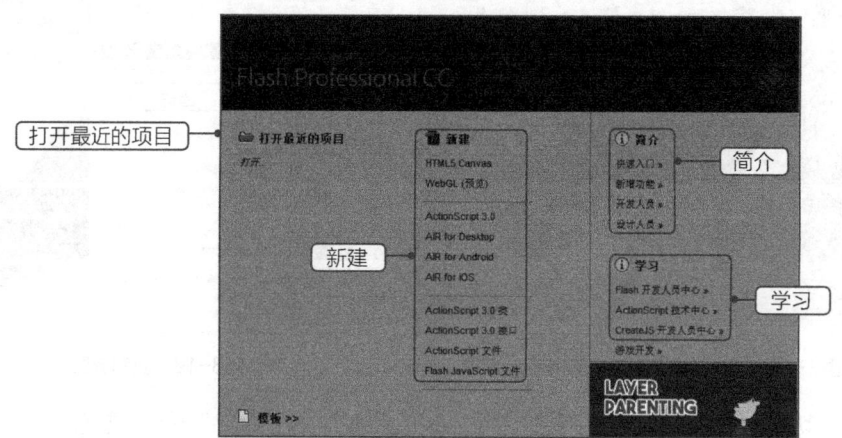

图8-15　启动界面

Flash CC启动界面中的各板块介绍如下。

- 打开最近的项目：在该栏中用户可以选择"打开"命令，选择文档并进行打开操作。该栏还可显示最近打开过的文档，单击文档的名称，可快速打开相应的文档。
- 新建：该栏中的选项表示可以在Flash中创建的新项目类型。
- 学习：用户在该栏中选择相应的选项，可链接到Adobe官方网站相应的学习目录下。
- 简介：用户选择该栏中的任意选项，可打开Flash CC的相关帮助文件和教程等。

2. 认识 Flash CC 工作界面

Flash的工作界面主要由菜单栏、面板（包括时间轴面板、工具栏、属性面板等）以及场景和舞台组成。下面对Flash的工作界面进行介绍，如图8-16所示。

（1）菜单栏

Flash CC的菜单栏主要包括文件、编辑、视图、插入、修改、文本、命令、控制、调试、窗口、帮助等选项。在制作Flash动画时，通过执行对应菜单中的命令，即可实现特定的操作。

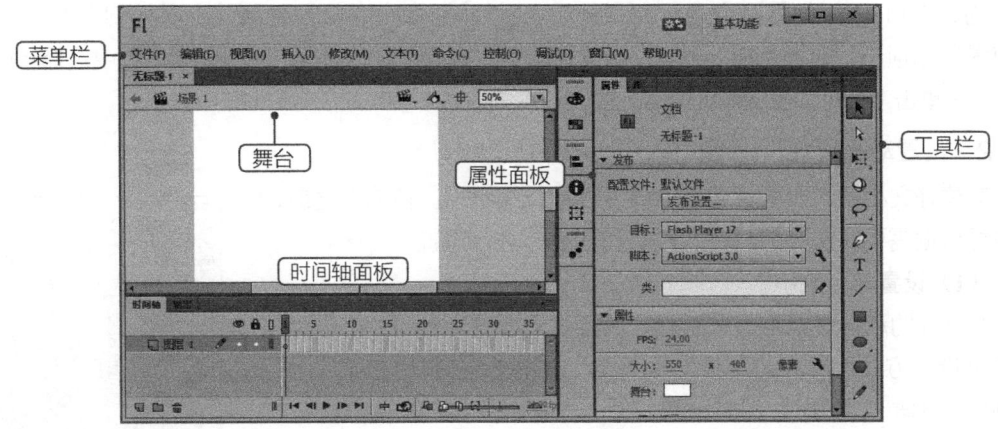

图8-16　Flash CC的工作界面

（2）面板

Flash CC为用户提供了许多人性化的操作面板，常用的面板包括时间轴面板、工具箱、属性面板、颜色面板、库面板等。

（3）场景和舞台

场景和舞台如图8-17所示，其中Flash场景包括舞台、标签等，图形的制作、编辑和动画的创作都必须在场景中进行，且一个动画可以包含多个场景。舞台是场景中最主要的部分，动画只能在舞台上展示，通过文档属性可以设置舞台大小和背景颜色。

图8-17　场景和舞台

8.5.2　Flash基本操作

熟悉了Flash的工作界面之后，我们就可以开始动手创建属于自己的动画了。下面将介绍创建Flash动画的基本操作，包括新建动画、设置动画属性和保存动画。

1. 新建动画

新建动画时，不仅可新建基于不同脚本语言的Flash动画文档，还可新建基于模板的动画文档。

（1）创建新文档

在制作Flash动画之前需要新建一个Flash文档，新建Flash动画文档的方法有以下两种。

- 在启动界面中选择"新建"栏下的一种脚本语言，即可新建基于该脚本语言的动画文档，一般情况下选择"ActionScript 3.0"选项。
- 在Flash工作界面中，选择"文件"/"新建"命令，或按"Ctrl+N"组合键，打开"新建文档"对话框。在该对话框的"常规"选项卡中进行选择，然后单击"确定"按钮也可创建新文档。

（2）基于模板创建Flash动画

基于模板创建Flash动画文档的操作，与Office软件中基于模板创建Word文档的操作类似。

方法为，在Flash工作界面中选择"文件"/"新建"命令，打开"新建文档"对话框，单击"模板"选项卡，在"类别"列表框中选择所需的模板类型后，在"模板"列表框中选择相应选项，然后单击"确定"按钮即可。

2. 设置动画属性

新建好文档后，即可对文档中的内容进行编辑了。在编辑之前，用户可根据需要对文档的舞台、背景和帧频等进行设置。

（1）设置舞台大小

在打开的动画文档中，可通过"属性"面板对舞台的大小进行编辑和重设。方法为，在"属性"面板的"属性"栏中单击"大小"右侧的"编辑文档属性"按钮，打开"文档设置"对话框，在打开的对话框的"舞台大小"数值框中可拖动鼠标自定义长和宽，如图8-18所示，设置完成后单击"确定"按钮。

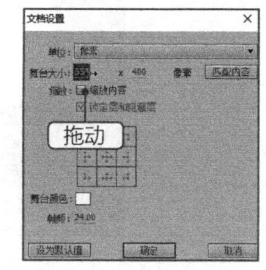

图8-18　"文档设置"对话框

（2）设置背景颜色和帧频

帧频是指每秒放映或显示的帧（fps）及图像的数量，即每秒需要播放多少张画面。不同类型的文件使用的帧频标准不同，片头动画一般为25fps或30fps，电影一般为24fps，美国的电视一般为30fps，而交互界面的帧频则在40fps及以上。

【例8-2】设置文档的背景颜色和帧频。

步骤1　将鼠标指针移至"属性"面板的"FPS"右侧的数值上，当鼠标指针变为形状时，按住鼠标左键不放向右拖动即可增大帧频，如图8-19所示，也可以直接输入数字来调整帧频。

视频教学
设置背景颜色和帧频

步骤2　在"属性"栏中单击"舞台"右侧的色块，在打开的颜色面板中选择颜色代码为"#CC3300"的颜色，如图8-20所示。

图8-19　设置帧频

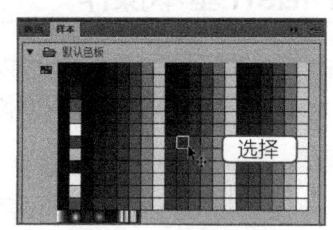

图8-20　选择舞台颜色

 提示　在"文档设置"对话框中同样可以设置舞台背景颜色和帧频。用户在颜色面板中单击按钮，在打开的"颜色"对话框中可自定义颜色。

（3）调整工作区的显示比例

在使用Flash制作动画时，经常需要放大舞台中的某一部分，对细节进行调整，下面对调整工作区显示比例的方法进行介绍。

● 在场景中单击工作区右上角显示比例下拉列表右侧的"下拉"按钮，在打开的下拉列表中选择100%以上的选项，即可将舞台中的对象放大，如图8-21所示。

● 在操作界面右侧的工具栏中选择"缩放工具" ，将鼠标指针移至舞台中，鼠标指针变为 形状，按住"Alt"键不放，此时鼠标指针变为 形状，单击2次鼠标指针即可将工作区的显示比例缩放为原来的100%。

3. 保存动画

图 8-21 放大工作区

在制作Flash动画的过程中需要经常保存文档，以防止断电或程序意外关闭造成损失。保存动画的方法为：选择"文件"/"保存"命令，打开"另存为"对话框，设置好保存路径和文件名后，单击"保存"按钮即可保存文档。

8.5.3 Flash 动画的制作

通过Flash软件创建的动画类型有多种，如逐帧动画、补间动画、遮罩动画、交互式动画等，下面将介绍一种最简单的Flash动画的制作方法。

【例8-3】利用补间动画来创建跳动的小球。

步骤1 新建文档，选择工具栏中的"矩形工具" ，在其"属性"面板的"填充和笔触"栏中将矩形的填充颜色设置为"#156E71"，然后拖动鼠标绘制一个与舞台相同大小的矩形作为背景。

步骤2 ①按"Ctrl+S"组合键，打开"另存为"对话框，选择保存位置；②输入文件名"跳动的小球"；③单击"保存"按钮，如图8-22所示。

步骤3 ①在时间轴面板中双击"图层1"文本，将其转换为可编辑模式，然后输入"背景"文本，选中"背景"图层中的第40帧；②选择"插入"/"时间轴"/"帧"命令，如图8-23所示，插入空白帧，并使背景图形在这40帧中都能显示。

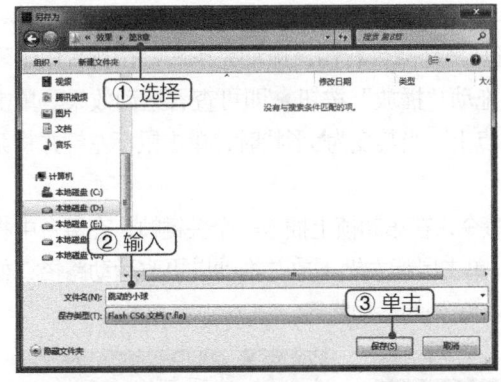

图 8-22 保存动画文档

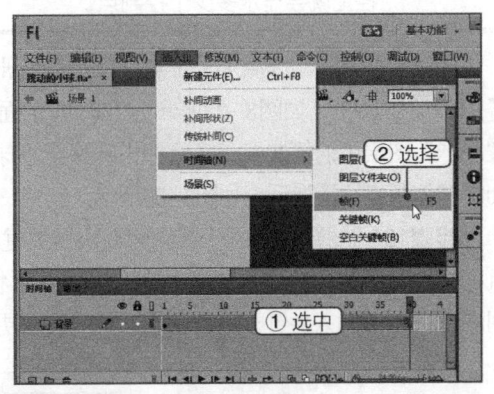

图 8-23 插入空白帧

步骤4 在时间轴面板中单击"新建图层"按钮 ，在"背景"图层之上新建一个图层，双击图层名称，使其呈可编辑状态，输入"小球"文本，如图8-24所示。

步骤5 选中"小球"图层的第1帧，选择"椭圆工具" ，在"属性"面板中设置填充颜色为"#CC6600"，然后在舞台中左边框的位置处按住"Shift"键绘制一个圆形，如图8-25所示。

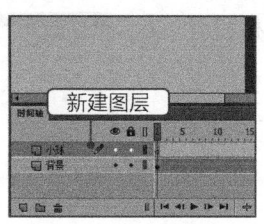
图8-24 创建图层

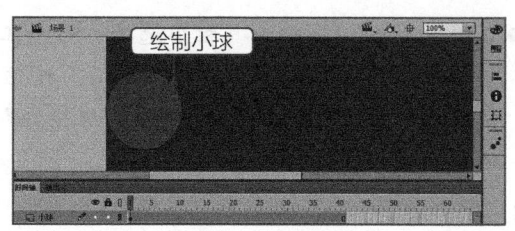
图8-25 绘制小球

步骤6 使用"选择工具" 选择绘制的圆形,单击鼠标右键,在弹出的快捷菜单中选择"转换为元件"命令,打开"转换为元件"对话框。①在"名称"文本框中输入"小球";②在"类型"下拉列表框中选择"影片剪辑";③单击"确定"按钮,如图8-26所示。

步骤7 单击"小球"图层的第40帧,选择"插入"/"时间轴"/"空白关键帧"命令,插入一个空白关键帧。

步骤8 单击"小球"图层的第39帧,选择"插入"/"补间动画"命令,创建一个补间动画,如图8-27所示。

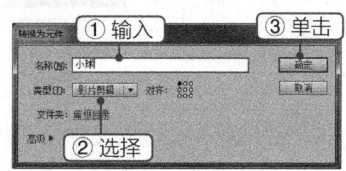
图8-26 将小球转换元件

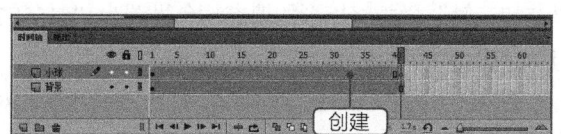
图8-27 插入空白关键帧和创建补间动画

提示 创建补间动画后,其动作路径可在舞台中直接显示,创建了多少个帧的补间动画,动作路径上就会显示多少个控制点。

步骤9 使用"选择工具" 选择小球图形,将其拖到舞台右侧,拖动完毕后,在舞台中出现了一条动作路径,如图8-28所示,在时间轴面板中拖动"播放"按钮 即可查看运动效果。单击"小球"图层中的第20帧,将鼠标指针移至小球中心点上,当其变为 形状时,单击鼠标左键并将第20帧的控制点往下拖动,如图8-29所示。

步骤10 选择"插入"/"时间轴"/"关键帧"命令,在第20帧上插入一个关键帧,在舞台中将鼠标指针移至第5帧的控制点上,当其变为 形状时,单击鼠标左键不放并拖动以更改运动路径,如图8-30所示。插入关键帧后,使用同样的方法更改第30帧处的运动路径。

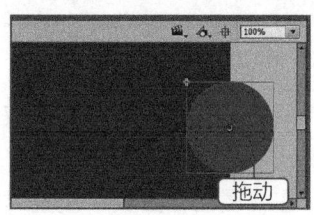
图8-28 拖动图形创建动画

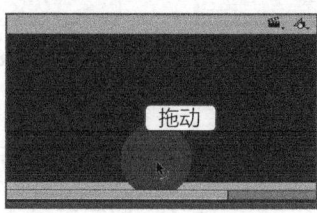
图8-29 调整第20帧的路径

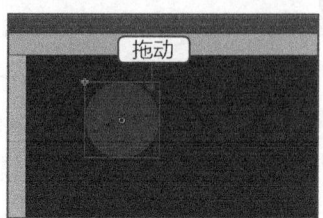
图8-30 调整第5帧路径

8.6 练习

1. 选择题

（1）多媒体技术的主要特性有（　　）。
　　① 多样性　　② 集成性　　③ 交互性　　④ 可扩充性
　　A. ①　　　B. ①、②　　　C. ①、②、③　　　D. 全部

（2）把一台普通的计算机变成多媒体计算机，需要解决的关键技术是（　　）。
　　① 视频/音频信息的获取技术　　　② 多媒体数据压缩编码和解码技术
　　③ 视频/音频数据的实时处理　　　④ 视频/音频数据的输出技术
　　A. ①　　　B. ①、②　　　C. ①、②、③　　　D. 全部

（3）多媒体计算机的发展趋势是（　　）。
　　A. 使多媒体技术朝着网络化发展　　B. 智能化多媒体技术
　　C. 多媒体技术多元化　　　　　　　D. 以上信息全对

（4）计算机存储信息的文件格式有多种，TXT格式的文件是用于存储（　　）信息的。
　　A. 文本　　　B. 图像　　　C. 声音　　　D. 视频

2. 操作题

（1）对图像"水果"进行裁剪，最终效果如图8-31所示，具体裁剪要求如下。
● 通过裁剪工具的叠加选项"黄金比例"，对图像进行裁剪。
● 利用裁剪工具删除图像中的空白区域。

（2）利用"修补工具"修复"人像"图像中人脸上的斑点，修复人像前后的对比效果如图8-32所示。

图8-31　图片裁剪后的效果

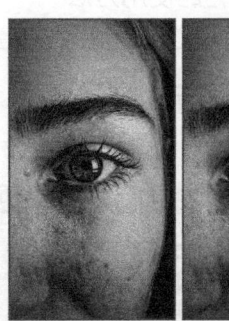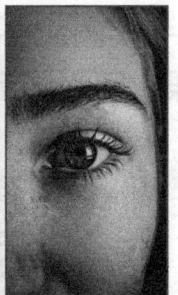
图8-32　修复人像前后的对比效果

练习
查看答案和解析

CHAPTER 9

第 9 章
网页制作

　　随着互联网的发展,越来越多的企业开始跨入电子商务领域。进入电子商务领域前,企业需要在互联网中有宣传及展示自身产品或信息的平台和页面,这就需要网页制作。本章将介绍网页制作的相关知识,包括网页设计基础、创建网页基本元素、使用表格布局网页、使用DIV+CSS统一网页风格、使用表单和行为等。

课堂学习目标

- 了解网页设计基础知识和网页的基本操作方法
- 熟悉使用表格布局网页的方法
- 掌握DIV+CSS统一网页风格的方法
- 掌握表单和行为的使用方法

课堂案例展示

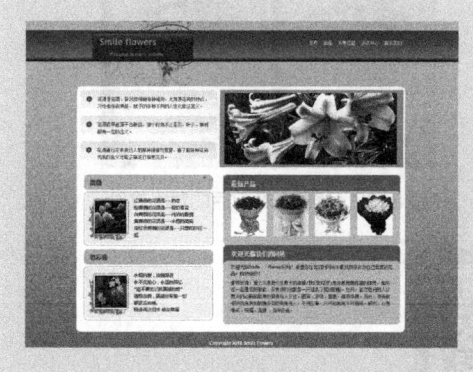

使用DIV+CSS制作网页

使用表单和行为制作网页

9.1 网页设计基础

在学习网页制作之前,读者需要先来了解一些网页的基本知识,如网页与网站的关系、网页的构成要素、常见的网站类型等,本节将详细讲解这些知识。

9.1.1 网页与网站的概念

互联网是由成千上万个网站组成的,而每个网站又由诸多网页构成,因此可以说网站是由网页组成的一个整体。下面分别对网站和网页进行介绍。

- 网站:网站是指在互联网上根据一定的规则,使用HTML(标准通用标记语言)工具制作的用于展示特定内容的一组相关网页的集合。通常情况下,一个网站只有一个主页,其主页中包含了该网站的标志和指向其他页面的链接,用户可以通过网站来发布想要公开的资讯,或者利用网站来提供相关的网络服务。用户也可以通过浏览器来访问网站,获取自己需要的资讯或者享受网络服务。
- 网页:用户上网浏览的一个个页面就是网页。网页又称为Web页,一个网页通常就是一个单独的HTML文档,其中包含文字、图像、声音和超链接等元素。

9.1.2 网页的构成要素

在网页中,文字和图像是构成网页最基本的两个元素。除此之外,构成网页的元素还包括动画、音频、视频和表单元素等。下面介绍几个主要的网页构成要素的作用。

- 文字:文字是网页中最基本的组成元素之一,是网页主要的信息载体,通过它可以非常详细地将信息传递给用户。文字在网络上的传输速度较快,用户可方便地浏览和下载文字信息。
- 图像:图像也是网页中不可或缺的一个元素,它有着比文字更直观和生动的表现形式,并且可以传递给用户一些文字不能传递的信息。
- Logo:在网页设计中,Logo起着相当重要的作用。一个好的Logo不仅可以为企业或网站树立好的形象,还可以传达丰富的行业信息。
- 表单元素:表单是功能型网站的一种元素,是用于收集用户信息、帮助用户进行功能性控制的元素。表单的交互设计与视觉设计是网站设计中相当重要的一个环节。在网页中小到搜索框,大到注册表都需要使用它。
- 导航:导航是网站设计中必不可少的基础元素之一,它包括网站结构的分类,用户可以通过导航识别网站的内容及信息。
- 动画:网页中常用的动画格式主要有两种,一种是GIF动画,另一种是SWF动画。GIF动画是逐帧动画,相对比较简单;SWF动画则更富表现力和视觉冲击力,还可结合声音和互动功能,给用户强烈的视听感受。
- 超链接:通过超链接可以从一个位置跳转到另一个位置,超链接可以是文本链接、图像链接、锚链接等。通过超链接可以在当前页面中进行跳转,也可以在页面外进行跳转。

- 音频：音频文件可以使网页效果更加多样化，网页中常用的音频格式有MID、MP3等。MID是通过计算机软硬件合成的音乐，不能被录制；MP3为压缩文件，其压缩率非常高，音质也不错，是背景音乐的首选。
- 视频：网页中的视频文件一般为FLV格式。它是一种基于Flash MX的视频流格式，具有文件小、加载速度快等特点，是网络视频格式的首选。

9.1.3 常见的网站类型

网站是多个网页的集合，按网站内容可将网站分为5种类型：门户网站、企业网站、个人网站、专业网站和职能网站，下面分别进行讲解。

- 门户网站：门户网站是一种综合性网站，它涉及领域非常广泛，包含文学、音乐、影视、体育、新闻、娱乐等多个方面的内容，此外它还具有论坛、搜索和短信等功能。国内较著名的门户网站有新浪网、搜狐网、网易等。
- 企业网站：企业网站是为了在互联网上展示企业形象和品牌产品，以便对企业进行宣传而建设的网站。它一般是以企业的名义开发创建，其内容、样式、风格等都是为了展示企业形象。
- 个人网站：个人网站是指个人或团体因某种兴趣、拥有某种专业技术、提供某种服务，或者为了展示或销售自己的作品、产品而制作的具有独立空间域名的网站，这种网站一般具有较强的个性化。
- 专业网站：这类网站具有很强的专业性，通常只会涉及某个领域。例如，太平洋电脑网就是一个专业的电子产品资讯网站平台。
- 职能网站：职能网站具有特定的功能，如政府职能网站等。目前流行的电子商务网站也属于这类网站，较有名的电子商务网站有淘宝网、京东、当当等。

9.1.4 网站开发的工具

Dreamweaver是集网页制作和网站管理于一身的网页编辑器，是一套针对专业网页设计师开发的视觉化网页开发工具，利用它可以轻而易举地制作出跨越平台限制和跨越浏览器限制的网页。选择"开始"/"Adobe Dreamweaver CC 2019"命令，可快速启动Dreamweaver CC 2019，其工作界面如图9-1所示。

- 文档窗口：文档窗口主要用于显示当前所创建和编辑的HTML文档内容。文档窗口由标题栏、视图栏、编辑区和状态栏组合而成。
- 面板组：面板组是停靠在操作窗口右侧的浮动面板集合，其中包含了网页文档编辑的常用工具。Dreamweaver CC 2019的面板组主要有"插入""CSS设计器""文件""资源""代码片段""DOM"等浮动面板。
- "属性"面板："属性"面板主要用于显示文档窗口中所选元素的属性，并允许用户在该面板中对元素属性进行修改。默认状态下不显示"属性"面板，选择"窗口"/"属性"命令即可打开该面板。在网页中选择的元素不同，其"属性"面板中的各参数也会不同，例如选择表格，则其"属性"面板上会出现关于设置表格的各种属性。
- 工具栏：工具栏位于窗口左侧，默认只有"打开文档"和"文件管理"两个工具，用户可单击"自定义工具栏"按钮，在打开的"自定义工具栏"对话框中设置需要显示在工具栏中的工具按钮。

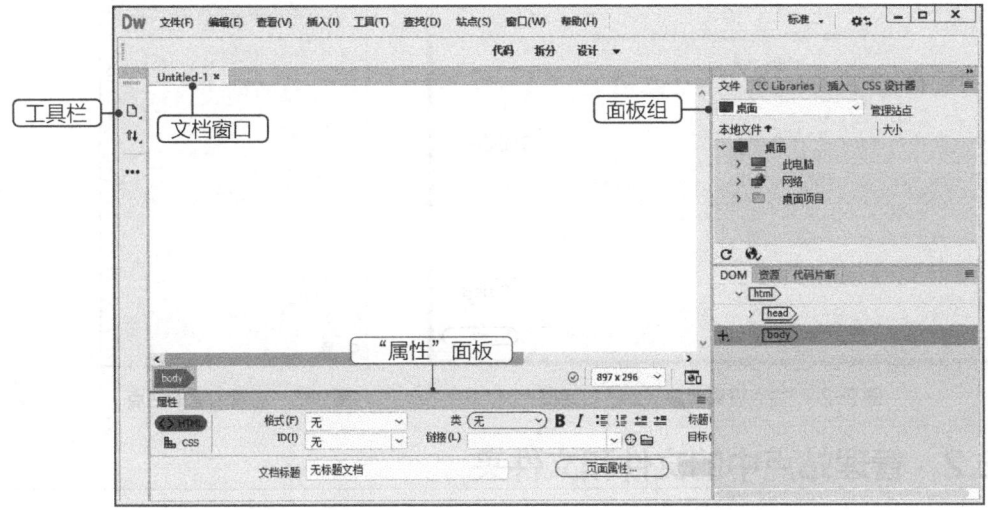

图9-1　Dreamweaver CC 2019的工作界面

9.2　制作基本网页

使用Dreamweaver可以快速、轻松地完成设计、开发、维护网站和Web应用程序的全部过程。它不仅适合初学者使用，也适合专业的网页设计者使用。本章将介绍使用Dreamweaver CC 2019制作基本网页的方法。

9.2.1　创建本地站点

在Dreamweaver CC 2019中新建网页前，最好先创建本地站点，然后在本地站点中创建网页。这样可方便地在其他计算机中进行预览，而在Dreamweaver CC 2019中创建本地站点相当简单，下面举例说明。

【例9-1】创建一个名称为"wzsj"的本地站点。

步骤1　启动Dreamweaver CC 2019，选择"站点"/"新建站点"命令，打开"站点设置对象未命名站点1"对话框。

步骤2　①在"站点名称"文本框中输入站点名称，这里输入"wzsj"，单击对话框中的任一位置，确认站点名称的输入，此时对话框的名称会随之改变；②在"本地站点文件夹"文本框后单击"浏览文件夹"按钮，打开"选择根文件夹"对话框，在该对话框中选择存放站点的路径，然后单击"选择文件夹"按钮；③返回到"站点设置对象wzsj"对话框中，在"本地站点文件夹"对话框中则会显示存储站点的路径，单击"保存"按钮，如图9-2所示。

视频教学
创建本地站点

步骤3　返回Dreamweaver CC 2019主界面，会在"文件"面板中看到创建的wzsj站点，效果如图9-3所示。

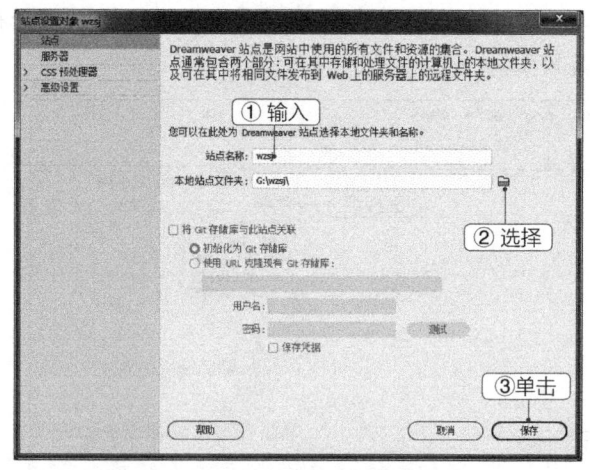

图9-2　"站点设置对象 wzsj"对话框

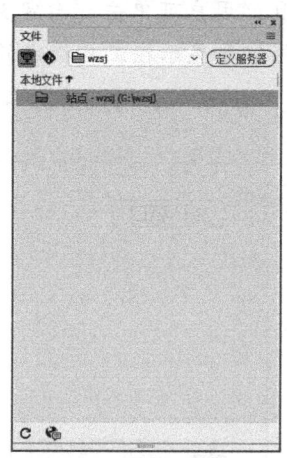

图9-3　查看创建的站点

9.2.2　管理站点中的文件和文件夹

为了更好地管理网页和素材，新建站点后，需要将制作网页所需的所有文件都存放在站点根目录中。用户可以在站点中进行站点文件或文件夹的添加、移动和复制、删除和重命名等操作。

1．添加文件或文件夹

网站内容的分类决定了站点中创建文件和文件夹的个数，通常网站中每个分支的所有文件统一存放在单独的文件夹中，根据网站的大小，又可进行细分。如果把图书室看作一个站点，则每架书柜相当于文件夹，书柜中的书本则相当于文件。在站点中添加文件或文件夹的方法为：在需要添加文件或文件夹的选项上单击鼠标右键，在弹出的快捷菜单中选择"新建文件"或"新建文件夹"命令，即可新建文件或文件夹。

2．移动和复制文件或文件夹

新建文件或文件夹后，若对文件或文件夹的位置不满意，可对其进行移动操作。为了加快新建文件或文件夹的速度，用户还可通过复制的方法来快速进行新建。在"文件"面板中选择需要移动或复制的文件或文件夹，将其拖动到目标位置即可完成移动操作；若在移动的同时按住"Ctrl"键不放，可实现复制文件或文件夹的操作。

3．删除文件或文件夹

若不再使用站点中的某个文件或文件夹，可将其删除。选中需删除的文件或文件夹，单击鼠标右键，在弹出的快捷菜单中选择"编辑"/"删除"命令，或直接按"Delete"键，在打开的对话框中单击"是"按钮可删除文件或文件夹。

4．重命名文件或文件夹

选择需要重命名的文件或文件夹并单击鼠标右键，在弹出的快捷菜单中选择"编辑"/"重命名"命令,使文件或文件夹的名称呈可编辑状态,然后输入新名称即可。

9.2.3 创建网页基本元素

网页主要包含文本、图像、多媒体等基本元素,通过这些基本元素,设计者可以更好地展现网页所要体现的产品信息和内容。下面将分别介绍创建网页基本元素的方法。

1. 在网页中添加文本

文本是网页中最常见也是最基本的元素,在网页中添加文本可通过手动输入、复制粘贴等方法实现。

【例9-2】在"hhjj.html"网页中输入文本。

步骤1 打开"hhjj.html"网页文件,将插入点定位到内侧DIV中,输入"花火植物家居馆……"文本(具体内容可参见提供的"花火简介.txt"素材),当输入完"进出口等为一体的农业产业化国家重点龙头企业。"后按"Enter"键分段,如图9-4所示。

视频教学
在网页中添加文本

步骤2 打开"花火简介.txt"文件,选择除第1段外的其他文本,按"Ctrl+C"组合键复制,返回"hhjj.html"网页文件,然后按"Ctrl+V"组合键粘贴,效果如图9-5所示。

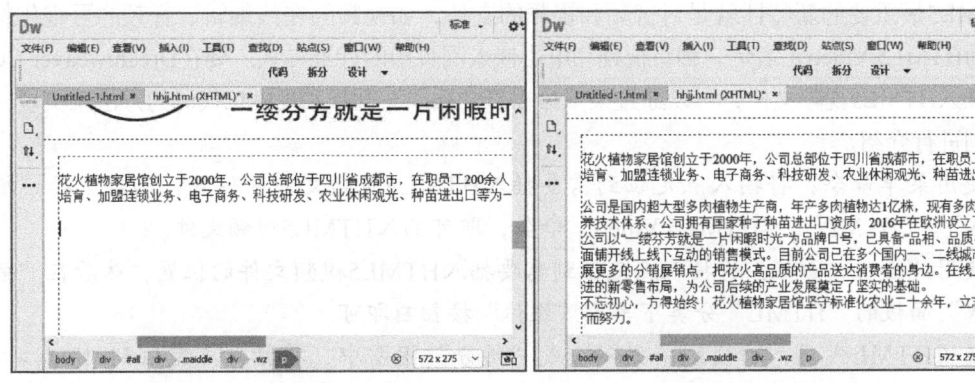

图9-4 直接输入文本　　　　　图9-5 复制粘贴文本

2. 在网页中添加图像

适量地使用图像,可以帮助设计者制作出华丽的网站页面,但图像过大会影响网页的加载速度。网页中的图像,不在于多,而在于精。网页中常用的图像格式包括JPEG和GIF两种,插入图像后,还可以根据相应的情况对其属性进行设置。

(1)插入图像

在网页恰当的位置插入图像,不但可以为网页增添色彩,还可以使整个网页更有说服力,从而吸引更多浏览者。

除了选择"插入"/"image"命令插入图像外,还可以在"插入"面板的"HTML"分类下选择"Image"选项,如图9-6所示,打开"选择图像源文件"对话框,插入所需图像即可。

(2)插入鼠标经过图像

插入鼠标经过图像,是指当鼠标经过图像时图像会变化成另一张,这是网页中较为常见的一种操作。

选择"插入"/"鼠标经过图像"命令,打开"插入鼠标经过图像"对话框,如图9-7所示,在其中进行设置后单击"确定"按钮,即可插入鼠标经过图像。

图9-6 插入图像

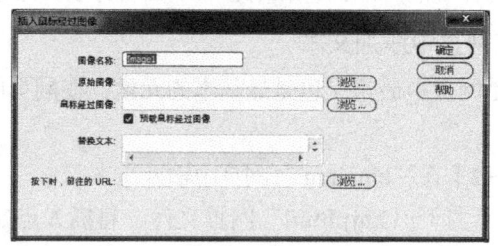

图9-7 "插入鼠标经过图像"对话框

3. 在网页中添加多媒体元素

在网页中,还可以添加一些Flash动画和视频等元素,使整个网页更有生命力,更加吸引浏览者。下面介绍一些在Dreamweaver中添加多媒体元素的操作方法。

(1)插入HTML5视频文件

HTML5最重要的新特性就是对音频和视频的支持,如视频的在线编辑、音频的可视化构造等。而HTML5 Video元素是一种将视频和电影嵌入网页中的标准样式。要在Dreamweaver CC 2019中插入HTML5视频文件,可以通过菜单命令、"插入"面板和HTML代码的方法来实现,下面分别进行介绍。

- 使用菜单命令:将插入点定位到需要插入HTML5视频文件的位置,然后选择"插入"/"HTML"/"HTML5 Video"命令,即可插入HTML5视频文件。
- 使用"插入"面板:将插入点定位到需要插入HTML5视频文件的位置,然后在"插入"面板的"HTML"分类下单击"媒体"按钮 即可。
- 使用HTML代码:切换到"代码"或"拆分"视图中,将插入点定位到<body></body>标签内,且需要插入HTML5视频文件的位置,输入<video controls></video>标签即可。
- 使用快捷键:按"Ctrl+Shift+Alt+V"组合键,可快速插入HTML5视频文件。

(2)插入HTML5音频文件

HTML5 Audio是HTML5音频元素提供的一种将音频内容嵌入网页中的标准方式。同样,HTML5音频文件在插入时,只是以一个占位符的形式进行显示。

在Dreamweaver CC 2019中插入HTML5音频文件与插入HTML5视频文件的方法相同,都可以通过菜单命令、"插入"面板和HTML代码插入,下面分别介绍其具体方法。

- 使用菜单命令:将插入点定位到需要插入HTML5音频文件的位置,然后选择"插入"/"HTML"/"HTML5 Audio"命令即可。
- 使用"插入"面板:将插入点定位到需要插入HTML5音频文件的位置,然后在"插入"面板的"HTML"分类下,单击"HTML5 Audio"按钮 即可。

● 使用HTML代码：切换到代码或拆分视图中，在<body></body>标签中输入<audio controls></audio>代码即可。

（3）插入并设置Flash文件的属性

动态元素是一种重要的网页元素，其中Flash是使用最多的动态元素之一。Flash元素表现力丰富，可以给人极强的视听感受，而且它的体积较小，可以被绝大多数浏览器支持，因此被广泛应用于网页中。

在Dreamweaver CC 2019中插入Flash文件也相当方便，与HTML5视频文件和音频文件的插入方法相同，并且在插入Flash文件后，也可以进行相应的属性设置。插入Flash文件的方法为：选择"插入"/"HTML"/"Flash SWF"命令，或按"Ctrl+Alt+F"组合键快速打开"选择SWF"对话框，选择Flash文件并进行插入即可。插入Flash文件后将打开Flash的"属性"面板，如图9-8所示，在该"属性"面板中可进行Flash文件的属性设置。

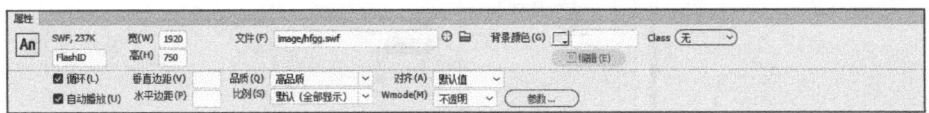

图9-8　Flash的"属性"面板

（4）插入Flash视频文件

Flash视频文件即扩展名为.flv的Flash文件，在网页中插入Flash视频的操作与插入Flash动画的方法类似，插入Flash视频后还可通过设置的控制按钮来控制视频的播放。插入Flash视频文件的方法为：选择"插入"/"HTML"/"Flash Video"命令，打开"插入FLV"对话框，设置后单击"确定"按钮即可，如图9-9所示。

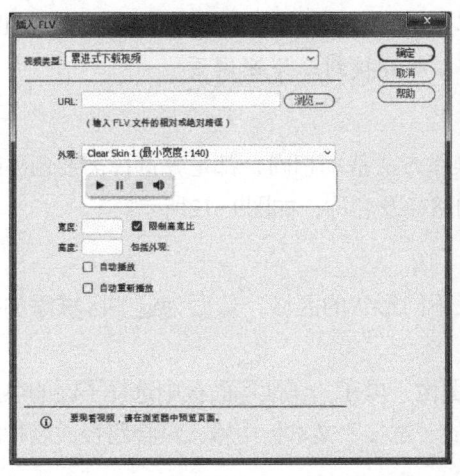

图9-9　插入Flash视频文件

9.2.4　创建网页超链接

链接是一个网站的灵魂，在创建网站时不仅要知道如何创建各个网页中的链接，而且需要了解链接路径的真正意义。在Dreamweaver CC 2019中有各种类型的超链接，下面将分别对文本、图像、图像热点、电子邮件、下载等超链接的插入方法进行介绍。

1. 创建文本超链接

在网页中，文本超链接是最常见的一种链接，它通过让文本作为源端点，来创建链接。在网页中创建文本超链接相对比较简单，但方法有多种，下面分别进行介绍。

- 通过菜单命令：在需要插入超链接的位置选择"插入"/"Hyperlink"命令，在打开的"Hyperlink"对话框中进行链接文本、链接文件和目标打开方式的设置，如图9-10所示。
- 在"属性"面板中直接输入地址：在网页中选择要创建超链接的文本，在"属性"面板的"链接"下拉列表框中直接输入链接的URL地址或完整的路径和文件名，如图9-11所示。

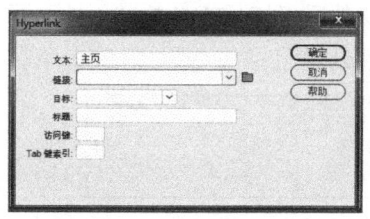
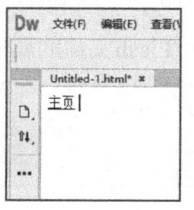
图9-10 链接设置

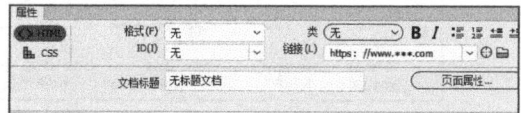
图9-11 在"链接"下拉列表框中输入链接

- 通过"属性"面板中的按钮：单击"链接"下拉列表框后的"浏览文件"按钮，在打开的"选择文件"对话框中选择需要链接的文件后单击"确定"按钮即可；或按住"链接"下拉列表框后的"指向文件"按钮，拖动到右侧的"文件"面板，并指向需要链接的文件即可。
- 使用HTML代码：切换到"代码"或"拆分"视图中，直接在<body></body>标签间输入<a href="链接路径及名称">链接内容</a>，如<a href="http://www.***.com">主页</a>，这表示单击"主页"文本后，会自动链接到※※※网页。

2. 创建图像超链接

在网页中创建图像超链接与创建文本超链接的操作方法基本相同，都是先选择需要创建超链接的对象，然后在"属性"面板中设置图像链接的路径及名称，如图9-12所示。

3. 创建热点链接

热点链接的原理是利用HTML语言在图像上定义不同形状的区域，然后为这些区域添加链接，这些区域被称为热点。

在创建热点链接时，需要先选择需要创建热点的图像，再在"属性"面板中选择不同的热点形状，在图像中绘制热点区域后，在其"属性"面板的"链接"文本框中输入链接路径或名称即可，如图9-13所示。

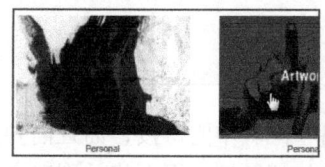

图9-12 图像超链接

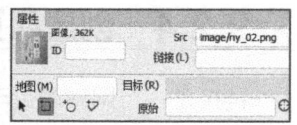
图9-13 热点链接

4. 创建电子邮件超链接

电子邮件超链接可让浏览者启动电子邮件客户端，并向指定邮箱发送邮件。在网页中用户可以为文本或图像创建电子邮件超链接，下面将介绍创建电子邮件超链接的不同方法。

- 通过菜单命令：将插入点定位到需要创建电子邮件超链接的位置，选择"插入"/"电子邮件链接"命令，打开"电子邮件链接"对话框，在该对话框中输入链接文本和电子邮件地址，单击"确定"按钮即可。同样，也可以在"属性"面板中进行属性设置，如图9-14所示。

图9-14 设置电子邮件超链接

- 通过"插入"面板：在"插入"面板的"HTML"分类下单击"电子邮件链接"按钮✉，打开"电子邮件链接"对话框，在该对话框中输入链接文本和邮件地址后单击"确定"按钮即可。
- 通过HTML代码：切换到"代码"或"拆分"代码视图中，在<body></body>标签间输入<a href="mailto:链接地址">链接内容</a>，如<a href="mailto:315@ptpress.com.cn">有意见联系我们哦!</a>，表示单击文本后会启动电子邮件程序，且自动填写了收件人地址315@ptpress.com.cn。

5. 创建下载超链接

下载超链接与其他超链接的不同之处在于链接的对象不是网页而是一些单独的文件。

在单击浏览器无法显示的链接文件时，会自动打开"文件下载"对话框。一般扩展名为.gif或.jpg的图像文件或文本文件（.txt）都可以在浏览器中直接显示，但一些压缩文件（.zip、.rar等）或可执行文件（.exe）不可以显示在浏览器中，因此会打开"文件下载"对话框进行下载。

9.3 使用表格布局网页

表格是页面排版的强大工具，熟练使用表格技术，可在网页设计中减少许多麻烦。对于HTML本身而言，并没有提供太多的排版工具，因此较为精细的地方往往会借助表格来进行排版、布局。本节将对表格的创建、基本操作及样式进行介绍。

9.3.1 插入表格

表格不仅可以进行网页的宏观布局，还可以使页面中的文本、图像等元素更有条理。Dreamweaver CC 2019的表格功能强大，用户可以快速、方便地创建出各种规格的表格。在表格中输入内容的方法与在网页中添加内容的方法相同，这里主要介绍插入表格的相关方法。

【例9-3】新建一个网页文档，在其中插入一个6行3列、宽度为954像素、边框粗细为0像素的表格。

步骤1 新建"index.html"网页，然后选择"插入"/"Table"命令，打开"Table"对话框，在对话框按照图9-15所示进行设置。

视频教学
插入表格

步骤2 单击"确定"按钮，即可在插入点处添加一个6行3列的表格，如图9-16所示。

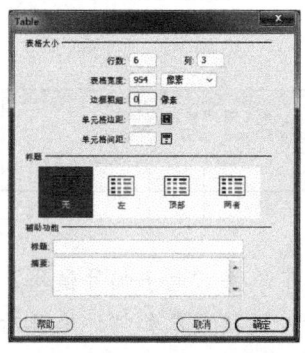

图9-15 "Table"对话框

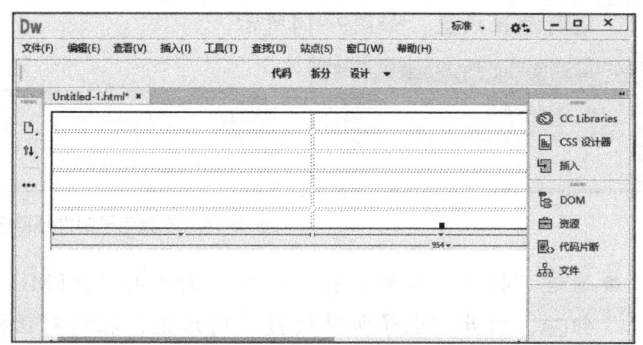

图9-16 插入表格的效果

9.3.2 表格的基本操作

将表格插入到网页中后，可根据需要对表格进行进一步编辑，如调整表格大小、添加或删除行列或单元格、合并与拆分单元格等。

1. 调整表格大小

选择需要调整大小的表格，将鼠标指针移动至表格右侧，当鼠标指针变为⇔或↕形状时，拖动鼠标即可改变表格的大小，如图9-17所示。将光标定位在单元格中，移动鼠标指针，当其移动到行或列的相交处时，鼠标指针将变为↕或↔形状，拖动鼠标可调整单元格的大小，如图9-18所示。

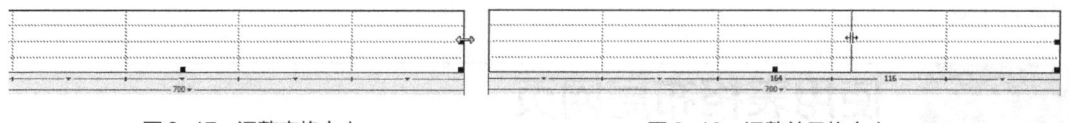

图9-17 调整表格大小　　　　　　图9-18 调整单元格大小

2. 添加单元格行或列

单行或单列的添加，有以下几种方法。

- 使用菜单命令：将光标定位到相应的单元格中，选择"编辑"/"表格"/"插入行"或"插入列"命令可在所选单元格的上面或左边添加一行或一列。
- 使用右键菜单：将光标定位到相应的单元格中，单击鼠标右键，在弹出的快捷菜单中选择"表格"/"插入行"或"插入列"命令，可实现单行或单列的插入，如图9-19所示。

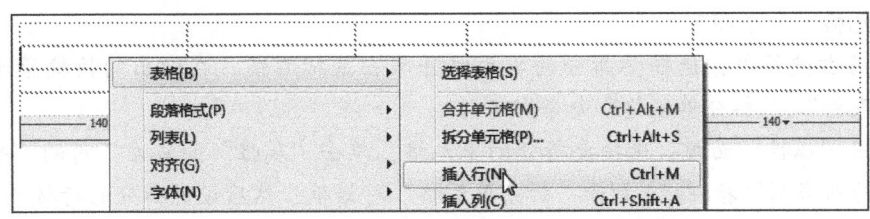

图9-19 插入行或列

- 使用对话框：将光标定位到相应的单元格中，单击鼠标右键，在弹出的快捷菜单中选择"表格"/"插入行或列"命令，打开"插入行或列"对话框，单击选中"行"或"列"单选项，再设置插入的行数或列数及位置，如图9-20所示。

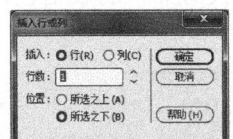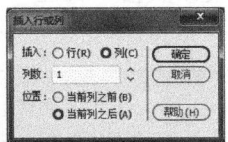

图9-20 "插入行或列"对话框

3. 删除单元格行或列

表格中不能删除单独的单元格，但可以进行整行或整列的删除，删除表格中行或列的方法主要有以下几种。

- 使用菜单命令：将光标定位到要删除的行或列的某一单元格，选择"编辑"/"表格"/"删除行"命令或"编辑"/"表格"/"删除列"命令。
- 使用右键菜单：将光标定位到要删除的行或列的某一单元格，单击鼠标右键，在弹出的快捷菜单中选择"表格"/"删除行"或"表格"/"删除列"命令。
- 使用快捷键：使用鼠标选择要删除的行或列，然后按"Delete"键。

4. 合并单元格

合并单元格是指将连续的多个单元格合并为一个单元格的操作。合并单元格的方法有以下几种。

- 使用菜单命令：选择要合并的单元格区域，通过"修改"/"表格"/"合并单元格"命令即可合并单元格。
- 使用右键菜单：选择要合并的单元格区域并单击鼠标右键，在弹出的快捷菜单中选择"表格"/"合并单元格"命令即可。
- 使用"属性"面板：选择要合并的单元格区域，单击"属性"面板左下角的"合并所选单元格"按钮即可。

5. 拆分单元格

拆分单元格是将一个单元格拆分为多个单元格的操作。拆分单元格的方法与合并单元格相似，只是在选择拆分命令后，会打开"拆分单元格"对话框，用户需要在其中进行拆分设置。打开"拆分单元格"对话框的方法有以下几种。

- 使用菜单命令：选择要拆分的单元格，选择菜单栏中的"修改"/"表格"/"拆分单元格"命令即可。
- 使用右键菜单：选择要拆分的单元格并单击鼠标右键，在弹出的快捷菜单中选择"表格"/"拆分单元格"命令即可。
- 使用"属性"面板：选择要拆分的单元格，单击"属性"面板左下角的"拆分单元格为行或列"按钮，打开"拆分单元格"对话框，然后设置拆分的行数或列数。

9.3.3 设置表格属性

如果不能熟练地使用HTML设置表格属性，可通过选择"窗口"/"属性"命令，打开表格"属性"面板进行参数设置。表格"属性"面板中的参数与"Table"对话框中的参数基本相同。插入表格后，再使用表格"属性"面板对插入的表格进行相应的更改，如图9-21所示。

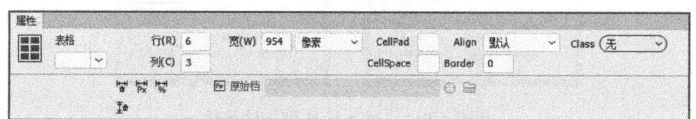

图9-21 表格"属性"面板

9.4 使用DIV+CSS统一网页风格

一个标准的网页设计，需要实现结构、表现和行为三者的分离。利用DIV+CSS布局页面，可以方便、快速地达到这个目的。本节先介绍CSS样式表的创建方法，然后对DIV+CSS布局的相关知识及应用进行详细介绍。

9.4.1 CSS样式的基本语法

CSS样式表的主要功能就是将某些规则应用于网页中的同一类型的元素，以减少网页中大量多余繁琐的代码，同时减少网页制作者的工作量。在Dreamweaver CC 2019中，要正确地使用CSS样式，首先需要知道CSS样式表的基本语法。

1. 基本语法规则

在每条CSS样式中，都包含了两个部分的规则：选择器（选择符）和声明。选择器用于选择文档中应用样式的元素，而声明则是属性及属性值的组合。每个样式表都是由一系列的规则组成的，但并不是每条样式规则都出现在样式表中，如图9-22所示。

2. 多个选择器

在网页中，如果想把一个CSS样式引用到多个网页元素中，则可使用多个选择器，即在选择器的位置引用多个选择器名称，并且选择器名称之间用逗号分隔，如图9-23所示。

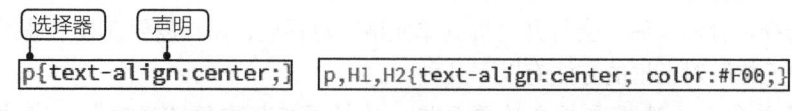

图9-22 CSS样式基本语法规则　　　图9-23 多个选择器的使用

9.4.2 创建样式表

在Dreamweaver中，将CSS样式按照使用方法进行分类，可以分为内部样式和外部样式。如果CSS样式创建到网页内部，则可以选择创建内部样式，但创建的内部样式只能应用到一个网页文档中。如果想在其他网页文档中应用，则需创建外部样式。

【例9-4】制作一个名称为"style.css"的样式表文件。

步骤1 ①新建一个HTML空白网页，然后打开"CSS设计器"面板，在"源"列表框左侧单击"添加CSS源"按钮+，在打开的下拉列表中选择"创建新的CSS文件"选项；②打开"创建新的CSS文件"对话框，单击"浏览"按钮，如图9-24所示。

步骤2 ①打开"将样式表文件另存为"对话框，在"保存在"下拉列表框中选择保存路径；②然后在"文件名"文本框中输入CSS文件的名称，这里输入"style"；③最后单击"保存"按钮，如图9-25所示。

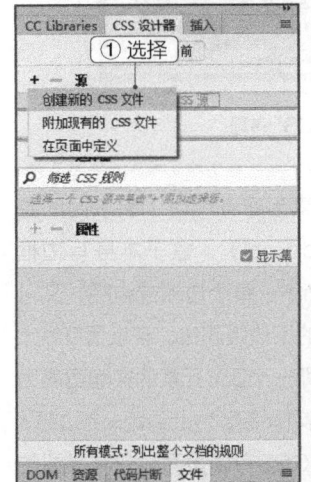
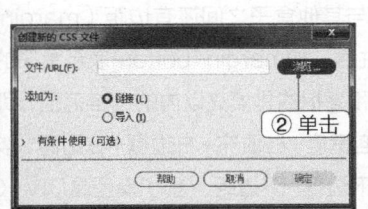
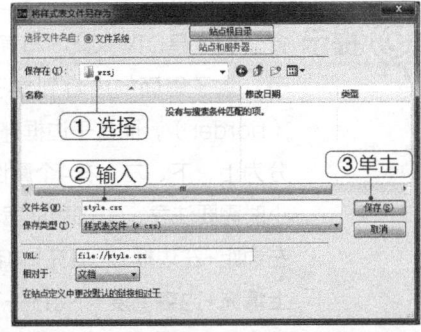

图9-24 准备创建新的CSS文件　　　　　　　图9-25 设置存储CSS文件的路径及名称

步骤3 返回"创建新的CSS文件"对话框，可在"文件/URL"文本框中查看创建的CSS文件的保存路径，其他保持默认设置，单击"确定"按钮，在"源"列表框中则可看到创建的CSS文件，如图9-26所示。

步骤4 切换到代码视图，则可在<head></head>标签中自动生成链接新建的CSS样式文件的代码，如图9-27所示。

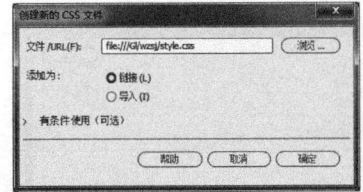

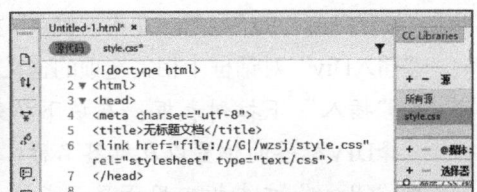

图9-26 查看创建的CSS文件　　　　　　　图9-27 查看链接CSS文件的代码

9.4.3 认识 DIV 标签

DIV（Divsion）区块，也可以称为容器，在Dreamweaver中使用DIV与使用其他HTML标签的方法类似。在布局设计中，DIV承载的是结构，采用CSS可以有效地对页面中的布局、文字等进行精确地控制，DIV+CSS完美实现了结构和表现的结合，这对于传统的表格布局是一个很大的冲击。

9.4.4 认识 DIV+CSS 布局模式

DIV+CSS布局模式是根据CSS规则中涉及的边距（Margin）、边框（Border）、填充（Padding）、内容（Content）来建立的一种网页布局方法，图9-28所示为一个标准的DIV+CSS布局结构，其左侧为代码，右侧为效果图。

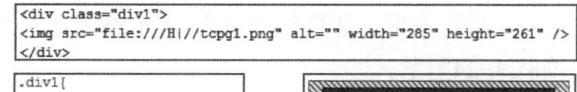
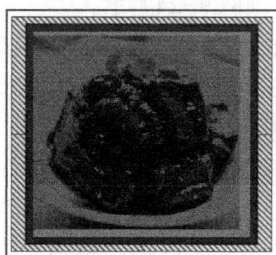

图9-28 "DIV+CSS"布局

 提示 盒子模型是DIV+CSS布局的通俗说法，指将每个HTML元素当作一个可以装东西的盒子，盒子里面的内容到盒子的边框之间的距离为填充（padding），盒子本身有边框（border），而盒子边框外与其他盒子之间还有边距（margin）。每个边框或边距，又可分为上、下、左、右4个属性值，如margin-bottom表示盒子的下边距属性。在设置DIV大小时需要注意，CSS中的宽和高指的是填充以内的内容范围，即一个DIV元素的实际宽度为左边距+左边框+左填充+内容宽度+右填充+右边框+右边距，实际高度为上边距+上边框+上填充+内容高度+下填充+下边框+下边距。盒子模型是DIV+CSS布局页面时非常重要的概念，只有掌握了盒子模型和其中每个元素的使用方法，才能正确布局网页中各个元素的位置。

9.4.5 插入 DIV 标签

在Dreamweaver CC 2019中插入DIV元素的方法相当简单，在定位插入点后，选择"插入"/"Div"命令或选择"插入"/"HTML"/"Div"命令，打开"插入Div"对话框，如图9-29所示。设置Class和ID名称等，单击"确定"按钮即可。

"插入Div"对话框中相关选项的含义如下。

- "插入"下拉列表框：在该下拉列表框中可选择DIV标签的位置以及标签名称。
- "Class"文本框：用于显示或输入当前应用标签的类样式。

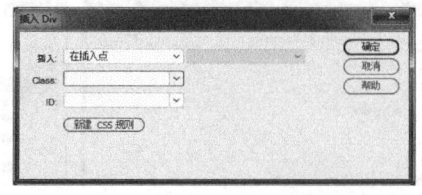

图9-29 "插入Div"对话框

- "ID"文本框：该文本框用于选择或输入DIV的ID属性。
- "新建CSS规则"按钮：单击该按钮，可打开"新建CSS规则"对话框，为插入的DIV标签创建CSS样式。

9.4.6 HTML5 结构

在Dreamweaver CC 2019中，不仅可以单独插入DIV元素，还可以使用HTML5元素插入有结构的DIV元素。结构元素包括画布、页眉、标题、段落、导航、侧边、文章、章节、页脚和图等，如图9-30所示。HTML5结构元素的插入方法与DIV标签的插入方法完全相同。

各结构元素的代码标签及作用介绍如下。

- 画布（Canvas）：HTML5中的画布元素是动态生成的图形容器。这些图形是在运行时使用脚本语言创建的，在画布中可以绘制路径、矩形、圆形、图像等，并且这些画布元素中包含了ID、高度（Height）和宽度（Width）等属性。

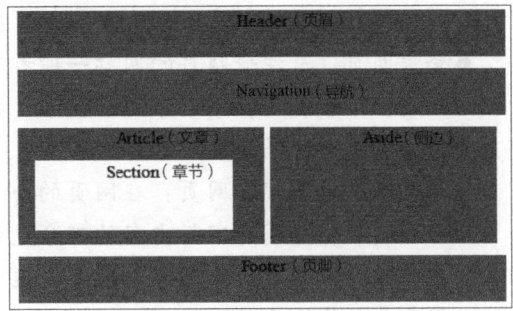

图9-30 结构元素布局示意图

- 页眉（Header）：主要用于定义文档的页眉，在网页中表现为信息介绍部分。
- 标题（Hgroup）：标题元素中通常结合h1～h6元素作为整个页面或内容块的标题，并且在<hgroup>标签中还包含了<section>标签，表示标题下方的章节。
- 段落（P）：主要用于定义页面中文字的段落。
- 导航（Navigation）：主要用于定义导航链接的部分。
- 侧边（Aside）：用于定义文章以外的内容，并且侧边的内容应该与文章中的内容相关。
- 文章（Article）：主要用于定义独立的内容，如论坛帖子、博客条目以及用户评论等。
- 章节（Section）：主要用于定义文档中的各个章节或区段，如章节、页眉、页脚或文档中的其他部分。
- 页脚（Footer）：主要用于定义章节或文档（Document）的页脚，如页面中的版权信息等。
- 图（Figure）：主要用于规定独立的流内容，如图像、图表、照片或代码等，并且图元素内容应与主内容相关，如果被删除，也不会影响文档流。另外该标签还包括<figcaption>标签，用于定义该元素的标题。

9.5 使用表单和行为

网页中的调查、定购或搜索等功能，一般都用表单来实现。表单一般由表单元素的HTML源代码，以及客户端的脚本或服务器端用来处理用户所填信息的程序组成。另外，Dreamweaver还带有强大的行为功能，在网页中使用行为可以提高网站的可交互性。行为是事件与动作的结合。下面对网页制作中的表单和行为进行介绍。

9.5.1 认识表单

表单是从Web访问者那里收集信息的一种方法，因为表单不仅可以收集访问者的浏览情况，还可以以更多的形式出现。下面将介绍表单的常用形式及组成表单的各种元素。

1. 表单形式

在各种类型的网站中，常常会出现不同的表单。下面介绍几种经常出现表单的网站类型及表单的表现形式。

- 注册网页：在会员制网页中，要求输入会员信息的网页大部分都是采用表单元素进行制作的，当然表单中也包含了各种表单元素。
- 登录网页：有注册网页的网站一般都有登录网页，该页面的主要功能是要求用户输入用户名和密码，然后单击"登录"按钮进行登录操作，而这些操作都会使用表单中的文本、密码及按钮元素。
- 留言板或电子邮件网页：在网页的公告栏或留言板上发表文章或建议时，输入用户名和密码，并填写实际内容的部分也都是表单元素。另外，网页访问者输入标题和内容后，可以直接给网页管理者发送电子邮件，而发送电子邮件的网页大部分也是用表单制作的。

2. 表单的组成要素

在网页中，组成表单样式的各个元素被称为域。在Dreamweaver CC 2019的"插入"面板的"表单"分类列表中，可以看到表单中的所有元素，如图9-31所示。

3. HTML中的表单

在HTML中，表单是使用<form></form>标签表示的，并且表单中的各种元素都必须存在于该标签之间，图9-32所示的表单代码，表示将名为form1的表单使用post方法提交到邮箱。

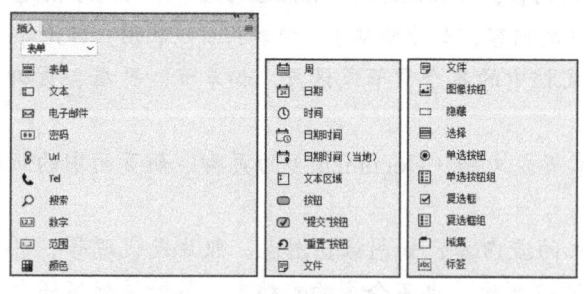

图9-31 表单及表单中的各元素

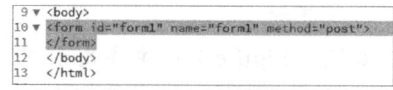

图9-32 表单代码

9.5.2 创建表单并设置属性

在Dreamweaver CC 2019中不仅可以方便快捷地插入表单，还可以对插入的表单进行属性设置，下面分别进行介绍。

1. 创建表单

在Dreamweaver CC 2019中插入表单只需选择"插入"/"表单"/"表单"命令，或在"插入"面板的"表单"分类列表中单击"表单"按钮，即可在网页文档中插入一个以红色虚线显示的表单，如图9-33所示。

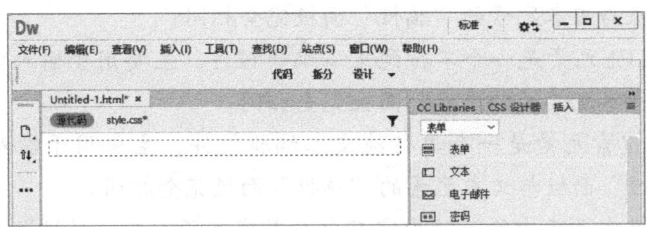

图9-33　表单效果

2. 设置表单属性

在网页文档中插入表单后，则会在"属性"面板中显示与表单相关的属性。通过表单"属性"面板，可以对插入的表单名称、处理方式，以及表单的发送方法等进行设置，如图9-34所示。

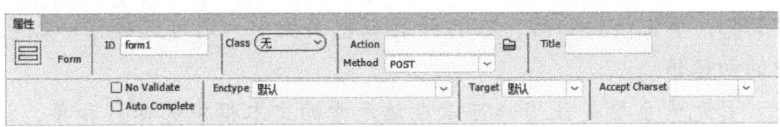

图9-34　表单"属性"面板

9.5.3　插入表单元素

创建完表单后，则可在表单中插入各种表单元素，实现表单的具体功能。Dreamweaver CC 2019中的表单元素较多，下面将分类别进行介绍。

1. 文本输入类元素

文本输入类元素主要包括常用的与文本相关的表单元素。如文本（Text）、电子邮件（E-mail）、密码（Password）、地址（URL）、电话（TEL）、搜索（Search）、数字（Number）、范围（Range）、颜色（Color）、月（Month）、周（Week）、日期（Date）、时间（Time）、日期时间（Date Time）、日期时间（当地）（DateTime-Local）和文本区域（Text Area）等。这些元素的插入方法都相同，下面具体介绍文本元素的插入方法和属性的作用。其他元素的插入方法和属性可参照文本元素，若有不同之处会进行相应的介绍。

- 文本元素：文本元素是可以输入单行文本的表单元素，也就是通常登录页面上输入用户名的部分。在Dreamweaver CC 2019中插入文本元素只需要选择"插入"/"表单"/"文本"命令或在"插入"面板的"表单"分类列表中单击"文本"按钮即可。
- 电子邮件元素：电子邮件元素主要用于编辑在元素值中给出电子邮件地址的列表。其插入方法与文本元素的插入方法相同，外观也基本相同，只是电子邮件文本框前面的标签显示的是"E-mail"。
- 密码元素：密码元素是输入密码或暗号时主要使用的方式。其外观与文本元素基本相同，只是在密码文本框中输入密码后，会以"*"或"."符号进行显示。属性设置也基本相同，只是密码元素少了list属性。
- URL元素：URL元素主要用来编辑在元素值中给出绝对URL地址的情况。URL的"属性"面板与文本元素的"属性"面板完全相同。
- TEL元素：TEL元素是一个单行纯文本编辑控件，主要用于输入电话号码。其"属性"面板与文本元素的"属性"面板完全相同。
- 搜索元素：搜索元素是一个单行纯文本编辑控件，主要用于输入一个或多个搜索词，其"属性"面板与文本元素的"属性"面板完全相同。
- 数字元素：数字元素中输入的内容只包含数字字段，其"属性"面板比文本元素的"属性"面板多了Min、Max和Step属性。其中，Min用来规定输入字段的最小值；Max用来规定输入字段的最大值；Step用来规定输入字段的合法数字间隔。
- 范围元素：范围元素主要用来设置包含某个数字的值范围，其"属性"面板与数字元素的"属性"面板基本相同，只少了"Required"和"Read Only"复选框。
- 颜色元素：颜色元素主要用来输入颜色值，该元素的Value值后增加了一个"颜色值"按钮■，单击该按钮后，在打开的颜色面板中，则可选择任一颜色作为Value文本框中的初始值。
- 月元素：月元素主要是让用户可以在该元素的文本框中选择月和年，该元素的"属性"面板与数字元素的"属性"面板基本相同，只是设置属性的方式不同。
- 周元素：周元素主要是让用户可以在该元素的文本框中选择周和年，其"属性"面板与月元素"属性"面板基本相同。
- 日期、时间元素：日期元素主要用来帮助用户选择日期；而时间元素主要用来选择时间，这两个元素的"属性"面板与月元素的"属性"面板基本相同。
- 日期时间、日期时间（当地）元素：日期时间元素主要使用户可以在该元素中选择日期和时间（带时区）；而日期时间（当地）元素主要可以使用户选择日期和时间（无时区）。这两个元素的"属性"面板基本相同。
- 文本区域元素：文本区域元素与前面几种文本元素略有不同，该元素指的是可输入多行文本的表单元素，如网页中常见的"服条条款"功能。使用该元素可以为网页节省版面，超出版面的文本可以使用滚动条进行查看。

2. 选择类元素

选择类元素主要是在多个项目中选择其中一个选项，在页面中一般以矩形区域的形式进行显示。另外，选择功能与复选框和单选按钮的功能类似，只是显示的方式不同。
- 选择元素：选择元素也可以称为列表/菜单元素，在网页中使用该元素不仅可以提供多个选项供浏览者选择，还可以节省版面。
- 单选按钮和单选按钮组元素：单选按钮元素用于在多个项目中选择一个项目。超过两个的单选按钮应组成一个组，同一个组中应使用同一个组名，但为Value属性设置不同的值，因为用户选择项目时，单选按钮所具有的值会传到服务器上。
- 复选框和复选框组元素：复选框元素用于在多个项目中选择多个项目。复选框与单选按钮一样可以组成组，即复选框组，其"属性"面板与单选按钮相同。

3. 文件元素

文件元素可以在表单文档中制作文件附加项目，由文本框和按钮组成。单击按钮，在打开的对话框中可添加要上传的文件或图像等，而文本框中则会显示文件或图像的路径。

4. 按钮和图像域

按钮和图像域有一个共同点，即都可在单击后与表单进行交互。按钮包括普通按钮、提交按钮和重置按钮，而图像域也可以称为图像按钮。

- 按钮元素：按钮元素是指网页文件中表示按钮时使用到的表单元素。
- 提交按钮元素：提交按钮在表单中起到至关重要的作用。有时使用"发送"和"登录"等替换了"提交"字样，但把用户输入的信息提交给服务器的功能是始终没有变化的。
- 重置按钮：重置按钮可删除样式上输入的所有内容，即重置表单。重置按钮的属性与提交按钮的属性基本相同。
- 图像按钮：在表单中可以将提交通过图像按钮来实现。网页中大部分的提交按钮都采用图像形式，如登录按钮。图像按钮也只能用在表单的提交按钮中，而且在一个表单中可以使用多个图像按钮。另外，使用菜单命令或"插入"面板插入图像按钮时，会打开"选择图像源文件"对话框，选择图像按钮进行插入，则会以选择的图像作为图像按钮。

5. 隐藏元素

隐藏（Hidden）元素主要用于传送一些不能让用户查看的数据。在表单中插入的隐藏元素是以图标显示的，而且该元素只有Name、Value和Form 3个属性。

6. 标签和域集

在表单中插入标签后可以在其中输入文本，但Dreamweaver CC 2019只能在"代码"视图中使用HTML代码进行编辑；而域集可以将表单的一部分打包，生成一组表单相关的字段。

9.5.4 添加网页行为

大多数优秀的网页不只包含文字和图像，还有许多其他交互式效果，其中就包含了JavaScript行为。行为可以将事件与动作进行结合，让页面实现许多特殊的交互效果，下面进行具体介绍。

1. 弹出窗口信息

如果在网页中添加了弹出窗口信息行为，在预览时，会在触发某个事件时，弹出一个信息窗口，给浏览者一些提示性信息。

【例9-5】新建一个名为"tcxx.html"的网页文档，并在空白网页文档中添加弹出窗口信息行为，让其在加载空白网页时进行触发。

步骤1 ①新建一个名为"tcxx.html"的网页文档，选择"窗口"/"行为"命令，打开"行为"面板，在其中单击"添加行为"按钮+.，在打开的下拉列表中选择"弹出信息"选项，打开"弹出信息"对话框，在"消息"列表框中输入文本"欢迎光临本网站"；②然后单击"确定"按钮,如图9-35所示;③返回到网页文档中,则可在"行为"面板的列表中看到添加的行为,并且可以单击左侧的下拉按钮,在打开的下拉列表中选择"事件"列表选项"onLoad",如图9-35所示。

步骤2 按"Ctrl+S"组合键保存网页,在"文件"面板中选择"tcxx.html"选项,按"F12"键启动浏览器,然后单击"允许阻止的内容"按钮,则会弹出提示对话框,如图9-36所示。

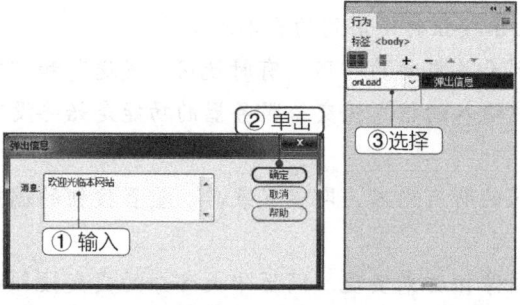

图9-35 添加"弹出信息"行为　　　　　　图9-36 预览网页

2. 打开浏览器窗口

用户在浏览一些网页时,常会弹出一个窗口,里面都是广告或通告等内容,这些窗口通常都可以使用"打开浏览器窗口"行为进行制作。

在添加打开浏览器窗口行为时,会打开一个"打开浏览器窗口"对话框,用户在该对话框中可以设置打开浏览器窗口的大小、窗口的名称等信息。

9.6 练习

1. 选择题

(1)构成网页的基本元素不包括(   )。

　　A. 图像　　　B. 文字　　　C. 站点　　　D. 超链接

(2)文本链接以文字作为超链接的源端点,在Dreamweaver中创建文本链接后,其文字下方通常会有(   )。

　　A. 颜色标识　　　　　　B. 下画线
　　C. 手型符号　　　　　　D. 特殊字符

(3)下列不属于文本类表单对象的是(   )。

　　A. 文本字段　　　　　　B. 隐藏域
　　C. 文本区域　　　　　　D. 文件域

练习
查看答案和解析

2. 操作题

(1)制作"flowers.html"网页,该网页是一个鲜花网页,主要用于展示店铺的鲜花产品。要求采用DIV+CSS来完成布局,制作完成后的参考效果如图9-37所示。

第9章 网页制作

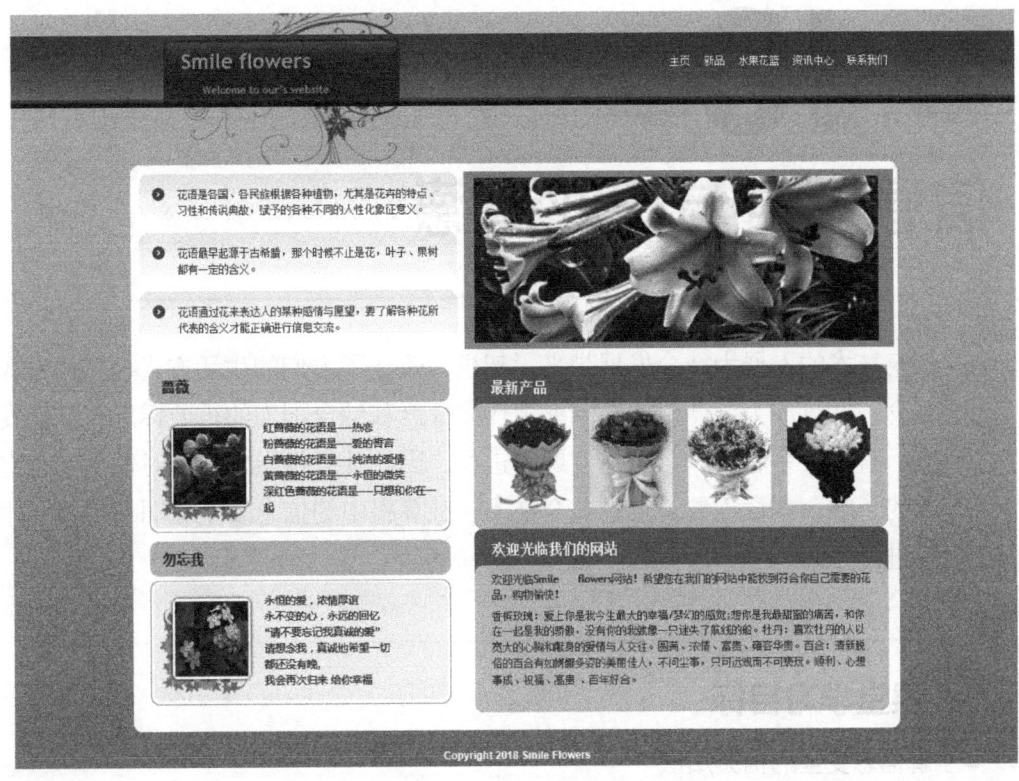

图9-37 "flowers.html"网页

（2）在网页中通过表单来制作注册页面的基本内容，然后使用行为实现交互功能，完成后的参考效果如图9-38所示。

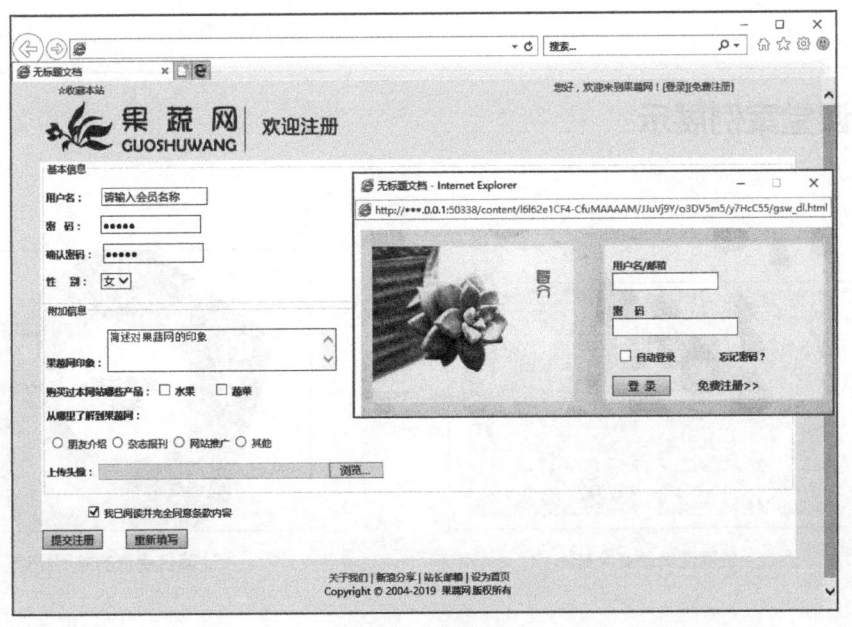

图9-38 注册网页

CHAPTER 10

第 10 章
信息安全与职业道德

信息技术的发展为社会发展带来了契机，改变了人们的生活方式、工作方式和思想观念，并且成为了衡量一个国家现代化程度和综合国力的重要标志。信息安全的研究，直接关系着我国信息化发展的进程，因此计算机操作者应对信息安全有一个基本的了解。本章主要对信息安全技术、计算机中的信息安全、职业道德和相关法规等进行介绍。

课堂学习目标

- 了解信息安全的相关知识
- 熟悉计算机信息安全的相关内容
- 了解职业道德和相关法规

课堂案例展示

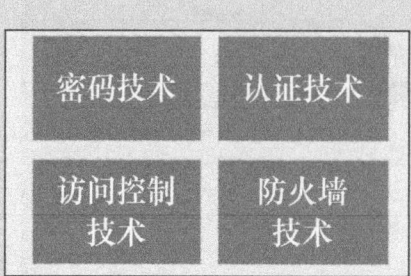

关键性信息安全技术

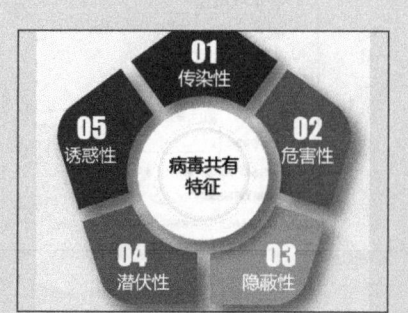

计算机病毒的共同特点

第10章 信息安全与职业道德

10.1 信息安全概述

信息安全是指保护信息和信息系统在未经授权时不被访问、使用、泄露、中断、修改与破坏。信息安全可以为信息和系统提供保密性、完整性、可用性、可控性和不可否认性,信息安全包含的范围很广泛,如防范商业机密泄露、防范个人信息泄露等都属于信息安全的范畴。

10.1.1 信息安全的影响因素

信息技术的飞速发展使人们在享受网络信息带来的巨大利益时,同时面临着信息安全的严峻考验,政治安全、军事安全、经济安全等均以信息安全为前提条件。影响信息安全的因素有很多,下面对主要影响因素进行介绍。

- **硬件及物理因素**:该因素是指系统硬件及环境的安全性,如机房设施、计算机主体、存储系统、辅助设备、数据通信设施以及信息存储介质的安全性等。
- **软件因素**:该因素是指系统软件及环境的安全性,软件的非法删改、复制与窃取都可能造成系统损失、泄密等情况,例如计算机网络病毒即是以软件为手段侵入系统造成破坏的。
- **人为因素**:该因素是指人为操作、管理的安全性,包括工作人员的素质、责任心,严密的行政管理制度、法律法规等。防范人为因素方面的安全,即是防范人为主动因素直接对系统安全所造成的威胁。
- **数据因素**:该因素是指数据信息在存储和传递过程中的安全性,数据因素是计算机犯罪的核心途径,也是信息安全的重点。
- **其他因素**:信息和数据传输通道在传输过程中产生的电磁波辐射,可能被检测或接收,造成信息泄漏,同时空间电磁波也可能对系统产生电磁干扰,影响系统的正常运行。此外,一些不可抗力的自然因素,也可能对系统的安全造成威胁。

10.1.2 信息安全策略

信息安全策略是指为保证提供一定级别的安全保护所必须遵守的规则。要保证信息安全,需不断对先进的技术、法律约束、严格的管理、安全教育等方面进行完善。

- **先进的技术**:先进的信息安全技术是网络安全的根本保证,要形成全方位的安全系统需对自身所面临的威胁进行风险性的评估,然后对所需的安全服务种类进行确定,并通过相应的安全机制,集成先进的安全技术。
- **法律约束**:法律法规是信息安全的基石。计算机网络作为一种新生事物,在很多行为上可能会出现无法可依、无章可循的情况,从而无法对网络犯罪进行合理地管制,因此必须建立与网络安全相关的法律法规,对网络犯罪行为实施管束。
- **严格的管理**:信息安全管理是提高信息安全的有效手段,对于计算机网络使用机构、企业和单位而言,必须建立相应的网络安全管理办法和安全管理系统,加强对内部信息安全的管理,建立起合适的安全审计和跟踪体系,提高网络安全意识。
- **安全教育**:要建立网络安全管理系统,在提高技术、制定法律、加强管理的基础上，还应该开展安全教育，提高用户的安全意识，对网络攻击与攻击检测、网络安全防范、安全漏洞与安全对策、信息安全保密、系统内部安全防范、病毒防范、数据备份与恢复等有一定的认识和了解，及时发现潜在问题，尽早解决安全隐患。

10.1.3 信息安全技术

计算机网络具有连接形式多样性、终端分布不均匀性、网络开放性和互联性等特性，因此在单机系统、局域网或广域网中，都不可避免地存在一些自然或人为因素的威胁。为了保证网络信息的保密性、完整性和可用性，必须对影响计算机网络安全的因素进行研究，通过各种信息安全技术保障计算机网络信息的安全。下面主要对图10-1所示的关键的信息安全技术进行介绍。

图10-1 关键的信息安全技术

1. 密码技术

信息网络安全领域是一个综合和交叉的领域，涉及数学、计算机科学、电子与通信、密码等多个学科。其中，密码学作为一门古老的学科，不仅在军事、政治、外交等领域应用广泛，在日常工作中也备受不同用户的青睐。密码技术是信息加密中十分常见且有效的一种保护手段，特别是计算机网络安全所使用的认证、访问控制、电子证书等都可以通过密码技术实现。

密码技术包括加密和解密两部分的内容。加密即研究和编写密码系统，将数据信息通过某种方式转换为不可识别的密文；解密即对加密系统的加密途径进行研究，对数据信息进行恢复。加密系统中未加密的信息被称为明文，经过加密后即称为密文。在较为成熟的密码体系中，一般算法是公开的，但密钥是保密的。密钥被修改后，改密过程和加密结果都会发生更改。

密码技术通过对传输数据进行加密来保障数据的安全性，是一种主动的安全防御策略，是信息安全的核心技术，也是计算机系统安全的基本技术。一个密码系统采用的基本工作方式称为密码体制，根据原理可将密码体制分为对称密钥密码体制和非对称密钥密码体制。

（1）对称密钥密码体制

对称密钥密码体制又称为单密钥密码体制或常规密钥密码体制，是一种传统密码体制。对称密钥密码体制的加密密钥和解密密钥一般相同，若不相同，也能由其中的任意一个推导出另一个，拥有加密能力就意味着拥有解密能力。对称密钥密码体制的特点主要表现为两点：一是加密密钥和解密密钥相同，或本质相同；二是对称密钥密码体制的加密速度快，但开放性差，密钥必须严格保密。这就意味着通信双方在对信息完成加密后，可在一个不安全的信道上传输，但通信双方在传递密钥时必须通过安全可靠的信道。

（2）非对称密钥密码体制

计算机网络技术的发展以及密钥空间的增大，使大量密钥通过安全信道进行分发的问题成为对称密码体制待解决的问题。1976年提出的新密钥交换协议，可以在不安全的媒体上通过通信双方交换信息，安全传送密钥，基于此，密码学家们研究出了公开密钥密码体制。

非对称密钥密码体制又称公开密钥密码体制或双密钥密码体制，是现代密码学的一个重要的发明。公开密钥密码体制的加密和解密操作分别使用两个不同的密钥，由加密密钥不能推导出解密密钥。公开密钥密码体制的特点主要体现在两个方面：一是加密密钥和解密密钥不同，且难以互推；二是公钥公开，私钥保密，虽然密钥量增大，但却很好地解决了密钥的分发和管理问题。

2. 认证技术

认证是指对证据进行辨认、核实和鉴别，从而建立某种信任关系。对于通信认证而言，主要包括两个阶段：一是提供证据或标识；二是对证据或标识的有效性进行辨认、核实和鉴别。

（1）数字签名

数字签名又称公钥数字签名或电子签章，是数字世界中的一种信息认证技术。数字签名与普通的纸上签名类似，但使用了公钥加密领域的技术，是对非对称密钥加密技术与数字摘要技术的应用。数字签名可以保证文件的真实性和有效性，它不仅是对信息发送者发送信息真实性的一个有效证明，还可核实接受者是否存在伪造和篡改行为。一套数字签名通常会定义两个互补的运算，一个用于签名，另一个用于验证。

（2）身份验证

身份验证是身份识别和身份认证的统称，指用户向系统提供身份证据，完成对用户身份确认的过程。身份验证的方法有很多种，包括基于共享密钥的身份验证、基于生物学特征的身份验证和基于公开密钥加密算法的身份验证等。在信息系统中，身份验证决定着用户对请求资源的存储和使用权。

3. 访问控制技术

访问控制技术是按用户身份和所归属的某项定义组来限制用户对某些信息项的访问权，或某些控制功能的使用权的一种技术。访问控制主要对信息系统资源的访问范围和方式进行限制，通过对不同访问者的访问方式和访问权限进行控制，达到防止合法用户非法操作的目的，从而保障了网络安全。

访问控制通常用于系统管理员控制用户对服务器、目录、文件等网络资源的访问，其涉及的技术比较广，包括入网访问控制、网络权限控制、目录级安全控制、属性安全控制和服务器安全控制等多种手段。

（1）入网访问控制

入网访问控制的主要内容包括控制哪些用户能够登录到服务器并获取网络资源，控制准许用户入网的时间和准许在哪台工作站入网，为网络访问提供了第一层访问控制。一般来说，用户的入网访问控制可分为用户名的识别与验证、用户口令的识别与验证、用户账号的缺省限制检查3个步骤。在这3个步骤中，如果有任何一个步骤未通过，该用户都不能进入该网络。

对用户名和口令进行验证是防止非法访问的第一道防线，一般应遵循以下原则。口令不能显示在显示屏上，口令长度应不少于6个字符，且最好由数字、字母和其他字符混合而成，用户口令必须经过加密。用户还可采用一次性用户口令，或使用便携式验证器（如智能卡）来验证身份。用户每次访问网络都应该提交用户口令，用户可以修改自己的口令，但系统管理员应该对最小口令长度、强制修改口令的时间间隔、口令的唯一性、口令过期失效后允许入网的宽限次数进行限制和控制。当用户名和口令验证有效后,再履行用户账号的缺省限制检查。

网络应该控制用户登录入网的站点、限制用户入网的时间、限制用户入网的工作站数量。如果用户的网络访问"资费"不足,网络还应能对用户访问的网络资源进行限制。网络应该对所有用户的访问进行审计,当出现多次输入口令不正确的情况时,就判断为非法用户入侵,同时给出报警信息。

(2) 网络权限控制

网络权限控制的主要内容包括控制用户和用户组可以访问哪些目录、子目录、文件及其他资源,用户对这些文件、目录、设备能够执行哪些操作。网络权限控制是针对网络非法操作所提出的一种安全保护措施。

根据访问权限,可以将用户分为特殊用户、一般用户和审计用户3类。其中,特殊用户指的是系统管理员,一般用户由系统管理员根据他们的实际需要为其分配操作权限,审计用户则负责网络的安全控制与资源使用情况的审计。

(3) 目录级安全控制

网络应该允许控制用户对目录、文件、设备进行访问,用户在目录一级指定的权限对所有文件和子目录都有效,且可进一步指定目录下的子目录和文件的权限。网络管理员应为用户指定适当的访问权限,控制用户对服务器的访问。对目录和文件的访问权限一般可以分为系统管理员权限、读权限、写权限、创建权限、删除权限、修改权限、文件查找权限和访问控制权限8种类型,通过对这8种权限进行有效地组合,可以控制用户对服务器资源的访问,从而有效地完成工作,加强网络和服务器的安全性。

(4) 属性安全控制

属性安全可以在权限安全的基础上提供更进一步的安全性,网络系统管理员应给文件、目录等指定访问属性。为网络上的资源预先标出一组安全属性,制作出用户对网络资源访问权限的控制表,用以描述用户对网络资源的访问能力。属性控制的权限一般包括向某个文件写数据、复制文件、删除目录或文件、查看目录和文件、执行文件、隐含文件、共享文件等内容。

(5) 服务器安全控制

用户使用控制台可以进行装载和卸载模块、安装和删除软件等操作。网络服务器的安全控制可以设置口令锁定服务器控制台,从而防止非法用户修改、删除和破坏重要信息或数据,也可以设定服务器登录时间限制、非法访问者检测和关闭的时间间隔。

4. 防火墙技术

防火墙是一种位于内部网络与外部网络之间的网络安全防护系统。防火墙可以依照特定的规则允许或限制传输的数据通过,网络中的"防火墙"主要用于对内部网络和公众访问网进行隔离,使一个网络不受另一个网络的攻击。

防火墙系统的主要用途是控制对受保护网络的往返访问,只允许符合特定规则的数据通过,最大限度地防止黑客的访问,阻止他们对网络进行非法操作。防火墙不仅可以有效地监控内部网络和Internet之间的活动,保证内部网络的安全,还可以将局域网的安全管理集中起来,屏蔽非法请求,防止跨权限访问。下面对防火墙的一些主要功能进行介绍。

(1) 网络安全的屏障

防火墙由一系列的软件和硬件设备组合而成,是保护网络通信时执行访问控制的尺度,可以极大地提高一个内部网络的安全性。防火墙可以过滤不安全的服务,只有符合规则的应用协议才能通过防火墙,例如禁止不安全的NFS协议,防止攻击者利用脆弱的协议来攻击内部网络。同时,防火墙也可以防止未经允许的访问进入外部网络,它的屏障作用具有双向性,可进行内外网络之间的隔离,如地址数据包过滤、代理和地址转换。

(2) 可以强化网络安全策略

管理人员通过配置以防火墙为中心的安全方案,可以将所有安全软件(如口令、加密、身份认证、审计等)配置在防火墙上,使得防火墙的集中安全管理更经济。

(3) 对网络存取和访问进行监控审计

如果所有的访问经过防火墙时,防火墙记录下这些访问形成日志,同时提供网络使用情况的统计数据,这利于网络需求分析和威胁分析。日志数据量一般比较大,可将日志挂接在内网的一台专门存放日志的日志服务器上,也可将日志直接存放在防火墙所在的存储器上。

管理人员通过审计可以监控通信行为和完善安全策略,检查安全漏洞和错误配置,对入侵者起到一定的威慑作用。当出现可疑动作时,报警机制可以用声音、邮件、电话、手机短信等多种方式及时报告给管理人员。防火墙的审计和报警机制在防火墙体系中十分重要,可以快速向管理员反映受攻击的情况。

(4) 防止内部信息泄露

管理人员通过防火墙对内部网络进行划分,可实现对内部网重点网段的隔离,限制局部重点或敏感网络安全问题对全局网络造成的影响。此外,隐私是内部网络中非常重要的问题,内部网络中一个任意的小细节都可能包含有关安全的线索,引起外部攻击者的攻击,甚至暴露内部网络的安全漏洞,而通过防火墙则可以隐蔽这些透漏内部细节的服务。

(5) 远程管理

远程管理一般完成对防火墙的配置、管理和监控工作,是防火墙管理功能的一种扩展。利用防火墙的远程管理功能,用户可以在办公室管理、托管防火墙产品,甚至在家中就可以重新调整防火墙的安全规则和策略。

(6) 流量控制、统计分析和流量计费

流量控制可以分为基于IP地址的控制和基于用户的控制,前者是指对通过防火墙各个网络接口的流量进行控制,后者是指通过用户登录控制每个用户的流量。防火墙通过对基于IP的服务、时间、协议等进行统计,与管理界面实现挂接,并输出统计结果。流量控制可以有效地防止某些用户占用过多资源,从而保证重要用户和重要接口的连接。

除此之外,防火墙还可以实现限制同时上网人数、使用时间、特定使用者发送邮件、FTP只能下载而不能上传文件、阻塞Java和ActiveX控件、MAC与IP地址绑定等,以满足不同用户的不同需求。

10.2 计算机中的信息安全

随着计算机信息技术的飞速发展,计算机信息已经成为不同领域、不同职业的重要信息

交换媒介，在经济、政治、军事等领域都有着举足轻重的地位。全球信息化的逐步实现，使计算机信息安全问题渗透到社会生活的各个方面，计算机用户必须了解计算机信息安全的脆弱性和潜在威胁的严重性，采取强有力的安全策略，对计算机信息的安全问题进行防范。

10.2.1 计算机病毒及其防范

计算机病毒是指能通过自身复制传播而产生破坏的一种计算机程序，它能寄生在系统的启动区、设备的驱动程序、操作系统的可执行文件中，甚至任何应用程序上，并能够利用系统资源进行自我繁殖，从而达到破坏计算机系统的目的。

1. 计算机病毒的特点

计算机病毒可谓五花八门，其共同的特点简单介绍如下（见图10-2）。

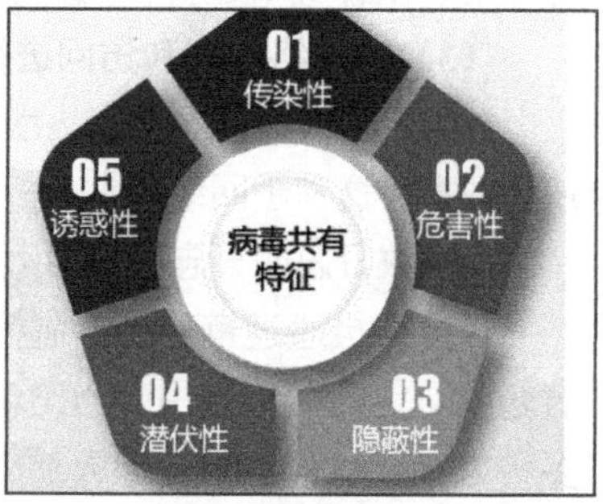

- 传染性：计算机病毒具有极强的传染性，病毒一旦侵入，就会不断地自我复制，占据磁盘空间，寻找适合其传染的介质，向与该计算机连网的其他计算机传播，最终达到破坏数据的目的。
- 危害性：计算机病毒的危害性是显而易见的，计算机一旦感染上病毒，就会影响系统的正常运行，造成运行速度减慢、存储数据被破坏，甚至系统瘫痪等。
- 隐蔽性：计算机病毒具有很强的隐蔽性，它通常是一个没有文件名的程序，计算机被感染上病毒一般是无法事先知道的，因此只有定期对计算机进行病毒扫描和查杀才能最大限度地减少病毒的入侵。
- 潜伏性：当计算机系统或数据被病毒感染后，有些病毒并不立即发作，而是等待达到引发病毒条件（如到达发作的时间等）时才开始破坏系统。
- 诱惑性：计算机病毒会充分利用人们的好奇心，通过网络浏览或邮件等多种方式进行传播，所以一些看似免费或内容刺激的超链接不可贸然点击。

图10-2 计算机病毒的共同特点

2. 计算机病毒的类型

计算机病毒的种类较多，常见的主要有以下6类。

- 文件型病毒：文件型病毒通常指寄生在可执行文件（文件扩展名为.exe、.com等）中的病毒。当运行这些文件时，病毒程序也将被激活。
- "蠕虫"病毒：这类病毒通过计算机网络传播，不改变文件和资料信息，利用网络从一台计算机的内存传播到其他计算机的内存，一般除了内存不占用其他资源。
- 开机型病毒：开机型病毒藏匿在硬盘的第一个扇区等位置。因为DOS的架构设计，使得病毒可以在每次开机时，在操作系统还没被加载之前就被加载到内存中，这个特性使得病毒可以完全控制DOS的各种中断操作，并且拥有更大的能力进行传染与破坏。

- 复合型病毒：复合型病毒兼具开机型病毒以及文件型病毒的特性，可以传染可执行文件，也可以传染磁盘的开机系统区，破坏程度也非常可怕。
- 宏病毒：宏病毒主要是利用软件本身所提供的宏来设计病毒，所以凡是具有编写宏能力的软件都有宏病毒存在的可能，如Word、Excel等。
- 复制型病毒：复制型病毒会以不同的病毒码传染到别的地方去。每一个中毒的文件所包含的病毒码都不一样，对于扫描固定病毒码的杀毒软件来说，这类病毒很难清除。

3. 计算机感染病毒的表现

计算机感染病毒后，根据感染的病毒不同，其症状差异也较大，当计算机出现以下情况时，可以考虑对计算机病毒进行扫描。

- 计算机系统引导速度或运行速度减慢，经常无故发生死机。
- Windows操作系统无故频繁出现错误，计算机屏幕上出现异常显示。
- Windows操作系统异常，无故重新启动。
- 计算机存储的容量异常减少，执行命令出现错误。
- 在一些非要求输入密码的地方，要求用户输入密码。
- 不应驻留内存的程序一直驻留在内存中。
- 磁盘卷标发生变化，或者不能识别硬盘。
- 文件丢失或文件损坏，文件的长度发生变化。
- 文件的日期、时间、属性等发生变化，文件无法被正确读取、复制或打开。

4. 计算机病毒的防治防范

计算机病毒的危害性很大，用户可以采取一些方法来防范病毒的感染。在使用计算机的过程中注意以下方面可减少计算机感染病毒的概率。

- 切断病毒的传播途径：用户最好不要使用和打开来历不明的光盘和可移动存储设备，使用前最好先进行查毒操作以确认这些介质中无病毒。
- 良好的使用习惯：网络是计算机病毒最主要的传播途径，因此上网时不要随意浏览不良网站，不要打开来历不明的电子邮件，不下载和安装未经过安全认证的软件。
- 提高安全意识：在使用计算机的过程中，应该有较强的安全防护意识，如及时更新操作系统、备份硬盘的主引导区和分区表、定时体检计算机、定时扫描计算机中的文件并清除威胁等。

5. 杀毒软件

杀毒软件是一种反病毒软件，主要用于对计算机中的病毒进行扫描和清除。杀毒软件通常集成了监控识别、病毒扫描清除和自动升级等多项功能，可以防止病毒和木马入侵计算机、查杀病毒和木马、清理计算机垃圾和冗余注册表、防止进入钓鱼网站等，有的杀毒软件还具备数据恢复、防范黑客入侵、网络流量控制、保护网购、保护用户账号、安全沙箱等功能，杀毒软件是计算机防御系统中一个重要的组成部分。现在市面上提供杀毒功能的软件非常多，如金山毒霸、瑞星杀毒软件、诺顿杀毒软件等。

10.2.2 网络黑客及其防范

"黑客"一词源于英语hack，起初是对一群智力超群、奉公守法的计算机迷的统称，现在的"黑客"则一般泛指擅长IT技术的人群。

黑客伴随着计算机和网络的发展而成长，一般都精通各种编程语言和各类操作系统，拥有熟练的计算机技术。根据黑客的行为，行业内对黑客的类型进行了细致地划分。在未经许可的情况下，侵入对方系统的黑客一般被称为黑帽黑客，黑帽黑客对计算机安全或账户安全都具有很大的威胁；调试和分析计算机安全系统的技术人员则被称为白帽黑客，白帽黑客有能力破坏计算机安全但没有恶意目的，他们一般有明确的道德规范，其行为也以发现和改善计算机的安全弱点为主。

1. 网络黑客的攻击方式

根据黑客攻击手段的不同，可将黑客攻击分为非破坏性攻击和破坏性攻击两种类型。非破坏性攻击一般指只扰乱系统运行，不盗窃系统资料的攻击，而破坏性攻击则可能会侵入他人计算机系统盗窃系统保密信息，破坏目标系统的数据。下面对黑客主要的攻击方式进行介绍。

（1）获取口令

获取口令主要包括3种方式：通过网络监听非法得到用户口令；知道用户的账号后利用一些专门软件强行破解用户口令；获得一个服务器上的用户口令文件后使用暴力破解程序破解用户口令。

通过网络监听非法得到用户口令具有一定的局限性，但对局域网的安全威胁巨大，监听者通常能够获得其所在网段的所有用户账号和口令。在知道用户的账号后再利用一些专门软件强行破解用户口令的方法不受网段限制，但比较耗时。在获得一个服务器上的用户口令文件后再用暴力破解程序破解用户口令的方法危害非常大，这种方法不需要频繁尝试登录服务器，只要黑客获得口令的Shadow文件，在本地将加密后的口令与Shadow文件中的口令相比较就能非常轻松地破获用户密码，特别是对于账号安全系数低的用户，破获速度非常快。

（2）放置特洛伊木马

特洛伊木马程序常被伪装成工具程序、游戏等，可从网上直接下载，通常表现为在计算机系统中隐藏的可以跟随Windows启动而悄悄执行的程序，当用户连接到Internet时，该程序会马上通知黑客，报告用户的IP地址以及预先设定的端口，黑客利用潜伏在其中的程序，可以任意修改用户的计算机参数设定、复制文件、窥视硬盘内容等，达到控制计算机的目的。

（3）WWW的欺骗技术

用户在日常工作和生活中进行网络活动时，通常会浏览很多网页，而在众多网页中，暗藏着一些已经被黑客篡改过的网页，这些网页上的信息是虚假的，且布满陷阱。例如，黑客将用户要浏览的网页的URL改写为指向自己的服务器，当用户浏览目标网页时，就会向黑客服务器发出请求，达成黑客的非法目的。

（4）电子邮件攻击

电子邮件攻击主要表现为电子邮件轰炸、电子邮件诈骗两种形式。电子邮件轰炸是指用伪造的IP地址和电子邮件地址向同一信箱发送数量众多、内容相同的垃圾邮件，致使受害人邮箱被"炸"，甚至可能使电子邮件服务器操作系统瘫痪。在电子邮件诈骗这类攻击中，攻击者一般伴称自己是系统管理员，且邮件地址和系统管理员完全相同，给用户发送邮件要求用户修改口令，或在看似正常的附件中加载病毒及木马程序等。

（5）网络监听

网络监听是主机的一种工作模式，在网络监听模式下，主机可以接收到本网段同一条物理通道上传输的所有信息，如果两台主机进行通信的信息没有被加密，此时只要使用某些网络监听工具，就可以轻而易举地截取包括口令和账号在内的信息资料。

（6）寻找系统漏洞

许多系统都存在一定程度的安全漏洞（Bug），有些漏洞是操作系统或应用软件本身具有的，这些漏洞在补丁未被开发出来之前一般很难防御黑客的入侵。有些漏洞是由于系统管理员配置错误引起的，如在网络文件系统中，将目录和文件以可写的方式调出，将未加Shadow的用户密码文件以明码方式存放在某一目录下等。

（7）利用账号进行攻击

有的黑客会利用操作系统提供的缺省账户和密码进行攻击，例如，许多UNIX主机都有FTP和Guest的缺省账户，有的甚至没有口令。黑客利用UNIX操作系统提供的命令，如Finger、Ruser等收集信息，提高攻击能力。因此需要系统管理员提高警惕，将系统提供的缺省账户关闭或提醒无口令用户增加口令。

2. 网络黑客的防范

黑客攻击会造成不同程度的损失，为了将损失降到最低程度，计算机用户一定要对网络安全的观念和防范措施有一定的了解。下面对防范网络黑客攻击的策略进行介绍。

- 数据加密：数据加密是为了保护信息系统内的数据、文件、口令和控制信息等，提高网上传输数据的可靠性。如果黑客截获了网上传输的信息包，一般也无法获得正确的信息。
- 身份认证：身份认证是指通过密码或特征信息等确认用户身份的真实性，并给予通过确认的用户相应的访问权限。
- 建立完善的访问控制策略：设置入网访问权限、网络共享资源的访问权限、目录安全等级控制、网络端口和节点安全控制、防火墙安全控制等，通过各种安全控制机制的相互配合，最大限度地保护系统。
- 安装补丁程序：为了更好地完善系统，防止黑客利用漏洞进行攻击，可定时对系统漏洞进行检测，安装好相应的补丁程序。
- 关闭无用端口：计算机要进行网络连接必须通过端口，黑客控制用户计算机也必须通过端口，如果是暂时无用的端口，可将其关闭，以减少黑客的攻击途径。
- 管理账号：删除或限制Guest账号、测试账号、共享账号，也可以在一定程度上减少黑客攻击计算机的路径。
- 及时备份重要数据：黑客攻击计算机时，可能会对数据造成损坏和丢失，因此对于重要数据，需及时进行备份，避免损失。
- 良好的上网习惯：不随便从Internet上下载软件、不运行来历不明的软件、不随便打开陌生邮件中的附件、使用反黑客软件检测、拦截和查找黑客攻击、经常检查系统注册表和系统启动文件的运行情况等，可以提高防止黑客攻击的能力。

10.3 职业道德与相关法规

网络不仅仅是一个简单的网络,它更像是一个由很多人组成的网络"社会",为了保证这个"社会"的秩序,所有的网络参与者都要对自己的"网络行为"有一个正确的认识,并遵循网络"社会"中的规范。

10.3.1 使用计算机应遵守的若干原则

无规矩不成方圆。"网络行为"和其他"社会行为"一样,都需要遵循一定的规矩,对网络参与者的行为进行约束,下面介绍网络参与者应该遵循的基本行为准则。

- 不应用计算机伤害别人。
- 不应用计算机干扰别人工作。
- 不应窥探别人的计算机。
- 不应用计算机进行偷窃。
- 不应用计算机作伪证。
- 不应使用或复制未付钱的软件。
- 不应未经许可就使用别人的计算机资源。
- 不应盗用别人的成果。
- 慎重使用自己的计算机技术,不做危害他人或社会的事,认真考虑自己编写程序的社会影响和社会后果。

10.3.2 我国信息安全法律法规的相关规定

随着Internet的发展,各项涉及网络信息安全的法律法规相继出台。我国网络信息安全方面的条例和办法有很多,如《计算机软件保护条例》《中国公用计算机互联网国际联网管理办法》《中华人民共和国计算机信息系统安全保护条例》等,都对网络信息安全进行了约束和规范,用户也可查询和参考相关的法律书籍,了解更多法律法规知识。

10.4 练习

选择题

(1) 下列不属于信息安全影响因素的是(　　)。
　　A. 硬件因素　　　　　　　　B. 软件因素
　　C. 人为因素　　　　　　　　D. 常规操作

(2) 下列不属于信息安全技术的是(　　)。
　　A. 密码技术　　　　　　　　B. 访问控制技术
　　C. 防火墙技术　　　　　　　D. 系统安装与备份技术

(3) 下列不属于计算机病毒特点的是(　　)。
　　A. 传染性　　B. 危害性　　C. 暴露性　　D. 潜伏性

练习
查看答案和解析

第 11 章
计算机新技术及应用

　　随着计算机网络的发展,计算机技术也在不断完善和创新,这些技术不仅给IT界带来了重大影响,更对社会的发展起到了积极的促进作用。本章主要介绍云计算、大数据、人工智能、物联网和移动互联网等计算机新技术及应用的相关内容。

课堂学习目标

- 了解云计算的相关知识
- 熟悉大数据的主要结构与应用
- 了解什么是人工智能
- 了解物联网的相关知识
- 了解移动互联网的发展

课堂案例展示

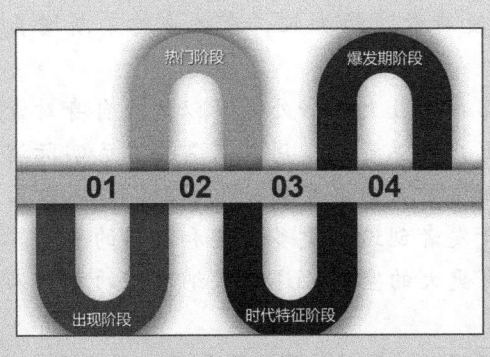

大数据的发展阶段

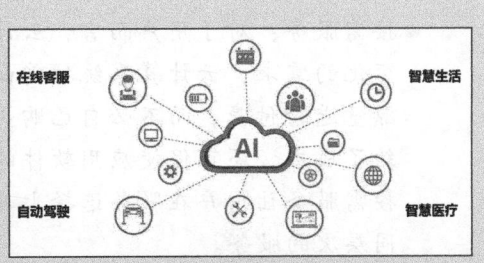

人工智能的实际应用

11.1 云计算

云计算技术是硬件技术和网络技术发展到一定阶段而出现的新的技术模型,是对实现云计算模式所需要的所有技术的总称,分布式计算技术、虚拟化技术、网络技术、服务器技术、数据中心技术、云计算平台技术、分布式存储技术等都属于云计算技术的范畴,同时也包括新出现的Hadoop、HPCC、Storm、Spark等技术。一般来说,为了达到资源整合输出目的的技术都可以被称为云计算技术,云计算技术意味着计算能力也可作为一种产品通过互联网进行流通。

云计算技术中主要包括3种角色,分别为资源的整合运营者、资源的使用者和终端客户。资源的整合运营者负责资源的整合输出,资源的使用者负责将资源转变为满足客户需求的应用,而终端客户则是资源的最终消费者。

云计算技术作为一项应用范围广、对产业影响深的技术,正逐步向信息产业等各种产业进行渗透,产业的结构模式、技术模式和产品销售模式等都会随着云计算技术发生深刻的改变,进而影响人们的工作和生活。

11.1.1 云计算的定义

由单机模式向云计算模式转变如同单机发电模式向集中供电模式的转变,它将计算任务分布在由大量计算机构成的资源池上,使用户能够按需获取计算力、存储空间和信息服务。与传统的资源提供方向相比,云计算主要具有以下特点。

- 超大规模:"云"具有超大的规模,谷歌云计算已经拥有100多万台服务器,亚马逊、IBM、微软等的"云"也都拥有几十万台服务器。"云"能赋予用户前所未有的计算能力。
- 高可扩展性:云计算是从资源低效的分散使用到资源高效的集约化使用的跨跃。分散在不同计算机上的资源,其利用率非常低,造成资源的极大浪费,而将资源集中起来以后,资源的利用效率也会大大提升。资源的集中化和资源需求的不断提高,也对资源池的可扩展性提出了要求,因此云计算系统必须具备优秀的资源扩展能力才能方便新资源的加入,有效应对不断增长的资源需求。
- 按需服务:对于用户而言,云计算系统最大的好处是可以适应自身对资源不断变化的需求,云计算系统按需向用户提供资源,用户只需为自己实际消费的资源量进行付费,而不必自己购买和维护大量固定的硬件资源。这不仅为用户节约了成本,还可促使应用软件的开发者创造出更多有趣和实用的应用。同时,按需服务让用户在服务选择上具有更大的空间,通过缴纳不同的费用来获取不同层次的服务。
- 虚拟化:云计算技术是利用软件来实现硬件资源的虚拟化管理、调度及应用,支持用户在任意位置、使用各种终端获取应用服务。通过"云"这个庞大的资源池,用户可以方便地使用网络资源、计算资源、数据库资源、硬件资源、存储资源等,大大降低了维护成本,提高了资源的利用率。
- 通用性:云计算不针对特定的应用,在"云"的支撑下可以构造出千变万化的应用,同一个"云"可以同时支撑不同的应用运行。
- 高可靠性:在云计算技术中,用户数据存储在服务器端,应用程序在服务器端运行,计算由服务器端处理,数据被复制到多个服务器节点上,当某一个节点任务失败时,即可在该节点进行终止,然后再启动另一个程序或节点,保证应用和计算的正常进行。
- 极其廉价:"云"的自动化集中式管理使大量企业无须负担日益高昂的数据中心管理成本,"云"的通用性使资源的利用率较之传统系统得到大幅提升,因此用户可以充分享受"云"的低成本优势。
- 潜在的危险性:云计算服务除了提供计算服务外,还会提供存储服务。那么,对于选择云计算服务的政府机构、商业机构而言,就存在数据(信息)被泄漏的危险,因此政府机构、商业机构(特别是像银行这样持有敏感数据的商业机构)在选择云计算服务时一定要保持足够的警惕。

11.1.2 云计算的发展

21世纪,云计算作为一个新的技术趋势已经得到了快速的发展。云计算的崛起不仅会改变整个IT产业,也会改变人们工作及公司经营的方式,它允许数字技术渗透到经济和社会的每一个角落。"云计算"的发展大致可以分为4个阶段。

1. 理论完善阶段

1984年,Sun公司的联合创始人JohnGage提出了"网络就是计算机"的名言,用于描述分布式计算技术带来的新世界,今天的"云计算"正在将这一理念变成现实;1997年,南加州大学的教授Ramnath K Chellappa提出了"云计算"的第一个学术定义;1999年,Marc Andreessen创建了LoudCloud,这是第一个商业化的IaaS平台;1999年3月,Salesforce成立,成为最早出现的云服务;2005年,亚马逊发布了Amazon Web Services"云计算"平台。

2. 准备阶段

IT企业、电信运营商、互联网企业等纷纷推出云服务,云服务形成。2008年10月,微软发布其公共"云计算"平台——Windows Azure Platform,由此拉开了微软的"云计算"大幕。2008年12月,Gartner披露的十大数据中心突破性技术中,虚拟化和"云计算"上榜。

3. 成长阶段

云服务功能日趋完善,种类日趋多样,传统企业也开始投入云服务之中。2009年4月,VMware推出了业界首款云操作系统VMware vSphere 4。2009年7月,中国首个企业"云计算"平台诞生。2009年11月,中国移动"云计算"平台"大云"计划启动。2010年1月,微软正式发布Microsoft Azure云平台服务。

4. 高速发展阶段

通过深度竞争,云服务逐渐形成了主流的平台产品和标准,产品功能比较健全、市场格局相对稳定，云服务进入成熟阶段。2014年，阿里云启动云合计划。2015年，华为在北京正式对外宣布"企业云"战略。2016年，腾讯云战略升级，并宣布"云出海"计划等。

11.1.3 云计算的主要技术与应用

随着云计算技术产品、解决方案的不断成熟，云计算技术的应用领域不断扩展，衍生出了云制造、教育云、环保云、物流云、云安全等各种功能，对医药医疗领域、制造领域、金融领域、能源领域、电子政务领域、教育科研领域的影响巨大。

1. 云安全

云安全是云计算技术的重要分支，它在反病毒领域获得了广泛应用。云安全技术可以通过网状的大量客户端对网络中软件的异常行为进行监测，获取互联网中木马和恶意程序的最新信息，自动分析和处理信息，并将解决方案发送到每一个客户端。

云安全融合了并行处理、网格计算、未知病毒行为判断等新兴技术和概念，理论上可以把病毒的传播范围控制在一定区域内，且整个云安全网络对病毒的上报和查杀速度非常快，在反病毒领域中意义重大，但所涉及的安全问题也非常广泛，从最终用户的角度而言，云安全技术在用户身份安全、共享业务安全和用户数据安全等方面需要格外关注。

"云安全"系统的建立并非轻而易举的事，要想保证系统的正常运行，不仅需要海量的客户端、专业的反病毒技术和经验、大量的资金和技术投入，还必须提供开放的系统，让大量合作伙伴加入进来。

2. 云存储

云存储是一种新兴的网络存储技术，可将资源放到云上供用户存取。云存储通过集群应用、网络技术或分布式文件系统等功能将网络中大量不同类型的存储设备集合起来协同工作，共同对外提供数据存储和业务访问功能。通过云存储，用户可以在任何时间、任何地方，以任何可连网的装置连接到云上存取数据。

在使用云存储功能时，用户只需为实际使用的存储容量付费，不用额外安装物理存储设备，减少了IT和托管成本。同时，存储维护工作转移至服务提供商，在人力、物力上也降低了成本。但云存储也存在一些问题，如果用户在云存储中保存了重要数据，则数据安全可能存在潜在隐患，其可靠性和可用性取决于广域网的可用性及服务提供商的预防措施等级，而对于一些具有特定记录保留需求的用户，在采用云存储的过程中还需要对云存储进行进一步的了解和掌握。

3. 云游戏

云游戏是一种以云计算技术为基础的在线游戏技术，云游戏模式中的所有游戏都在服务器端运行，并通过网络将渲染后的游戏画面进行压缩并传送给用户。

云游戏技术主要包括云端完成游戏运行与画面渲染的云计算技术，以及玩家终端与云端间的流媒体传输技术。对于游戏运营商而言，只需花费服务器升级的成本，而不需要不断投入巨额的新主机研发费用；对于游戏用户而言，无须用户的游戏终端拥有强大的图形运算与数据处理能力、高端处理器和显卡等，只需具备基本的视频解压能力即可。

11.2 大数据

数据是指存储在某种介质上的包含信息的物理符号，进入电子时代后，人们生产数据的能力和数量得到飞速的提升，而这些数据的增加促使了大数据技术的产生。

11.2.1 大数据的定义

大数据是指无法在一定时间范围内用常规软件工具（IT技术和软硬件工具）进行捕捉、管理、处理的数据集合。对大数据进行分析不仅需要采用集群的方法获取强大的数据分析能力，还需研究面向大数据的新数据分析算法。

大数据技术是指为了传送、存储、分析及应用大数据而采用的软件和硬件技术，也可将其看作面向数据的高性能计算系统。从技术层面来看，大数据与云计算密不可分，大数据必须采用分布式架构对海量数据进行分布式数据挖掘。

11.2.2 大数据的发展

在大数据行业火热的发展下，大数据几乎涉及所有行业的发展，相继出台的一系列政策更是加快了大数据产业的落地。大数据的发展经历了图11-1所示的4个阶段。

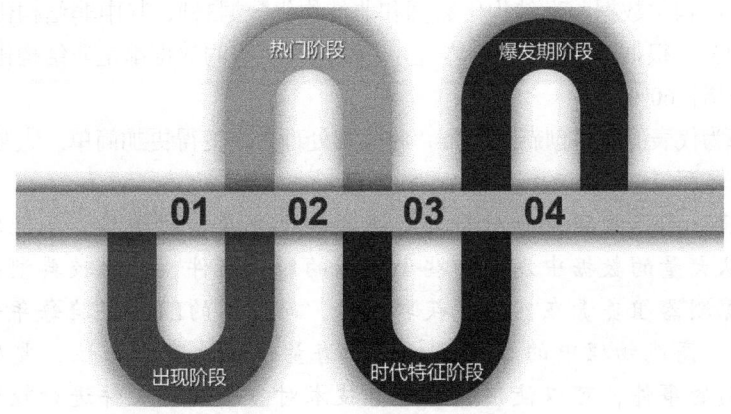

图11-1 大数据的4个发展阶段

1. 出现阶段

在1980年阿尔文·托夫勒著的《第三次浪潮》书中，将"大数据"称为"第三次浪潮的华彩乐章"。1997年，美国研究员迈克尔·考克斯和大卫·埃尔斯沃斯首次使用"大数据"这一术语来描述20世纪90年代的挑战。

"大数据"在云计算出现之后才凸显其真正的价值，谷歌在2006年首先提出云计算的概念。2007—2008年随着社交网络的激增，专业人士为"大数据"概念注入新的生机。2008年9月，《自然》杂志推出了名为"大数据"的封面专栏。

2. 热门阶段

2009年，欧洲一些领先的研究型图书馆和科技信息研究机构建立了伙伴关系，致力于改善在互联网上获取科学数据的简易性。2010年，肯尼斯库克尔发表了大数据专题报告《数据，无所不在的数据》。2011年6月，麦肯锡发布了关于"大数据"的报告，正式定义了"大数据"的概念，其后逐渐受到各行各业的关注。2011年12月，信息处理技术作为4项关键技术创新工程之一被提出来了，其中包括海量数据存储、图像视频智能分析、数据挖掘，这些都是大数据的重要组成部分。

3. 时代特征阶段

2012年，维克托·迈尔·舍恩伯格和肯尼斯·库克耶合著的《大数据时代》一书，把大数据的影响分为3个层面来分析，分别是思维变革、商业变革和管理变革。"大数据"这一概念乘着互联网的浪潮在各行各业中占据着举足轻重的地位。

4. 爆发期阶段

2017年，在政策、法规、技术、应用等多重因素的推动下，基本形成了跨部门数据共享共用的格局。我国多省、市相继出台了大数据研究与发展行动计划，整合数据资源，实现区域数据中心资源的汇聚与集中建设。全国多所本科学校获批"数据科学与大数据技术"专业，多所专科院校开设"大数据技术与应用"专业。

11.2.3 大数据的主要结构与应用

大数据包括结构化数据、半结构化数据和非结构化数据3种，其中非结构化数据逐渐成为大数据的主要部分。根据IDC的调查报告显示：企业中80%的数据都是非结构化数据，这些数据每年都按指数增长60%。

在以云计算为代表的技术创新背景下，收集和处理数据变得更加简单。大数据的应用主要体现在以下几个方面。

- 高能物理：高能物理是一个与大数据联系十分紧密的学科，高能物理科学家往往需要从大量的数据中发现一些小概率的粒子事件，如比较典型的离线处理方式，由探测器组负责在实验时获取数据，而最新的LHC实验每年采集的数据高达15PB。高能物理中的数据不仅十分海量，且没有关联性，要从海量数据中提取有用的事件，可以使用并行计算技术对各个数据文件进行较为独立的分析处理。
- 推荐系统：推荐系统可以通过电子商务网站向用户提供产品信息和建议，如产品推荐、新闻推荐、视频推荐等，而实现推荐过程则需要依赖大数据。用户在访问网站时，网站会记录和分析用户的行为并建立模型，将该模型与数据库中的产品进行匹配后，才能完成推荐过程。为了实现这个推荐过程，需要存储海量的客户访问信息，并基于大量数据进行分析，才能推荐出符合用户行为的内容。
- 搜索引擎系统：搜索引擎是非常常见的大数据系统，为了有效地完成互联网上数量巨大的信息的收集、分类和处理工作，搜索引擎系统大多基于集群架构。搜索引擎的发展历程为大数据研究积累了宝贵的经验。

11.2.4 大数据处理的流程

大数据处理的数据源类型多种多样，在不同的场合通常需要使用不同的处理方法。在处理大数据的过程中，通常需要经过采集、导入、预处理、统计分析、数据挖掘和数据展现等步骤。在适当工具的辅助下，对广泛异构的数据源进行抽取和集成，按照一定的标准统一存储数据，并通过合适的数据分析技术对其进行分析，最后提取信息，选择合适的方式将结果展示给终端用户。

- 数据抽取与集成：数据的抽取和集成是大数据处理的第一步，从抽取的数据中提取出关系和实体，经过关联和聚集等操作，按照统一定义的格式对数据进行存储。如基于物化或数据仓库技术的引擎、基于联邦数据库或中间件方法的引擎和基于数据流方法的引擎均是现在主流的数据抽取和集成方式。
- 数据分析：数据分析是大数据处理的核心步骤，在决策支持、商业智能、推荐系统、预测系统中应用广泛。在从异构的数据源中获取了原始数据后，将数据导入到一个集中的大型分布式数据库或分布式存储集群，进行一些基本的预处理工作，然后根据需求对原始数据进行分析，如数据挖掘、机器学习、数据统计等。
- 数据解释和展现：在完成数据的分析后，应该使用合适的、便于理解的展示方式将正确的数据处理结果展示给终端用户。可视化和人机交互是数据解释的主要技术。

11.3 人工智能

人工智能是计算机科学的一个分支，它试图了解智能的实质，并生产出一种新的能以人类智能相似的方式做出反应的智能机器。人工智能研究的领域比较广泛，包括机器人、语言识别、图像识别以及自然语言处理等。

11.3.1 人工智能的定义

人工智能（Artificial Intelligence，AI）是指由人工制造的计算系统所表现出来的智能，可以概括为研究智能程序的一门科学。其主要目标在于研究用机器来模仿和执行人脑的某些智力功能，探究相关理论、研发相应技术，如判断、推理、识别、感知、理解、思考、规划、学习等思维活动。

人工智能技术已经渗透到人们日常生活的各个方面，它涉及的行业也很多，包括游戏、新闻媒体、金融，并运用于各种领先的研究领域，如量子科学。

> **提示** 人工智能并不是触不可及的，Windows 10的Cortana、苹果 Siri 等智能助理和智能聊天类应用，都属于人工智能的范畴，甚至一些简单的、带有固定模式的资讯类新闻，也是由人工智能来完成的。

11.3.2 人工智能的发展

1956年夏季,以麦卡赛、明斯基、罗切斯特和申农等为首的一批年轻科学家一起聚会,共同研究和探讨用机器模拟智能的一系列问题,并首次提出了"人工智能"这一术语,它标志着"人工智能"这门新兴学科的正式诞生。

从1956年正式提出"人工智能"这一术语算起,60多年来人工智能取得了长足的发展,成为一门广泛的交叉和前沿学科。总的说来,人工智能的目的就是让计算机这台机器能够像人一样去思考。当计算机出现后,人类才开始真正有了一个可以模拟人类思维的工具。

如今,全世界几乎所有大学的计算机专业都在研究"人工智能"这门学科。大家或许不会注意到,在很多领域,计算机能帮助人完成原本只属于人类的工作。

11.3.3 人工智能的实际应用

人工智能曾经只在一些科幻影片中出现,但伴随着科学的不断发展,人工智能已经得到了不同程度的应用,电影中的技术也正在被慢慢实现,如自动驾驶、智慧生活、智慧医疗等,如图11-2所示。

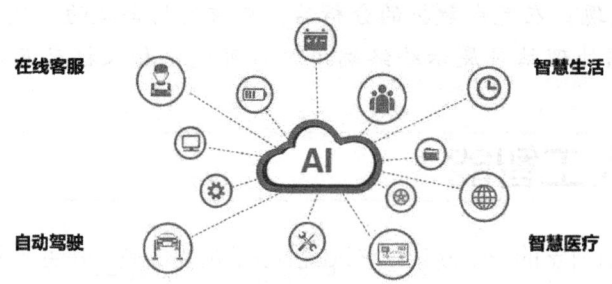

图 11-2　人工智能的实际应用

1. 在线客服

在线客服是一种以网站为媒介进行即时沟通的通信技术。聊天机器人必须擅于理解自然语言,当然,与人沟通的方式和与计算机沟通的方式是截然不同的,因此这项技术十分依赖于自然语言处理技术,一旦这些机器人能够理解不同的语言表达方式所包含的实际目的,那么很大程度上就可以用来代替人工服务了。

2. 自动驾驶

自动驾驶是现在逐渐发展成熟的一项智能应用。自动驾驶一旦实现,将会产生如下改变。

- 汽车本身的形态会发生变化:一辆不需要方向盘、不需要司机的汽车,可以被设计成前所未有的样子。
- 未来的道路将发生改变:未来道路也会按照自动驾驶汽车的要求来重新进行设计,专用于自动驾驶的车道可以变得更窄,交通信号可以更容易被自动驾驶汽车识别。

● 完全意义上的共享汽车将成为现实：大多数的汽车可以用共享经济的模式，随叫随到。因为不需要司机，这些车辆可以保证24小时随时待命，可以在任何时间、任何地点提供高质量的租用服务。

3. 智慧生活

目前的机器翻译水平，已经可以做到基本表达原文语义，不影响人们理解与沟通。假以时日，不断提高翻译准确度的人工智能系统，很有可能像下围棋的"Alpha Go"那样悄然越过计算机和职业译员之间的鸿沟，一跃成为"翻译大师"。到那时，不只是手机会和人进行智能对话，家庭里的每一件家用电器，都会拥有足够强大的对话功能，为人们提供更加方便的服务。

4. 智慧医疗

智慧医疗通过打造健康档案区域医疗信息平台，利用先进的物联网技术，实现患者与医务人员、医疗机构、医疗设备之间的互动。

大数据和基于大数据的人工智能，为医生辅助诊断疾病提供了很好的支持。将来医疗行业将融入更多的人工智能、传感技术等高科技，使医疗服务走向真正意义的智能化。在人工智能的帮助下，我们看到的不会是医生失业，而是同样数量的医生可以服务几倍、数十倍甚至更多的人群。

 提示 人工智能可以分为弱人工智能、强人工智能、超人工智能3个级别。其中，弱人工智能的应用非常广泛，比如手机的自动拦截骚扰电话、邮箱的自动过滤等都属于弱人工智能。强人工智能和弱人工智能的区别在于，强人工智能有自己的思维方式，能够进行推理然后制订执行计划，并且拥有一定的学习能力，能够在实践中不断进步。

11.4 物联网

物联网（Internet of Things）可将现实世界数字化，它的应用范围十分广泛。下面将从物联网的定义、技术和应用等方面来介绍物联网的相关知识。

11.4.1 物联网的定义

物联网是可以让所有具备独立功能的普通物体实现互联互通的网络。简单地说，物联网就是把所有能行使独立功能的物品，通过信息传感设备与互联网连接起来，进行信息交换，以实现智能化识别和管理。

在物联网上，每个人都可以应用电子标签连接真实的物体。通过物联网可以用中心计算机对机器、设备、人员进行集中管理和控制，也可以对家庭设备、汽车进行遥控，以及搜索位置、防止物品被盗等，通过收集这些数据，最后聚集成大数据，从而实现物和物的互连。

11.4.2 物联网的关键技术

物联网目前的发展情况非常好，特别是在智慧城市、工业、交通以及安防等领域，都取得了不错的成就。要推动物联网产业更好地发展，必须从低功耗、高效率、安全性等方面出发，以下几项关键技术的应用就变得更加重要了。

1. RFID 技术

RFID技术是一种通信技术，它可以通过无线电信号识别特定目标并读写相关数据。它相当于物联网的"嘴巴"，负责让物体说话。

RFID技术主要的表现形式是RFID标签，具有抗干扰性强、数据容量大、安全性高、识别速度快等优点，主要工作频率有低频、高频和超高频。目前，FRID技术已应用于许多方面，如物流信息追踪、医疗信息追踪等。

RFID技术的难点是，如何选择最佳工作频率和机密性的保护等，特别是超高频频段的技术不够成熟，相关产品价格昂贵、稳定性不高。

2. 传感器技术

传感器技术能感受规定的被测量，比如电压、电流等，并按照一定的规律转换成可用的输出信号。它相当于物联网的"耳朵"，负责接收物体"说话"的内容。

传感器技术的难点在于恶劣环境的考验，当受到自然环境中温度等因素的影响时，会引起传感器零点漂移和灵敏度的变化。

3. 云计算技术

物联网与云计算技术类似于应用与平台的关系，物联网系统需要大量的存储资源来保存数据，同时也需要计算资源来处理和分析数据。物联网的智能处理需要依靠先进的信息处理技术，如云计算、模式识别等，而云计算是实现物联网的核心，它促进了物联网和互联网的智能融合。云计算与物联网的结合，将给物联网带来深刻的变革，云计算可以解决物联网服务器节点的不可靠性，最大限度地降低服务器的出错率；可以以低成本的投入换来高收益；可以让物联网从局域网走向城域网甚至是广域网，对信息进行多区域定位、分析、存储和更新，在更大的范围内实现信息资源共享；可以增强物联网的数据处理能力；等等。随着物联网和云计算技术的日趋成熟，云计算技术在物联网中的广泛应用指日可待。

4. 无线网络技术

当物体与物体"交流"的时候，就需要能支持高速数据传输的无线网络，无线网络的速度决定了设备连接的速度和稳定性。

目前大部分网络都在使用4G，4G给通信市场带来的变革是十分巨大的，但是5G时代已经来临，5G技术将把移动市场推到一个全新的高度，而物联网的发展也将因此得到更大的突破。

5. 人工智能技术

人工智能技术是研究、开发用于模拟、延伸和扩展人的智能的理论、方法、技术及应用系统的一门新的技术。人工智能与物联网密不可分，物联网负责将物体连接起来，而人工智能负责让连接起来的物体进行学习,进而实现智能化。

11.4.3 物联网的应用

物联网蓝图逐步变成了现实,很多场合都有了物联网的影子。下面将对物联网的应用领域进行简单的介绍。

1. 智慧物流

智慧物流指的是以物联网、人工智能、大数据等信息技术为支撑,在物流的运输、储存、配送等各个环节实现系统感知、全面分析和处理等功能。它在物联网领域的应用主要体现在3个方面,包括储存、运输监测和快递终端,通过物联网技术实现对货物的监测以及运输车辆的监测,包括货物车辆的位置、状态,货物温/湿度,油耗及车速等。

2. 智能交通

智能交通是物联网的一种重要体现形式,它利用信息技术将人、车和路紧密结合起来,以改善交通运输环境、保障交通安全并提高资源利用率。在智能交通领域,物联网技术的应用包括智能公交车、智慧停车、共享单车、车联网、充电桩监测以及智能红绿灯等。

3. 智能安防

传统安防对人员的依赖性比较大,非常耗费人力,而智能安防能够通过设备实现智能判断。目前,智能安防最核心的部分是智能安防系统,该系统不仅会对拍摄的图像进行传输与存储,还会对其进行分析与处理。

一个完整的智能安防系统主要包括门禁、报警和监控3大部分,在行业应用中主要以视频监控为主。

4. 智能医疗

在智能医疗领域,新技术的应用必须以人为中心。物联网技术是数据获取的主要途径,能有效地帮助医院实现对人和物的智能化管理。

- 对人的智能化管理指的是通过传感器对人的生理状态(如心跳频率、血压高低等)进行监测,将获取的数据记录到电子健康文件中,方便个人或医生查阅。
- 通过RFID技术能对医疗设备、物品进行监控与管理,实现医疗设备、用品可视化,主要表现为数字化医院。

5. 智慧建筑

建筑是城市的基石,技术的进步促进了建筑的智能化发展,以物联网等新技术为基础的智慧建筑也越来越受到人们的关注。当前的智慧建筑主要体现在节能方面,与此同时设备之间的感知和信息传输可帮助人类实现远程监控,在节约能源的同时还减少了楼宇人员的维护工作。

6. 智慧能源环保

智慧能源环保属于智慧城市的一个部分,其物联网应用主要集中在水能、电能、燃气、路灯等能源领域,如智能水电表实现远程抄表。将物联网技术应用于传统的水、电、光能设备,并进行连网,通过监测不仅提升了能源的利用效率,而且降低了能源的损耗。

7. 智能家居

智能家居指的是使用不同的方法和设备，来提高人们的生活水平，使家庭变得更舒适和高效。物联网应用于智能家居领域，能够对家居类产品的位置、状态、变化进行监测，分析其变化特征，如图11-3所示。

智能家居行业发展主要分为单品连接、物物联动和平台集成3个阶段。其发展的方向首先是连接智能家居单品，随后走向不同单品之间的联动，最后向智能家居系统平台发展。当前，各个智能家居类企业正处于从单品向物物联动的过渡阶段。

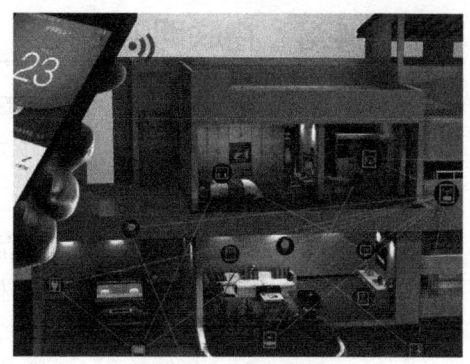

图11-3 智能家居

8. 智能零售

行业内将零售按照距离分为远场零售、中场零售、近场零售3种，分别以电商、超市和自动售货机为代表。物联网技术可以用于近场和中场零售，且主要应用于近场零售，即无人便利店和自动（无人）售货机。

智能零售通过将传统的售货机和便利店进行数字化升级和改造，打造成无人零售模式。通过数据分析，智能零售系统可充分运用门店内的客流和活动数据，为用户提供更好的服务。

11.5 移动互联网

移动互联网是互联网与移动通信在各自独立发展的基础上相互融合的新兴领域，它涉及无线蜂窝通信、无线局域网以及互联网、物联网、云计算等诸多领域，能广泛应用于个人即时通信、现代物流、智慧城市等多个场景。

11.5.1 移动互联网的定义

移动互联网（Mobile Internet，MI）是一种通过智能移动终端，采用移动无线通信方式获取业务和服务的新兴业务，其包含终端、软件和应用3个层面。

- 终端层包括智能手机、平板电脑、电子书等。
- 软件层包括操作系统、数据库和安全软件等。
- 应用层包括休闲娱乐类、工具媒体类、商务财经类等不同应用与服务。

移动互联网具备以下几个特点。

1. 便携性

移动互联网的基础是一张立体的网络，GPRS、3G、4G、WLAN或WiFi构成的无缝覆盖的网络，使得移动终端具有通过上述任何形式方便连通网络的特性，这些移动终端不限于智能手机、平板电脑，还有可能是智能眼镜、手表等随身物品，它们都可以随时随地被使用。

2. 即时性

由于有了便捷性，人们可以充分利用生活、工作中的碎片化时间，接受和处理互联网的各类信息，而不用担心错过任何重要信息、时效信息。

3. 感触性和定向性

感触性和定向性不仅体现在移动终端屏幕的感触层面，还体现在拍照、二维码扫描，以及移动感应、温度和湿度感应等方面。基于位置的服务不仅能够定位移动终端所在的位置，还能够根据移动终端的趋向性，确定下一步可能前往的位置。

4. 隐私性

移动设备用户的隐私性远高于计算机端用户的要求。高隐私性决定了移动互联网终端应用的特点，数据共享时既要保障认证客户的有效性，又要保证信息的安全性。

 提示 移动互联网≠移动+互联网，移动互联网是移动和互联网融合的产物，不是简单的加法。移动互联网具备随时随地在互联网中进行分享、互动的优势，是整合二者优势的"升级版本"。

11.5.2 移动互联网的发展

作为互联网的重要组成部分，移动互联网还处在发展阶段，但根据传统互联网的发展经验，其快速发展的临界点已经出现。在互联网基础设施不断完善和移动寻址技术日趋成熟等条件的推动下，移动互联网将迎来发展高潮。

- 移动互联网超越传统互联网，引领发展新潮流。计算机只是互联网的终端之一，智能手机、平板电脑已成为重要终端，电视机、车载设备正在成为网络应用的终端。
- 移动互联网和传统行业融合，催生新的应用模式。在移动互联网、云计算、物联网等新技术的推动下，传统行业与互联网的融合呈现出新的特点，平台和模式都发生了改变。
- 终端的支持是业务推广的生命线，随着移动互联网业务的逐渐升温，移动终端解决方案也在不断增多。
- 移动互联网业务的新特点为商业模式创新提供了发展空间。随着移动互联网的发展进入快车道，移动互联网也已经融入主流生活与商业社会，如移动游戏、移动广告、移动电子商务等业务模式的流量变现能力得到了快速提升。
- 目前的移动互联网领域，仍然是以位置的精准营销为主，但随着大数据相关技术的发展和人们对数据挖掘的不断深入，针对用户个性化定制的应用服务和营销方式将成为发展的趋势，这将会是移动互联网的另一片蓝海。

在移动互联网时代，传统的信息产业运作模式正在被打破，新的运作模式正在形成。对于手机厂商、互联网公司、消费电子公司以及网络运营商来说，这既是机遇，也是挑战。

11.5.3 移动互联网的 5G 时代

移动互联网的演进历程是移动通信和互联网等技术汇聚、融合的过程，其中不断演进的移动通信技术是移动互联网持续且快速发展的主要推手。目前，移动通信技术经历了从1G时代发展到5G万物互联的时代。

- 1G：1986年，第一代移动通信系统采用模拟信号传输，即将电磁波进行频率调制后，将语音信号转换到载波电磁波上，载有信息的电磁波成功发布到空间后，由接收设备接收，并从载波电磁波上还原语音信息，完成一次通话。
- 2G：2G采用的是数字调制技术。随着系统容量的增加，2G时代的手机可以上网了，虽然数据传输的速度很慢，但文字信息的传输由此开始。
- 3G：3G依然采用数字数据传输，但通过开辟新的电磁波频谱、制定新的通信标准，3G的传输速度可达384kbit/s。由于采用更宽的频带，其传输的稳定性也大大提高了。
- 4G：4G是在3G基础上发展起来的，它采用了更加先进的通信协议。4G网络作为新一代通信技术，在传输速度上有了很大的提升，理论上网速度是3G的50倍，因此在4G网络中，观看高清电影、数据传输等速度都非常快。
- 5G：随着移动通信系统带宽和能力的增加，移动网络的速率也从2G时代的10kbit/s，发展到4G时代的1Gbit/s。而5G将不同于传统的几代移动通信系统，它不仅是一个拥有更高速率、更大带宽、更强能力的技术，而且是一个多业务、多技术融合的网络，更是面向业务应用和用户体验的智能网络，最终打造以用户为中心的信息生态系统。

11.6 其他技术

下面将介绍3D打印技术和虚拟现实技术。

11.6.1 3D 打印技术

3D打印是一种快速成型技术，它以数字模型文件为基础，运用特殊蜡材、粉末状金属或塑料等可黏合材料，通过逐层打印的方式来构造三维物体。

3D打印需借助3D打印机来实现，3D打印机的工作原理是把数据和原料放进3D打印机中，机器按照程序把产品一层一层地打印出来。可用于3D打印的介质有很多，如塑料、金属、陶瓷、橡胶类物质等，此外它还能结合不同介质，打印出不同质感和硬度的物品。

3D打印技术作为一种新兴的技术，在模具制造、工业设计等领域应用十分广泛，在产品制造的过程中人们可以直接使用3D打印技术打印出零部件。同时，3D打印技术在珠宝、鞋类、工业设计、建筑、工程施工、汽车、航空航天、医疗、教育、地理信息系统、土木工程等领域都有所应用。

11.6.2 虚拟现实技术

虚拟现实技术是一种结合了仿真技术、计算机图形学、人机接口技术、图像处理与模式识别、多传感技术、人工智能等多项技术的交叉技术，虚拟现实技术的研究和开发源于20世纪60年代，进一步完善和应用于20世纪90年代到21世纪初。

1. VR

虚拟现实（Virtual Reality，VR）技术可以创建虚拟世界，运用计算机生成一种模拟环境，通过多源信息融合的交互式三维动态视景和实体行为的系统仿真，带给用户身临其境的体验。

虚拟现实技术主要包括模拟环境、感知、自然技能和传感设备等方面，其中模拟环境是指由计算机生成的实时动态的三维图像；感知是指一切人所具有的感知，包括视觉、听觉、触觉、力觉、运动感知，甚至嗅觉和味觉等；自然技能是指计算机对人体行为动作数据进行处理，并对用户输入做出实时响应；传感设备是指三维交互设备。

通过虚拟现实技术，人们可以全角度观看电影、比赛、风景、新闻等，VR游戏技术甚至可以追踪用户的行为，对用户的移动、步态等进行追踪和交互。

2. AR

增强现实技术（Augmented Reality，AR）技术可以实时计算摄影机影像位置及角度，并赋予其相应图像、视频、3D模型。VR技术是百分之百的虚拟世界，而AR技术则是以现实世界的实体为主体，借助数字技术让用户可以探索现实世界并与之交互。用户通过VR技术看到的场景、人物都是虚拟的，而通过AR技术看到的场景、人物半真半假，现实场景和虚拟场景的结合需借助摄像头进行拍摄，在拍摄画面的基础上结合虚拟画面进行展示和互动。

AR技术包含了多媒体、三维建模、实时视频显示及控制、多传感器融合、实时跟踪及注册、场景融合等多项新技术。AR技术与VR技术的应用领域类似，如尖端武器、飞行器的研制与开发等，但AR技术对真实环境进行增强显示输出的特性，使其在医疗、军事、古迹复原、网络视频通信、电视转播、旅游展览、建设规划等领域的表现更加出色。

3. MR

混合现实（Mixed Reality，MR）技术可以看作VR技术和AR技术的集合，VR技术是纯虚拟数字画面，AR技术在虚拟数字画面上增加了裸眼现实，MR技术则是数字化现实加上虚拟数字画面，它结合了VR与AR的优势。利用MR技术，用户不仅可以看到真实世界，还可以看到虚拟物体，将虚拟物体置于真实世界中，用户还可以与虚拟物体进行互动。

4. CR

影像现实（Cinematic Reality，CR）技术是Magic Leap提出的概念，通过光波传导棱镜设计，从多角度将画面直接投射于用户的视网膜，直接与视网膜交互，产生真实的影像和效果。CR技术与MR技术的理念类似，都是物理世界与虚拟世界的集合，所完成的任务、应用的场景、提供的内容，都与MR相似。与MR技术的投射显示技术相比，CR技术虽然投射方式不同，但本质上仍是MR技术的不同实现方式。

11.7 练习

选择题

（1）下列不属于云计算特点的是（　　）。
  A. 高可扩展性   B. 按需服务
  C. 高可靠性   D. 非网络化

（2）（　　）是指无法在一定时间范围内用常规软件工具（IT技术和软硬件工具）进行捕捉、管理、处理的数据集合。
  A. 大数据   B. 云计算
  C. 移动互联网   D. 人工智能

（3）下列不属于移动互联网特点的是（　　）。
  A. 便携性   B. 即时性
  C. 高可靠性   D. 定向性

练习
查看答案和解析